生物信息学分析实践

吴祖建　高芳銮　沈建国　主编

科学出版社
北京

内 容 简 介

本书内容主要包括生物信息学简介、三大数据库检索、引物设计及测序结果分析、核酸序列分析、蛋白质序列分析、蛋白质空间结构预测、系统发育分析、RNA分析、参考文献管理。本书的一大特色在于丰富的实例和图表，使读者可以很直观地了解和掌握书中的内容。

本书取材新颖，实践性强，是一本实用的生物信息学分析手册与操作指南，适用于生命科学、农学、医学等相关专业学生使用，也可用于从事生物学相关的科研人员、教师参考使用。

图书在版编目(CIP)数据

生物信息学分析实践/吴祖建，高芳銮，沈建国主编. —北京：科学出版社，2010.6

ISBN 978-7-03-027831-9

Ⅰ.①生… Ⅱ.①吴…②高…③沈… Ⅲ.①生物信息论 Ⅳ.①Q811.4

中国版本图书馆CIP数据核字(2010)第103496号

责任编辑：丛 楠 / 责任校对：赵桂芬
责任印制：赵 博 / 封面设计：耕者设计工作室

科学出版社 出版
北京东黄城根北街16号
邮政编码：100717
http://www.sciencep.com

三河市春园印刷有限公司印刷

科学出版社发行 各地新华书店经销

*

2010年6月第 一 版 开本：787×1092 1/16
2024年11月第十三次印刷 印张：14 3/4
字数：349 000

定价：59.80元

(如有印装质量问题，我社负责调换)

编写人员名单

主　　编：吴祖建　高芳銮　沈建国

参编人员：（以姓氏汉语拼音为序）

冯佩富　盖永华　高芳銮　郭　玲　李　鹏

林文超　刘林川　鹿连明　乔　楠　沈建国

万祥辉　吴祖建　庄　军　朱　萧

序

1990 年以来，随着各物种基因组测序计划的启动和分子结构测定技术的突破以及互联网的普及，数以百计的生物学数据库陆续建立。如何对这些海量数据进行收集、整理、解析和服务，从中发现隐藏在序列信息中的生物学规律是亟待解决的问题。于是一门新兴的交叉科学——生物信息学便应运而生。作为一门融合了数学、生命科学、计算机信息科学和生物统计学在内的交叉学科，生物信息学目前已成为生命科学发展一个不可或缺的重要工具。

近年来，有关生物信息学的著作甚多，其中不乏以算法理论为主调的专著，或以教学为目的的“综述性”教材，而有关技术性著作尚不多见。为方便广大生物信息学初学者快速掌握实验数据分析方法，一批活跃在科研一线的学者们聚集在一起，精心编撰了这本《生物信息学分析实践》。内容涵盖了生物信息学简介、数据库检索、引物设计及测序结果分析、核酸序列分析、氨基酸序列分析、蛋白质空间结构预测、系统发育分析、RNA 分析等诸多技术问题。在系统阐述原理和方法基础上，突出实战技巧，循序渐进，全面介绍生物学软件及数据库的应用，具有较强的实用性和可操作性。

实验数据分析需借助恰当的工具。《生物信息学分析实践》一书图文并茂、通俗易懂，语言生动活泼，表述深入浅出，且大量实例均来自科研实践，具有经典的普适性，是一本实用的生物信息学分析手册与操作指南，可为广大科研工作者和大专院校师生提供参考。当然，生命科学和生物信息学及其相关技术，还在不断发展，这就必然要在今后的再版中不断修订和完善，而目前这本书会对我国相关科学工作者起到一定的借鉴作用。

中国科学院院士

2010 年 4 月

序

1990年以来，随着各国基因组测序计划的启动和分子结构测定技术的突破以及互联网的普及，数以百计的生物学数据库如雨后春笋般迅速出现和成长。[illegible]如何对这些数据进行收集、[illegible]分析和服务，从中发现隐藏在序列信息中的[illegible]问题。[illegible]的交叉科学——生物信息学便应运而生。作为一门融合了数学、生命科学、计算机科学和信息技术[illegible]的交叉学科，生物信息学目前已成为生命科学发展一个不可或缺的重要工具。

近年来，[illegible]

[illegible]作用。

中国科学院院士 [illegible]

[illegible]年1月

前　言

随着计算机科学、信息科学等飞速发展，一门以数据分析处理为本质的新学科——生物信息学悄然兴起，它融合了数学、生命科学、计算机信息科学等多门学科，至今已经广泛地渗透到科学研究的各个方面，成为一门用途极为广泛的工具学科。核酸序列、蛋白质序列的分析，以及各类生物学软件和数据库的应用，已经成为科研工作者必备的基本技能。然而，由于擅长专业领域的不同，研究人员面对大量的生物学软件及数据库常无所适从。目前国内外已有不少优秀的生物信息学教材与专著，但大多数以理论为主，或侧重于算法研究，或倾向于网络数据库介绍，对于数据实例分析实践的专著尚不多见。为此，本书编写的目的就是为不同专业背景的读者提供一本实用的生物信息学分析入门书，让读者在实例分析的过程中，不仅学会工具软件的操作使用，更能学会思考与解决科研问题。

2008年夏，在福建农林大学植物病毒研究所的倡议下，编著者通过基因酷等论坛，向在生物信息学及相关领域教学与科研第一线的人员发出邀请，希望他们加入《生物信息学分析实践》编委会，共同编写本书。很快，中国科学院遗传与发育生物学研究所乔楠和刘林川、中国科学院南京地质古生物研究所盖永华、南京师范大学生命科学学院李鹏、西北农林科技大学林文超、福建省出入境检验检疫局沈建国、浙江省农业科学院鹿连明、南方医科大学郭玲等欣然同意共同编写本书。本书由吴祖建、高芳銮、沈建国担任主编。

全书共包括七章。第一章为生物信息学简介，主要包括生物信息学基础及应用；第二章介绍了数据库检索，主要包括综合性数据库NCBI、EMBL-EBI和基因组信息数据库UCSC；第三章介绍了引物设计及测序结果分析；第四章介绍了核酸序列分析，主要包括核酸序列常规分析、序列比对分析及基因结构识别；第五章介绍了蛋白质序列分析，主要包括蛋白质基本性质分析、结构域分析及蛋白质空间结构预测；第六章介绍了分子进化与系统发育分析，主要包括系统发育分析、检验及评估；第七章介绍了RNA分析，主要包括siRNA设计和microRNA分析。其中林文超、吴祖建编写第一章；乔楠、沈建国编写第二章；鹿连明、冯佩富、庄军编写第三章；高芳銮、朱萧、沈建国编写第四章；高芳銮、万祥辉编写第五章；李鹏、盖永华编写第六章；刘林川、郭玲编写第七章。吴祖建研究员参与编写了第一、四、五章的部分内容，同时负责本书的统编工作，高芳銮、沈建国共同负责本书的审校工作。

中国科学院院士谢联辉教授欣然作序，生物农药与化学生物学教育部重点实验室主任关雄教授、福建农林大学汪世华教授等对本书提出了非常有价值的建议和意见，科学出版社甄文全编辑、福建农林大学植物病毒研究所谢荔岩老师对本书的编写给予了热情的支持和帮助，华中科技大学出版社朱建丽、上海交通大学生命科学与技术学院曹又方、基因酷站长胡洋、中国水产科学研究院南海水产研究所吕俊霖、福建省漳州市林业局吴子毅、中山大学张海丽等作为本书的第一批读者给本书提出了许多宝贵的意见，国家转基因生物新品种培育重大专项重点课题资助项目（2009ZX08009-044B）、公益性行业（农业）科研专项（nyhyzx07-051）、福建省自然科学基金（2006J0047，2009J01046）、福建出入境检验检疫局科技项目（FK2007-25）为本书提供了出版基金，基因酷（genecool.com）、生物秀（bbioo.com）、螺旋网（helixnet.cn）等论坛为本书编委会提供了交流平台。在此，一并致以衷心的感谢！

由于生物信息学发展日新月异，作者的水平有限，书中难免存在错误，恳请各位读者批评指正，以期再版修订，来函请发至邮箱 wuzujian@126.com 或 raindyok@126.com。

编著者

2010 年 4 月　福州

目　录

彩图

第一章　生物信息学简介

1.1　生物信息学基础

1.1.1　什么是生物信息学

“生物信息学”是英文单词“bioinformatics”的中文译名。从字面上可以看出，它是一门与生物学和信息学两大热门学科都密切相关的学科。什么是生物信息学呢？我们还是从这一词语的来源谈起。bioinformatics 一词是由美国学者林华安博士（H. A. Lim）在 1987 年首创的。他最初使用的是“compbio”这一单词，随后更改为“bioinformatique”。不久，他又进一步将其更改为 bio-informatics（或 bio/informatics），又因名称中的“-”或“/”符号容易导致当时的电子邮件系统问题，故将其去除，于是今天我们所看到的“bioinformatics”就正式诞生了，林华安博士也因此赢得了“生物信息学之父”的美誉（蒋彦等，2003）。

众所周知，生物信息学是一门崭新的、正如火如荼发展的交叉学科，它吸引了越来越多的来自生物学、医学、数学以及信息科学背景的专家学者投入到生物信息学的研究当中去。但是由于不同领域科学家兴趣的侧重点不同，对生物信息学的定义往往具有局限性，犹如盲人摸象（图 1-1）。关于生物信息学的定义，到目前为止，国内外众说纷纭，

图 1-1　不同领域科学家对生物信息学的认识

没有形成统一的、普遍公认的标准。美国国家基因组研究中心认为，生物信息学是一门生物学、数学和计算机相互交叉融合而产生的新兴学科；美国佐治亚理工大学认为，生物信息学是采用数学、统计学和计算机等方法分析生物学、生物化学和生物物理学数据的一门综合学科；美国密苏里大学认为，生物信息学是获取、存储和处理生物学信息的一门科学与技术；美国加利福尼亚大学洛杉矶分校则认为，生物信息学是对生物学信息和生物学系统内在结构的研究，它运用数学和计算机科学的分析理论和实用工具将分散的生物学数据联系起来。笔者根据自己对生物信息学的认识，综合多方面内容，从广义和狭义两个方面对什么是生物信息学做了相关的解释。

1. 广义的生物信息学

广义的生物信息学是指从事对基因组研究相关的生物信息的获取、加工、储存、分配、分析和解释。它包括了两层含义，一个是对海量数据的收集、整理与服务，也就是管好这些数据；另一个是从中发现新的规律，也就是用好这些数据。具体地说，生物信息学是以 DNA 和蛋白质序列等生物信息分析作为源头，破译隐藏在序列信息中的语义规律，阐明海量生物信息的信息实质，在此基础上归纳、整理与遗传语义信息释放及调控相关的转录谱和蛋白质谱的数据，从而认识代谢、发育、分化和进化的规律。广义的生物信息学涉及生命的信息交换和传递的各个层次，如核酸、蛋白质、细胞、组织、器官、系统和生物体等。

2. 狭义的生物信息学

狭义的生物信息学是指综合应用信息科学、数学的理论、方法和技术，管理、分析和利用生物分子数据的科学，即分子生物信息学（molecular bioinformatics）。最初的生物信息学以基因组 DNA 序列信息挖掘为出发点，通过收集、组织、管理基因组 DNA 序列数据，以期获得隐藏在基因组序列之中丰富的生物学知识，从更深层次认识未知的生物世界。然而，随着技术的不断进步，生物分子数据已经不仅仅限于基因组序列数据，微阵列、基因本体（gene ontology，GO）注释、分子图谱、结构数据等其他数据的积累也在快速增加，这些数据同样具有丰富的内涵。科学地利用生物分子数据及其分析结果，可以大大提高研究和开发的科学性及效率。但是，如何发展应用数理统计、模式识别、动态规划、神经网络、遗传算法及隐马尔科夫模型等挖掘海量数据中可以阐明细胞、器官和个体的发生、发育、病变、衰亡的基本规律的方法，仍是生物学家所面临的一个严峻挑战，生物信息学也正是在这种挑战中不断发展起来的交叉学科。

1.1.2 生物信息学的形成与发展

生物信息学是建立在分子生物学基础上的。因此，要了解生物信息学的发展就必须先对分子生物学的发展有一个简单的了解。1866 年孟德尔（G. J. Mendel）根据实验结果提出了基因是以实物存在的假设。1871 年 Miescher 从死的白细胞核中分离出脱氧核糖核酸。1944 年阿佛莱（O. T. Avery）、麦克李沃（C. M. Mac Leod）和麦克卡（M. Mc Carty）三人通过试验证明 DNA 是生物的遗传物质以前，人们仍然认为染色体蛋白质携带基因，而 DNA 则被认为是一个小角色。1944 年 Chargaff 发现了著名的 Chargaff 规律，即 DNA 中鸟嘌呤的量与胞嘧啶的量总是相等，腺嘌呤与胸腺嘧啶的量总是相等。与此同时，Wilkins 与 Franklin 用 X 射线衍射技术测定了 DNA 纤维的结构（图 1-2）。1953 年 James Watson 和 Francis Crick 通过大量研究后在 *Nature* 杂志上发表论文，提出了 DNA 的双螺旋三维结构。他们的理论奠定了分子生物学的基础。DNA 双螺旋模型已经预示出了 DNA 复制的规则。1956 年 Kornberg 从大肠杆菌中分离出了 DNA 聚合酶Ⅰ（DNA polymerase Ⅰ），这种酶能使 dNTP 连接成 DNA。Meselson 和 Stahl 于 1958 年证明了 DNA 半保留复制。Crick 于 1954 年提出了遗传信息传递的规律，根据当时有限的资料，他把中心法则（central dogma）的公式表述为“DNA→RNA→蛋白质”，虽然现在的中心法则已经得到新的修正，但 Click 提出的中心法则对后来分子生物学和生物信息学的发展都起到了极其重要的指导作用。1966 年，Nirenberg 和 Khorana 破译了全部遗传密码字典的 64 个密码子，限制性内切酶的发现和重组 DNA 的克隆（clone）奠定了基因工程的技术基础。正是由于分子生物学的研究对生命科学的发展有巨大的推动作用，生物信息学的出现也就成了一种必然。

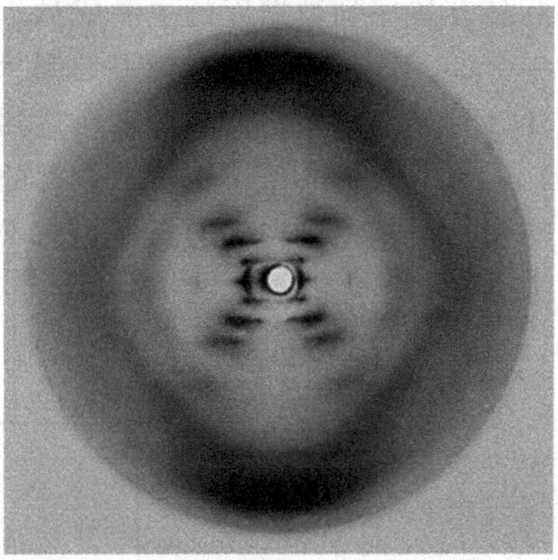

图 1-2　DNA 的 X 射线衍射照片
（引自 http://www.scifun.ed.ac.uk/card/flakes.html）

1. 生物信息学的萌生

生物信息学的产生与发展仅有十几年的时间，bioinformatics 这一名词在 1991 年左右才在文献中出现，而且大多出现在电子出版物中。事实上，生物信息学已经存在了几十年，可以说是一门有“较长历史”的学科，早在计算机初创的 1956 年就已经在美国田纳西州的盖特林堡召开过首次“生物学中的信息理论讨论会”，这应该算作生物信息学的雏形，只不过最初人们把生物信息学称为基因组信息学。

20 世纪 80 年代末，随着人类基因组计划的启动，生物实验和衍生数据的大量储存，促使这一新兴交叉学科形成。但由于当时技术的局限性，这一学科并没有得到重视和发展。在沉寂了 20 余年后，才依赖计算机科学、工程学和应用数学的迅猛发展得以飞速发展。随着互联网的发展和普及，基于 Internet 的庞大信息网络无疑对信息学的发展起了巨大的推动作用，也为生物信息学这一全新领域的萌芽和发展奠定了坚实的基础。当世界各地的科学家开始认识到计算机的重要性并着手尝试利用计算机来组织、储备和分析生物学的观测资料时，生物信息学就已经萌芽了。然而，那些科学家当时也许并没有意识到生物信息学已经在他们手里诞生了。

2. 生物信息学数据库

与生命科学其他学科的发展不同的是，生物信息学的高速发展并不是主要依赖于理论上的重大突破，从实验中获得的大量数据以及基于这些数据建立的生物信息数据库在一定程度上是生物信息学发展的动力。美国洛斯阿拉莫斯国家实验室于 1979 年建立起 GenBank 数据库；1982 年欧洲分子生物学实验室的核酸序列数据库（European Molecular Biology Laboratory，EMBL）开始提供服务；日本也于 1984 年着手建立国家级的核酸序列数据库（DNA data bank of Japan，DDBJ），并于1987年开始提供服务。1999年，在美国国立卫生研究院（NIH）建议下，美国又相继建立了20个生物计算中心，专门从事生物信息学相关研究和人才培养。目前，美国已经成为世界上生物信息学研究实力最强的国家之一。GenBank由NIH提供维护，并与DDBJ和EMBL一起，成为国际核苷酸序列数据库的主要成员。

GenBank数据库的碱基总量大约每13～15个月翻一番，如图1-3所示。截至2009年8月，登录的序列总量已经达到108 431 692条，DNA碱基对（base pairs）已经达到106 533 156 756条。生物学数据的积累并不仅仅表现在DNA序列方面，与其同步的还有蛋白质一级结构，即氨基酸序列的增长。此外，还有其他大量数据库资源已经面向大众。

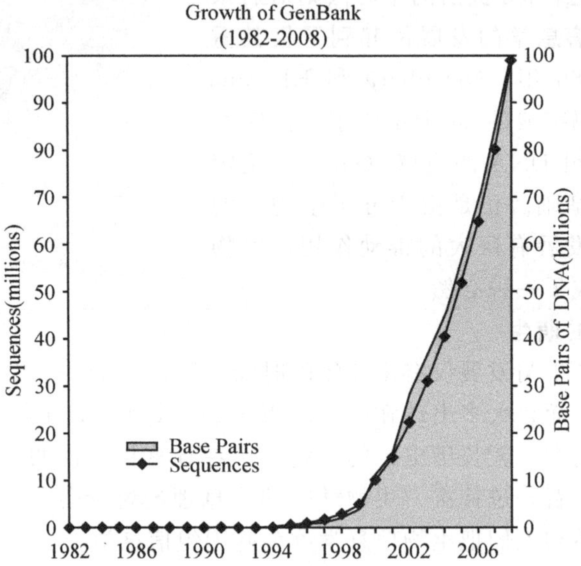

图1-3 GenBank数据增长

（引自 http://www.ncbi.nlm.nih.gov/Genbank/genbankstats.html）

Nucleic Acids Research 杂志在每年第一期中会详细介绍各种最新生物信息学数据库。在2000年1月1日出版的28卷第一期中共介绍了115种通用和专用的数据库。到2009年，这一数据已达到1170，增长了10多倍。本书后面的章节将详细介绍有关数据库的使用方法，附录1中列出的是一些比较常用的在线生物学数据库，供读者参考。

1.1.3 生物信息学的研究内容

生物信息学在短短十几年间，已经发展成多个研究方向，国际上公认的生物信息学研究内容大致包括以下几个方面。

1. 生物信息的收集、存储、管理与提供

生物信息的收集、存储、管理与提供主要是指建立国际基本生物信息库及相关的评估与检测系统，从而提供与生物学研究相关的在线服务。目前，大部分的生物学数据库是由一些国家支持的非赢利性机构和一些知名大学的研究院所专门提供，也有部分是商业性质的数据库（如MDL）。分子生物信息数据库种类繁多，一般而言，这些数据库可以分为一级数据库和二级数据库。一级数据库的数据都直接来源于实验获得的原始数据，只经过简单的归类整理和注释。因此，一级数据库具有容量大、更新速度快、用户面广等特点，运行维护也需要具有高性能的计算机硬件和专门的数据库管理系统（Database Management System，DBMS）作支撑。例如，欧洲生物信息学研究所维护EMBL使用的是Oracle，而基因组数据库GDB的管理、运行则基于Sybase数据库系统。较为流行的数据库管理软件有Oracle、Sybase、Informix和Microsoft SQL Server等。比较重要的一级核酸数据库有GenBank、EMBL和DDBJ等；蛋白质序列数据库有Swiss-Prot蛋白质序列数据库（Swiss-Prot Protein Sequence Database）、蛋白质信息资源（Protein Information Resouce，PIR）等；蛋白质结构库有PDB（Protein Data Bank）等，序列数据库来自序列测定，结构数据库来自X射线衍射和核磁共振结构测定。二级数据库是在一级数据库、实验数据和理论分析的基础上针对特定目标衍生而来，是对生物学信息的进一步整理。二级数据库也称专门数据库、专业数据库与专用数据库。虽然二级数据库的种类繁多，但其容量小，可以不用大型商业数据库软件支撑。

2. 基因组序列信息的提取和分析

利用国际EST数据库（dbEST）和各实验室自己测定的EST，通过电子克隆的方法发现新基因和新的单核苷酸多态性（single nucleotide polymorphism，SNP）位点以及各种功能位点；基因组中非编码区的信息结构分析，提出理论模型，阐明该区域的重要生物学功能；进行模式生物完整基因组的信息结构分析和比较研究；利用生物信息研究遗传密码起源、基因组结构的演化、基因组空间结构与DNA折叠的关系，以及基因组信息与生物进化关系等生物学的重大问题。

3. 功能基因组分析

功能基因组分析包括与大规模基因表达谱分析相关的算法、软件研究与开发、基因组比较、基因表达调控网络及相关通道的研究；与基因组信息相关的核酸、蛋白质空间结构的预测和模拟，以及蛋白质功能预测与蛋白质相互作用网络的研究。

4. 生物分子设计

生物分子设计包括DNA和RNA等核酸的结构建模和各种RNA分子的设计；发展生物大分子空间结构模拟、电子结构模拟和分子设计；具有不同模体（motif）的复合蛋白质以及连接肽（linker）的设计；生物活性分子的电子结构计算和设计；纳米生物材料的模拟与设计。

5. 药物设计

在已知蛋白质三级结构的基础上，可以利用分子对齐算法，采用分子模拟软件分析结合部位的结构性质，如静电场、疏水场、氢键作用位点分布等信息。可以在计算机上设计抑制剂分子，然后再运用数据库搜寻或者全新药物分子设计技术，获得分子形状和理化性质与受体作用位点相匹配的分子，合成并测试这些分子的生物活性，经过几轮循环，即可以发现新的先导化合物。因此，计算机辅助药物设计大致包括活性位点分析法、数据库搜寻及全新药物设计。

6. 生物信息分析的技术与方法研究

生物信息分析的技术与方法研究包括：发展有效的能支持大尺度作图与测序需要的软件、数据库以及若干数据库工具，如电子网络等远程通讯工具；改进现有的理论分析方法，如统计方法、模式识别方法、隐马尔科夫过程方法、分维方法、神经网络方法、复杂性分析方法、密码学方法和多序列比较方法等；创建一切适用于基因组信息分析的新方法、新技术，包括引入复杂系统分析技术、信息系统分析技术等；建立严格的多序列比较方法；发展与应用密码学方法及其他算法和分析技术，用于解释基因组的信息，探索DNA序列及其空间结构信息的新表征；发展研究基因组完整信息结构和信息网络的研究方法等。

7. 应用与发展研究

应用与发展研究汇集与疾病相关的人类基因信息，发展患者样品序列信息检测技术和基于序列信息选择表达载体、引物的技术，从而进行基因疾病诊断和基因药物开发等，建立与动植物良种繁育相关的数据库以及与大分子设计和药物设计相关的数据库。

8. 系统生物学研究

长期以来，生物学研究是在规模较小的实验室进行的，然而人类基因组计划、人类单体型图谱计划、人类蛋白质组学计划等的实施将生物学的学科交叉和国际研究合作扩展到了更大范围和更高层次，这也意味着我们有能力利用生物信息学研究方法对生物进行更全面、更系统的研究探索。通过计算生物学的方法来定量描述和预测生物功能、表型和行为。2008年10月6日，第三届全国生物信息学与系统生物学学术大会在武汉召开，会议的主题是："生物信息学研究：从基因组信息学到系统生物学"。这也意味着生物信息学的研究内容已经触及系统生物学这一全新的领域，分子网络与通路、细胞层次系统生物学等也成为这次大会讨论的主题之一。

1.2 生物信息学应用

1.2.1 生物信息学的热点领域

目前，生物信息学的研究内容几乎涵盖了生命科学的各个领域，它的发展给生命科学研究带来重大的变革。生物信息学的发展也对生命科学本身的发展产生革命性的影响，其研究成果大大地促进了生命科学其他研究领域的进步。生物信息学的发展是目前基因组学、蛋白质组学、生物芯片等生命科学前沿研究领域发展的直接推动力。

1. 人类基因组计划

人类基因组计划（human genome project，HGP）由美国科学家于1985年率先提出，并于1990年正式启动。美国、英国、法国、德国、日本和中国科学家先后共同参与了人类基因组计划。这一计划旨在为30多亿个碱基对构成的人类基因组精确测序，发现所有人类基因并搞清其在染色体上的位置，破译人类全部遗传信息。我国于1993年加入该计划，并承担其中人类第3号染色体短臂上约30Mb的测序任务。2000年6月26日，参加人类基因组工程项目的6国科学家共同宣布，人类基因组草图的绘制工作已经完成。最终完成图要求测序所用的克隆能忠实地代表常染色体的基因组结构，序列错误率低于万分之一。至此，人类基因组计划共耗资27亿美元，比预算的30亿美元有明显节省。值得一提的是，由于人类基因测序和基因专利可能会带来巨大的商业价值，各国政府和一些企业都在积极地投入该项研究，企业与研究部门的携手，使测序工作的完成比预计提前了2年。

人类基因组计划的目的是解码生命、了解生命的起源、了解生命体生长发育的规律、认识种属之间和个体之间存在差异的起因、认识疾病产生的机制以及长寿与衰老等生命现象、为疾病的诊治提供科学依据。人类基因组计划的完成，为人类生命科学开辟了一个新纪元，它对生命本质、人类进化、生物遗传、个体差异、发病机制、疾病防治、新药开发、健康长寿等领域，以及对整个生物学都具有深远的影响和重大的意义，标志着人类生命科学一个新时代的来临。

2. 人类蛋白质组计划

事实上，HGP的正式完成只意味着迈出了万里长征的第一步，仅仅测绘出基因组序列并非这一计划的最终目的，也并不能解决困扰生物学家的所有难题。要想进一步了解生物世界的更多信息就必须对基因编码产物——蛋白质进行系统深入的研究。针对这一重大的科学命题，多国科学家共同组织启动了人类蛋白质组计划（human proteome project，HPP）。早在20世纪90年代中期人类基因组计划成形时，就有研究人员考虑过人类蛋白质组计划，但由于蛋白质组的规模和复杂性而一直没能实现。随着基因大规模测序的结束，科学家们发现蛋白质编码基因比估计数量大大减少。过去预测的数量是5万～10万个，而现在认为只有约2.1万个，这使得人类蛋白质组的规模变得更容易处理。基因组计划中所积累的技术方法与合作体系也使得蛋白质组计划得以实现，这是继国际人类基因组计划之后的又一项大规模的国际性科技工程，无论在科学目标、研究策略、技术体系，还是在跨国组织、实验数据整合分析等方面，均较人类基因组计划更具挑战性和复杂性。首批行动计划包括中国科学家牵头的“人类肝脏蛋白质组计划”和美国科学家牵头的“人类血浆蛋白质组计划”。由于中国在蛋白质研究方面的雄厚实力，HPP将总部设在中国北京，其中“人类肝脏蛋白质组计划”由中国科学家领导执行，这是我国科学家第一次领导执行重大国际科技协作计划。

人类蛋白质组计划的研究可以实现蛋白质组与基因组的对接与确认，直接揭示生命活动规律和本质特点以及人类重大疾患发生与发展的病理机制，是基础研究与应用研究、生命科学与医药产业及生物经济的纽带。蛋白质组研究是继人类基因组计划成功实施后生命科学领域最为重要的战略性研究。由我国科学家主持的“肝脏蛋白质组计划”的实施，将提高肝病的治疗和预防水平，降低医疗费用，同时使我国在肝炎、肝癌为代表的重大疾病的诊断、防治与新药研制领域取得突破性进展，不断提高我国生物医药产业的创新能力和国际竞争力。

3. 新药开发中的应用

传统药物开发过程包括鉴定靶标、有效化确定、前导物的寻找、临床期最优化选择等步骤。其中先导物的寻找至今仍主要依赖于对低活性药物的已有了解，成功寻找一种先导物具有极大的偶然性，发现周期较长、成本高。用这种方法研制一种上市药物往往要花费十几年的时间，耗资数亿美元，因此迫切需要理论和技术的创新来改变这种现状。生物信息学利用功能基因组学、蛋白质组学等学科所提供的丰富的数据资源，通过一些专业的软件分析数量巨大的大分子潜在靶点，缩短了靶标的识别时间。从某种意义上说，生物信息学在靶点确定中的应用已成为发现药物的新模式。

应用生物信息学研究药物靶点，已经出现了许多具有可行性的方法和技术，研究的对象包括受体蛋白、酶蛋白，以及包括小分子跨膜载体、离子通道在内的膜蛋白等，相信不久将会有大量的药物靶点被发现。这些新药物靶点的出现，必然会使新药发现的速度达到前所未有的水平（杜冠华，2002；Payne et al.，2001）。有了生物信息学的帮助，人们在药物开发过程中实现了更早、更快地找到更佳的药物作用靶点，减少研发时间和所需临床试验数量的目标。

4. 基因芯片

基因芯片是曾被评为1998年世界十大科技突破之一的生物芯片技术的一个分支，基因芯片的工作原理与经典的核酸分子杂交方法（Northern 杂交、Southern 杂交）是一致的，都是应用已知核酸序列作为探针与互补的靶核苷酸序列杂交，通过随后的信号检测进行定性与定量分析。基因芯片表面集成了大量的分子识别探针，能够在同一时间内平行分析大量的基因，进行高通量的筛选与检测分析（刘炎，2000）。

基因表达图谱的绘制是目前基因芯片应用最广泛的领域，也是人类基因组工程的重要组成部分，它提供了从整体上分析细胞表达状况的信息，而且为了解与某些特殊生命现象相关的基因表达提供了有力的工具，对于基因调控以及基因相互作用机理的探讨有重要作用。另外，基因芯片在基因多态位点及基因突变的检测、基因表达谱分析、基因诊断、药物筛选及序列分析等诸多领域已呈现出广阔的应用前景，发展势头十分迅猛。但是由于制作工艺复杂，配套设施相对昂贵，导致其大规模应用成本过高。

5. 生物信息学与医学

生物信息学在医学上的应用通常称为医学生物信息学，是指运用信息学的方法对各种医学和生物学的信息、资料、数据进行搜集、储存、整理计算和分析，形成可再生的资源，为医学科学的发展提供全方位的支持。医学生物信息学的基础是大量的实验和临床数据，建立以疾病为中心，贯穿病理、药理、基因、蛋白、调控等方面的数据库是医学生物信息学的核心。在医学上应用生物信息学研究方法分析生物数据，提出与疾病发生、发展相关的基因或基因群，再进行实验验证，是一条高效的研究途径（来茂德，2004）。目前生物信息学在医学上的应用主要集中在以下几个方面：①临床/分子数据库的建设；②连接当前研究学者所收集的分子信息和当前在病人健康记录中存放的信息；③发展未来的电子医学记录系统；④用临床/分子数据库链接临床试验和药物发现信息；⑤支持基准（benchmark）临床/分子数据库的开发；⑥开发基于疾病分子信息的临床决策支持工具；⑦进行疾病分子的建模和可视化工作。

1.2.2 信息技术与生物信息学

1. 计算机在生命科学研究中的使用

生物信息学的范围在很大程度上依赖于专家们在统计学和模式识别方面的工作，现代生命科学的相关研究离开了计算机的辅助其繁杂程度是无法想象的（万卫兵等，

2004)。对于那些不能完全理解生物学数据的出处及其含义的人来说，在生物信息学的研究工作中寻找规律、进行预测非常困难。如果提供了算法、数据库、用户界面以及统计学工具，生物信息学有可能进行许多激动人心的工作。目前，计算机技术已广泛应用于微生物学、生态学、医学、药物动力学、分子生物学、生物物理、生物信息学等领域。其中，计算机辅助处理生物信息是一个重要的部分。

2. Linux 环境简介

Linux 是一套免费使用和自由传播的类 UNIX 操作系统，1991 年由芬兰赫尔辛基大学的 Linus Torvalds 开发并运行在 80386 平台上，命名为 Linux。现在的 Linux 系统是由全世界各地的成千上万的程序员设计和实现的，其目的是建立不受任何商品化软件的版权所制约的、全世界都能自由使用的 UNIX 兼容产品。Linux 操作系统在短短的几年内得到了非常迅猛的发展，这与 Linux 具有的良好特性是分不开的。Linux 包含了 UNIX 的全部功能和特性。总体来说，Linux 具有以下主要特性。

(1) 开放性。开放性是指系统遵循世界标准规范，特别是遵循开放系统互联（OSI）国际标准。凡遵循国际标准所开发的硬件和软件，都能彼此兼容，可方便地实现互联。

(2) 多用户。多用户是指系统资源可以被不同用户各自拥有使用，即每个用户对自己的资源（如文件、设备）有特定的权限，互不影响。Linux 和 UNIX 都具有多用户的特性。

(3) 多任务。多任务是现代计算机最主要的一个特点。它是指计算机同时执行多个程序，而且各个程序的运行相互独立。

除此之外，Linux 还具有良好的用户界面、可靠的系统安全性、良好的可移植性与网络支持等众多优点。之所以推荐大家使用 Linux 进行生物信息学的研究不仅是因为 Linux 是一套免费的操作系统，更重要的是 Linux 下拥有大量的可以用于生物学研究的高性能软件，Linux for Biotechnology Project（LfB）网站（http://www.randomfactory.com/lfb/lfb.html）致力于收集各种 Linux 系统环境下的生物技术相关软件，读者可以在网站上找到适合自己的生物学软件。另外，由于 Linux 系统在运行多任务时的效率普遍要比 Windows 高得多，这种效率的提高对处理一次数据往往需要数日的生物信息学研究是极其珍贵的。当然，充分利用 Windows 进行生物信息学的研究也是必要的。

3. Bioperl 基础

Bioperl 项目开发正式开始于 1995 年，它是一个开源项目，基于 Perl 语言开发，由 OBF（Open Bioinformatics Foundation）支持。实际上，Bioperl 是 Perl 语言专门用于生物信息学、基因组学及其他生命科学领域的工具与函数模块集，目前已经有超过 1000 个模块。作为 Perl 语言的函数集，Bioperl 继承了 Perl 语言的许多优点。第一，Perl 语言强大的正则表达式（regular expression）使得基于字符串操作的工作变得异常简单，没有其他语言能与之相提并论。Perl 语言的正则表达式几乎可以应用于任何对于文本文件的操作。正如我们所知道的，生物信息资料以文本格式保存，物种名称，种属关系，基因或序列的注解、评注，甚至 DNA 序列也是类文字的。Bioperl 继承了这个方面的优点，从而能解决不少问题。第二，Perl 语言具有容错性。生物资料通常是不完全的，或有冗余，甚至存在部分错误，应该说这些微小错误从原始数据产生时就可能产生了。另外，生物数据的某项值可以被忽略或留空，资料以手动输入也会导致错误。Perl 语言并不介意某个值是空的或是有奇怪的字符。使用正确的正则表达式能够忽略、取出或者更正错误。当然这种容错弹性在某些情况下可能也是缺点。总体来说，Bioperl 不仅功能丰富，而且源码全部开放，作为生物信息学研究的利器，是研究生物信息学的重要工具。详细的内容大家可以访问 Bioperl 的官方主页 www. bioperl. org。

4. Bioperl 的安装

1）Windows 环境

如果你安装的 Perl 语言是 ActiveState 的 Active Perl，那么可以使用 ppm 安装。步骤如下：

步骤 1：

```
C:/perl/>ppm-shell
ppm>rep add Kobes http://theoryx5.uwinnipeg.ca/ppms/
ppm>search GD.pm
ppm>install GD
```

或者：

```
C:/perl/>ppm-shell
ppm>ppm>install http://www.bribes.org/perl/ppm/GD.ppd
```

步骤 2：

```
C:/perl/>ppm-shell
ppm>set repository bioperl http://bioperl.org/DIST/
ppm>search bioperl
ppm>install bioperl
```

完成后使用 exit 退出，Bioperl 模块安装在你的 perl 目录中的 site/lib/Bio/子目录下。

2）UNIX/Linux 环境

目前大部分 Linux 的发行版已经有对应的安装包可以直接安装，其安装更加简单，可直接使用：

```
# perl-MCPAN-e "install Bundle::BioPerl"
```

或者可以使用 Debian 软件包管理工具 APT：

```
# sudo apt-get install bioperl-pm×××（×××为 perl 版本号）
```

Linux 的 Bioperl 模块一般安装在/usr/local/share/perl5.×.×/lib/Bio/。

安装完成后运行以下程序：

```
#! c:/perl/bin/perl-w
use Bio::Perl;
exit;
```

运行时如果未显示任何警告信息，说明 Bioperl 安装成功。

（林文超　吴祖建）

第二章　数据库检索

2.1　综合性数据库 NCBI

2.1.1　NCBI 简介

20 世纪 80 年代，已故的美国参议员 Claude Pepper 率先认识到使用计算机化的信息处理方法进行生物医学研究的重要性，美国国会在他的提议下，于 1988 年 11 月 4 日通过立法建立了国立生物技术信息中心（National Center for Biotechnology Information，NCBI），其网页如图 2-1 所示。NCBI 隶属于美国国立医学图书馆（National Library of Medicine，NLM）。凭借着 NLM 在创建和维护生物医学数据库上的丰富经验，NCBI 最终成为当今世界上最大的基于 Internet 的用于分子生物学研究的生物医学研究中心。

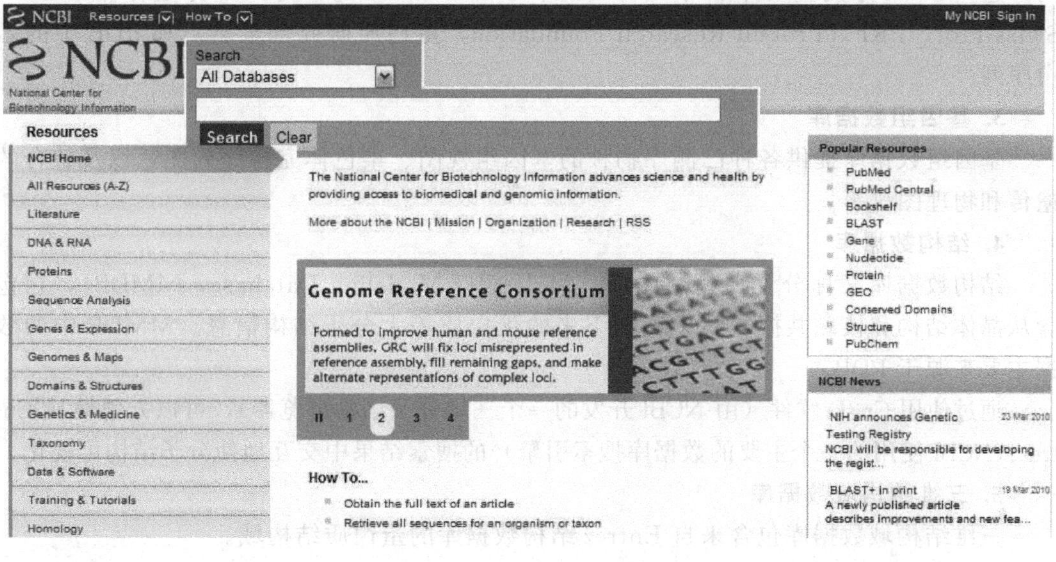

图 2-1　NCBI 网站首页

作为国家资源的一部分，NCBI 的主要任务是开发新的信息技术，来帮助理解控制健康和疾病的基本分子和遗传过程。具体有以下 3 点：①建立自动化系统用于储存和分析分子生物学、生物化学和遗传学方面的知识；②为研究人员和医学团体使用这些数据库和软件提供便利；③在国家和国际范围内搜集先进的生物技术信息，为分析生物重要分子的结构和功能提供先进的基于计算机的信息分析处理方法。

NCBI 主要通过以下几个途径去履行其不同的职责：①在分子水平上利用数学和计

算方法研究基本的生物医学问题；②与其他的一些 NLM 研究院机构、学术界、工业界和政府机构保持合作；③通过赞助会议、研讨会和系列讲座促进科学交流；④通过美国国家卫生研究院院内研究计划（NIH Intramural Research Program）培训基础研究和应用研究中的计算生物学博士后研究员；⑤通过科学访问者计划（Scientific Visitors Program）促进国际科学界的成员在信息技术方面的研究和培训；⑥为科学和医学领域开发、发布、支持并维护各种数据库和软件；⑦开发和推广用于数据库、数据储存和交换，以及生物命名的各种标准。

2.1.2 NCBI 数据库介绍

这里对 NCBI 维护的一系列数据库进行简要介绍。

1. 全核苷酸数据库

NCBI 维护的核苷酸数据库主要由 3 部分组成：表达序列标签序列（expression sequence tag,EST）、基因组测序序列（genome survey sequence，GSS）和核心核苷酸序列（orenucleotide）。

2. 蛋白质数据库

蛋白质数据库包含两个部分：一部分是通过翻译 DNA 序列编码区得到的蛋白质序列，这些 DNA 序列主要来自于 GenBank、EMBL 和 DDBJ；另一部分是存储于 PIR、Swiss-Prot、PRF（Protein Research Foundation，蛋白质研究基金会）和 PDB 中的蛋白序列。

3. 基因组数据库

基因组数据库提供各种已测序物种的基因组视图、染色体完整序列图，以及整合的遗传和物理图谱等。

4. 结构数据库

结构数据库又称分子模型数据库（Molecular Modeling Database，MMDB），它包含从晶体结构和核磁共振实验中确定下来的蛋白质等大分子结构信息。MMDB 中的数据主要来源于 PDB。

通过使用 Cn3D 软件（由 NCBI 开发的一个三维分子结构浏览器），可以方便地从 Entrez（NCBI 使用的一个主要的数据库搜索引擎）的搜索结果中交互地使分子结构可视化。

5. 三维结构域数据库

三维结构域数据库包含来自 Entrez 结构数据库的蛋白质结构域。

6. 保守域数据库

保守域数据库也是一个蛋白质结构域数据库，它的保守域数据是从 Pfam 数据库（一个蛋白家族数据库）、简单分子结构研究工具（a Simple Modular Architecture Research Tool，SMART）数据库和蛋白相邻类的聚簇（Clusters of Orthologous Groups of proteins，COG）数据库中获得的。

7. UniSTS 数据库

UniSTS 是一个整合的、非冗余的序列标签位点（Sequence Tagged Site，STS）数据库。它整合了多个数据库中的标签信息，包括序列标签位点库（dbSTS）、辐射混合数据库（the Radiation Hybrid database，RHdb）和人类基因组数据库（the Human Genome Database，GDB），同时包含了其他的各种映射关系。

8. 基因数据库

基因数据库提供了一个统一的查询环境。用户可以通过基因名称、同义词、编号、出版物（即文献）、基因本体术语、染色体号，以及其他的很多属性来寻找所要查询的基因。

9. UniGene 数据库

UniGene 数据库称得上是一个实验性质的系统，它通过程序自动将 GenBank 中的基因序列划分到某个非冗余的基于基因的集合中。这样，每个 UniGene 集合就代表了一个独特的基因，并包含了与这个基因相关的信息，如组织类型等。

10. HomoloGene 数据库

HomoloGene 数据库存储的是自动探测出的真核基因间同源关系的信息。

11. SNP 数据库

SNP 数据库用于存储包括单核苷酸替换、一两个碱基的插入或缺失等多态性信息。

12. PopSet 数据库

PopSet 数据库包含用于群体进化或者变异研究的比对序列（包括蛋白和基因序列），这些比对结果主要用于描述进化和群体变异等事件。

13. 生物分类数据库

生物分类数据库包含 NCBI 所有数据库中出现的物种信息。

14. GEO 数据库

基因表达精选集（Gene Expression Omnibus，GEO）数据库存储的是一些准确的基因表达图谱数据和大规模的分子实验数据。

15. GENSAT 数据库

该数据库源于神经系统基因表达图谱（Gene Expression Nervous System Atlas，GENSAT）项目，目的是通过利用原位杂交和转基因鼠技术得到与老鼠中枢神经系统相关的基因的表达信息。

16. 癌症染色体数据库

癌症染色体数据库包含 3 个癌症细胞遗传学数据库：the NCI Mitelman Database of Chromosome Aberrations in Cancer、the NCI Recurrent Chromosome Aberrations in Cancer、the NCI and NCBI SKY/M-FISH & CGH Database。染色体核型、光谱核型分析/多重荧光原位杂交技术（SKY/M-FISH）和比较基因组杂交数据（Comparative Genomic Hybridization，CGH）可以同时检索。

17. dbGaP 数据库

遗传型/表型数据库（The database of Genotype and Phenotype，dbGaP）存储的是现有的遗传型和表型的研究结果，以及基因型之间的联系和非临床特征。这些研究主要包括全基因组关联研究、医疗测序、分子诊断化验等。

18. PubChem Compound 数据库

该数据库中包含的是已验证过的化合物的描述信息，这些化合物主要来自 Pub-

Chem Substance 数据库。

19. PubChem Substance 数据库

PubChem Substance 数据库存储的是来源于多个数据库的化学品样品，除了对这些样品进行简单的描述外，还可以链接到 PubMed 的引用、蛋白质三维结构以及 PubChem BioAssay 中生物筛选的结果。

20. PubChem BioAssay 数据库

PubChem BioAssay 数据库提供的是筛选生物活性化学物质的实验。从这个数据库中可以检索到每个生物实验的描述信息，包括实验条件和实验流程等。

21. PubMed Central 数据库

公众医学信息中心（PubMed Central，PMC）是 NLM 在生命科学领域期刊文献的数字存档。研究者可以免费访问 PMC 中的全文文献。

22. 期刊数据库

该数据库提供多种期刊的检索，检索词可以是杂志名称、医学缩写、美国国立医学图书馆编号、国际标准化组织的缩写或刊号等。Entrez 数据库中的所有期刊都能在这个数据库中找到。

23. MeSH 数据库

医学主题词（Medical Subject Headings，MeSH）数据库存储的是国立医学图书馆用于检索 PubMed 文献所使用的受控词汇。MeSH 术语提供了一个一致的检索方式使得我们对于一个概念对应多个术语的情况也能方便地检索出来。

24. Bookshelf 数据库

Bookshelf 数据库收集生物医学方面的书籍，这些书籍可直接通过在 Entrez 中的链接进行访问。

25. OMIM 数据库

人类孟德尔遗传在线（Online Mendelian Inheritance in Man，OMIM）数据库主要着眼于可遗传的或遗传性的基因疾病，内容包括文献、序列记录、染色体定位图谱及相关数据库的链接。

26. OMIA 数据库

动物孟德尔遗传在线（Online Mendelian Inheritance in Animals，OMIA）数据库提供了一个与动物基因和遗传性疾病相关的目录（人和小鼠除外）。

27. 探针数据库

探针数据库是一个公共的存储各种用于生物医学研究的核酸试剂（nucleic acid reagents）的数据库。

2.1.3 Entrez 简介

Entrez 是一个全局的生物医学搜索引擎（图 2-2），它可以检索的数据库主要包括 3 类：

（1）文献数据库：PubMed，PubMed Central，Journals，Books，OMIM，OMIA。

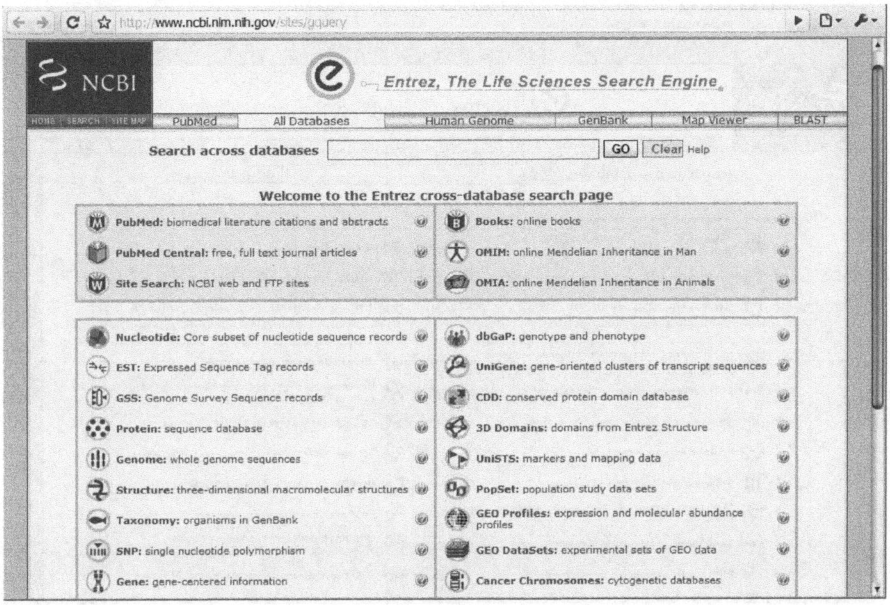

图 2-2　Entrez 界面

(2) 序列数据库：Nucleotide，Protein，Genome，Structure，SNP。

(3) 其他数据库：Taxonomy，Gene，UniGene，HomoloGene，Conserved Domains，3D Domains，UniSTS，PopSet，GEO Profiles，GEO Datasets，PubChem BioAssay，PubChem Compound，PubChem Substance，Cancer Chromosomes，Probe，MeSH，Journals，NLM Catalog。

2.1.4　Entrez 检索实例

【实例分析】 已知菜豆荚斑驳病毒（*bean pod mottle virus*，BPMV）的名字，查询 BPMV 的基因组信息、核酸序列信息、蛋白序列信息和结构信息。

[1] 输入查询

在浏览器中输入 Entrez 的地址：http://www.ncbi.nlm.nih.gov/sites/gquery。在搜索框中输入“BPMV”后，按回车或点击“GO”按钮，页面显示的结果如图 2-3 所示，从图中可以看到 Entrez 共检索到 23 条 PubMed 中的文献信息，14 条 PubMed Center 中的文献信息，21 条核酸信息，806 个 EST，40 个蛋白信息，2 个 Genome 信息，3 个结构信息和 1 个物种分类信息。

[2] Genome 数据库的查询结果

由于 BPMV 是 RNA 病毒，我们可以先了解一下它的 Genome 信息。

点击 Genome 数据库的图标就到达 Genome 数据库的查询结果界面，如图 2-4 所示。通过这个页面可以了解到 BPMV 的基因组由两个 RNA 组成。

(1) Bean pod mottle virus RNA 1：NC_003496。

(2) Bean pod mottle virus RNA 2：NC_003495。

通过点击相应的链接就可以在新的页面中下载相应的序列。

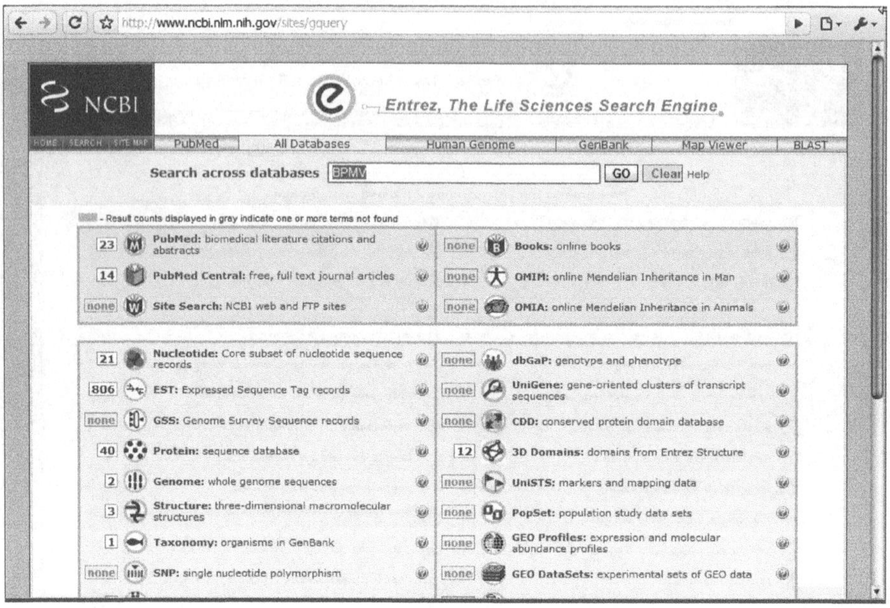

图 2-3 Entrez 查询结果界面

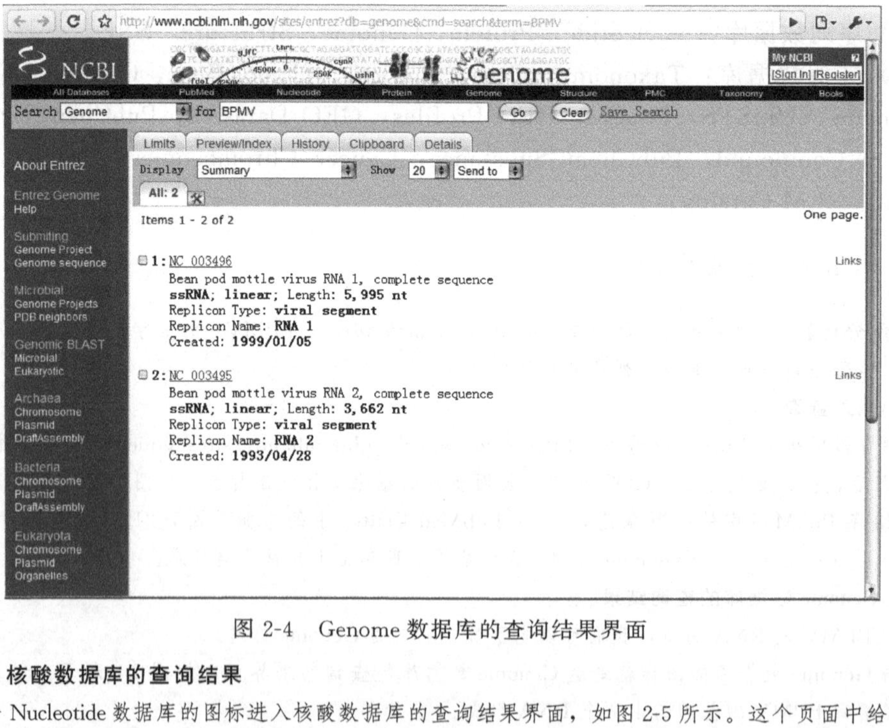

图 2-4 Genome 数据库的查询结果界面

[3] 核酸数据库的查询结果

点击 Nucleotide 数据库的图标进入核酸数据库的查询结果界面，如图 2-5 所示。这个页面中给出了 Genome 数据库中已经找到的两条 RNA 信息以及其他的一些序列信息，以下列出部分对我们有用的序列信息。

(1) Chain 3, Bean Pod Mottle Virus (Bpmv), Middle Component: 1PGL_3。

(2) Bean pod mottle virus RNA-dependent RNA polymerase gene, partial cds: EF528583。

(3) Bean pod mottle virus type Ⅱ strain Hopkins polyprotein gene, partial cds: DQ139274。

(4) Bean pod mottle virus cp gene for putative defective coat protein, genomic RNA: AJ269536。

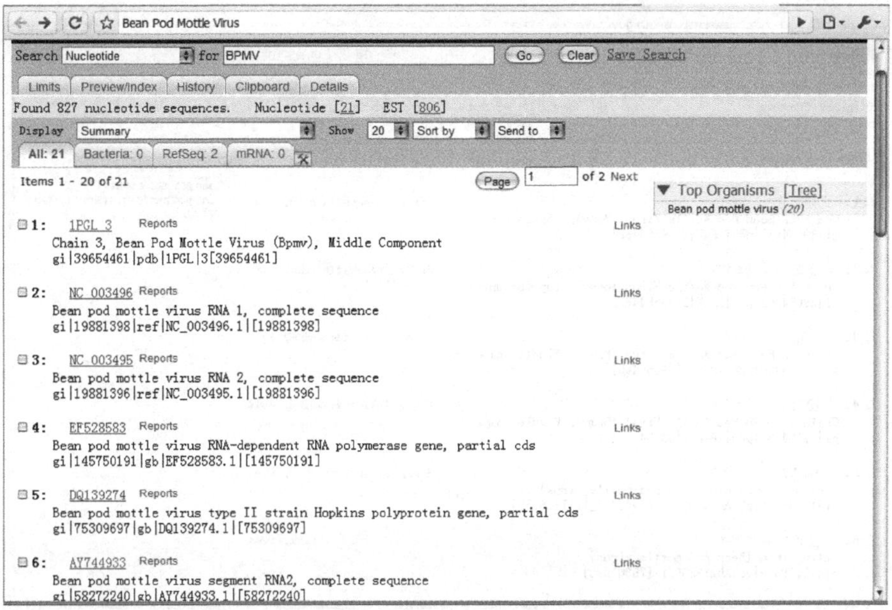

图 2-5　核酸数据库的查询结果

(5) Bean pod mottle virus isolate I-JH1 capsid polyprotein gene，partial cds：AF330210。

(6) Bean pod mottle virus isolate V-W1 capsid polyprotein gene，partial cds：AF330209。

(7) Bean pod mottle virus isolate K-Ho1 capsid polyprotein gene：AF330208。

(8) Bean pod mottle virus capsid polyprotein gene，partial cds：AF330207。

(9) Bean pod mottle virus isolate K-D1 capsid polyprotein gene，partial cds：AF330206。

点击相应的链接在新页面中下载序列。

[4] 蛋白质数据库的查询结果

点击 Protein 数据库的图标进入蛋白质数据库的查询结果界面，如图 2-6 所示。在这里可以找到 BPMV 转录的相关蛋白，以下只列出了其中的一部分。需要注意的是，(5) 和 (6) 是已经解析的蛋白-RNA 相互作用的晶体结构。

(1) Chain 2，Bean Pod Mottle Virus (Bpmv)，Top Component：1PGW_2。

(2) Chain 1，Bean Pod Mottle Virus (Bpmv)，Middle Component：1PGL_1。

(3) capsid polyprotein [Bean pod mottle virus]：AAL41018。

(4) polyprotein [Bean pod mottle virus]：ABA18806。

(5) Chain 2，Protein-RNA Interactions In An Icosahedral Virus At 3.0 Angstroms Resolution：1BMV_2。

(6) Chain 1，Protein-RNA Interactions In An Icosahedral Virus At 3.0 Angstroms Resolution：1BMV_1。

(7) putative RNA dependent RNA polymerase [Bean pod mottle virus]：NP_734070。

(8) protease [Bean pod mottle virus]：NP_734069。

点击相应链接在新页面中下载序列。

[5] 结构数据库的查询结果

点击 Structure 数据库的图标进入结构数据库的查询结果界面，如图 2-7 所示。在弹出页面中可以看到 3 个晶体结构。

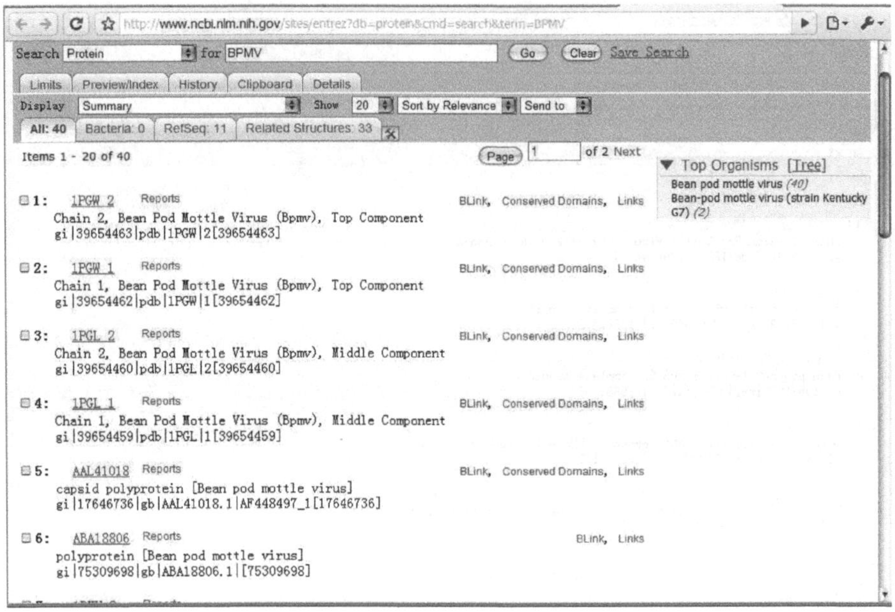

图 2-6　蛋白质数据库的查询结果界面

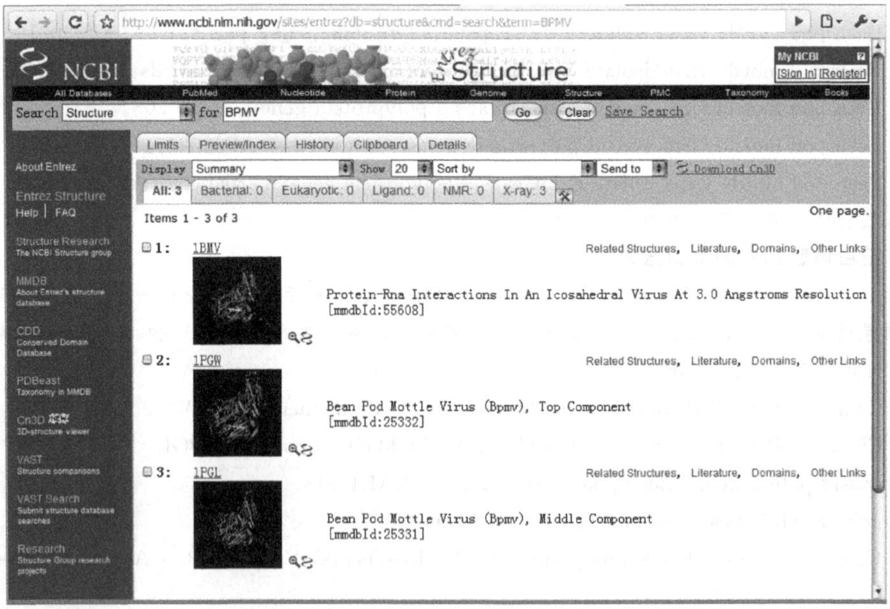

图 2-7　结构数据库的查询结果

(1) Protein-Rna Interactions In An Icosahedral Virus At 3.0 Angstroms Resolution：1BMV。

(2) Bean Pod Mottle Virus (Bpmv)，Top Component：1PGW。

(3) Bean Pod Mottle Virus (Bpmv)，Middle Component：1PGL。

点击相应链接可以在新页面中下载该结构数据的 PDB 文件。

[6] 序列的下载

核酸序列和蛋白序列的下载方式是一样的，以 EF528583 为例，点击序列名称进入弹出页面后，如图 2-8 所示，序列信息默认地以 GenBank 的格式显示。根据个人需要，可以在 Display 后的下拉框中选择以其他方式显示序列信息。一般来讲，下载序列常用 FASTA 格式，因此在“Display”菜单中应选择“FASTA”。

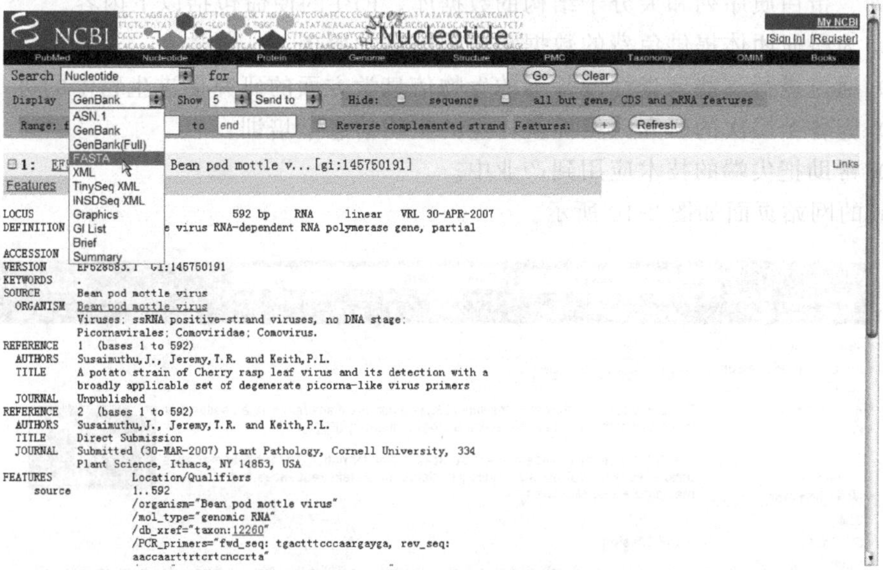

图 2-8 选择序列格式

随即弹出的页面中即为 FASTA 格式显示的序列信息，如图 2-9 所示。若要下载序列可在“Show”选择菜单的“Send to”选择项中选择“File”，FASTA 格式的 EF528583 序列信息就开始下载到本地电脑上了。其他格式序列信息文件的下载与之类似。

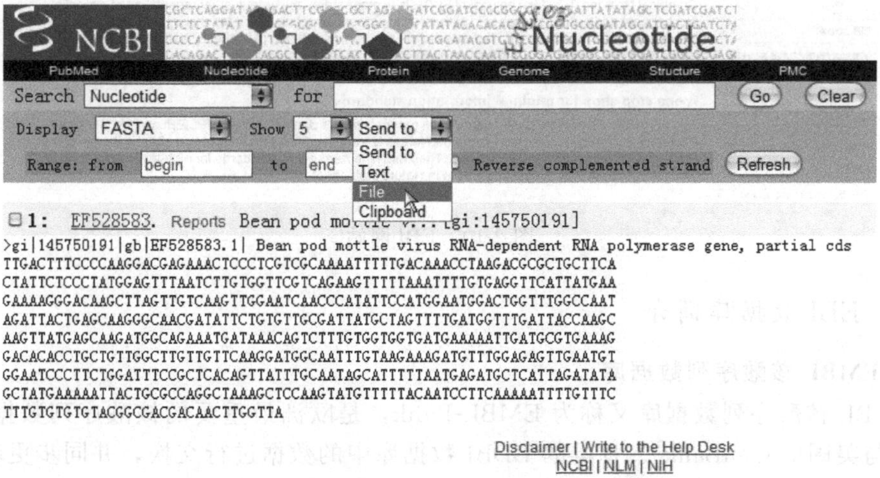

图 2-9 下载序列

2.2 综合性数据库 EMBL-EBI

2.2.1 EBI 简介

欧洲生物信息研究所（European Bioinformatics Institute，EBI）是非盈利性学术

组织 EMBL 的一部分。EBI 提供生物信息学方面的研究和服务，它维护着一系列存储核酸序列、蛋白质序列和大分子结构的数据库。EBI 的使命包括以下内容。

（1）为科研团体提供免费的数据和生物信息学服务。

（2）通过进行一些调查性的基本的生物信息学方面的研究促进生物学的进步。

（3）为各个层次的研究人员提供先进的生物信息学培训。

（4）帮助把尖端的技术应用到产业中。

EBI 的网站页面如图 2-10 所示。

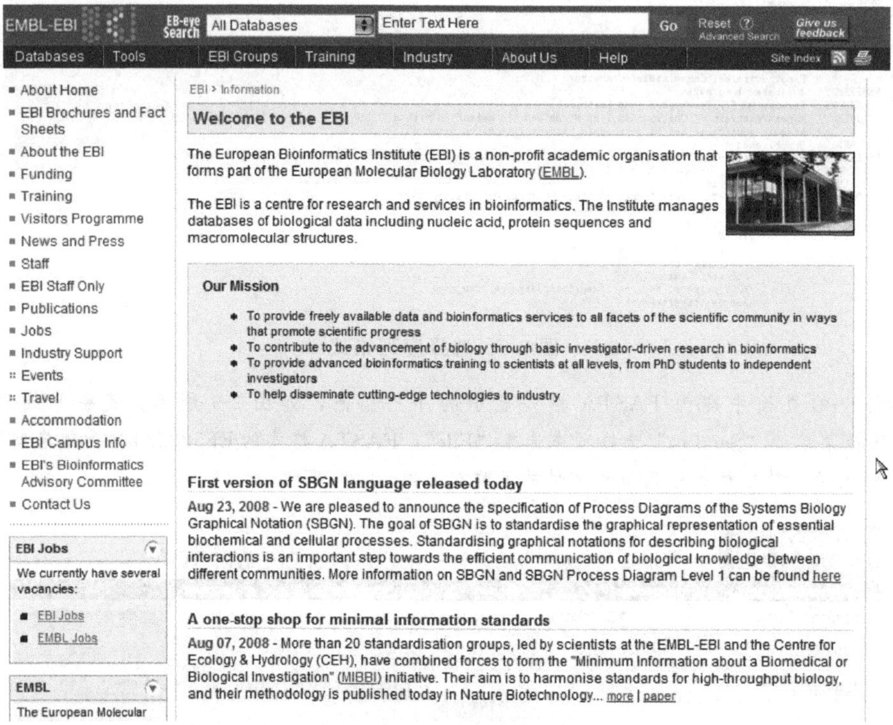

图 2-10　EBI 网站

2.2.2　EBI 数据库简介

1. EMBL 核酸序列数据库

EMBL 核酸序列数据库又称为 EMBL-Bank，是欧洲最重要的核酸序列数据库，它定期地与美国的 GenBank 、日本的 DDBJ 数据库中的数据进行交换，并同步更新。

2. UniProt Knowledgebase

通用蛋白资源数据库（Universal Protein Resource，UniProt）是世界上最全面的存储蛋白质信息的数据库。它囊括了 UniProtKB/Swiss-Prot、UniProtKB/TrEMBL 和 PIR 中存储的蛋白质信息。该数据库中存储的主要是已经过广泛验证的蛋白信息，包括蛋白的功能、聚类及交叉引用等。

3. 大分子结构数据库

该数据库收集并存储大分子的结构信息，部分数据来源于 PDB。

4. ArrayExpress

ArrayExpress 数据库存储的是由 MGED 推荐的 MIAME 和 MINSEQE 类型的转录组学数据。该数据库中的数据多是从大量准确的实验数据中得到的基因索引的表达谱数据。

5. Ensembl

Ensembl 提供并及时更新后生生物的全基因组序列以及最为精确的注释。

6. IntAct

IntAct 提供了一个免费的开源数据库进行蛋白质相互作用的分析。

7. UniProtKB/Swiss-Prot

UniProtKB/Swiss-Prot 是一个蛋白质信息最为准确的蛋白质数据库。它所提供的蛋白质信息有着最详尽的注释和最少的冗余，而且可以和其他的数据库很好地整合。

8. UniProtKB/TrEMB

UniProtKB/TrEMB 是对 UniProtKB 的补充。它所存储的蛋白质序列是由计算机辅助自动注释产生。

9. InterPro

InterPro 存储蛋白家族、结构域及蛋白质功能位点的文档注释信息。

10. 其他数据库

其他数据库包括 http://www.ebi.ac.uk/Information/databases_sitemap.html 等。

2.2.3 SRS 简介

EBI 提供了很多数据库查询工具，序列查询系统（Sequence Retrieval System，SRS）和 BioMart 都是比较常用的工具之一，它们与上一节讲到的 Entrez 检索系统类似。图 2-11 显示的是 SRS 检索界面。

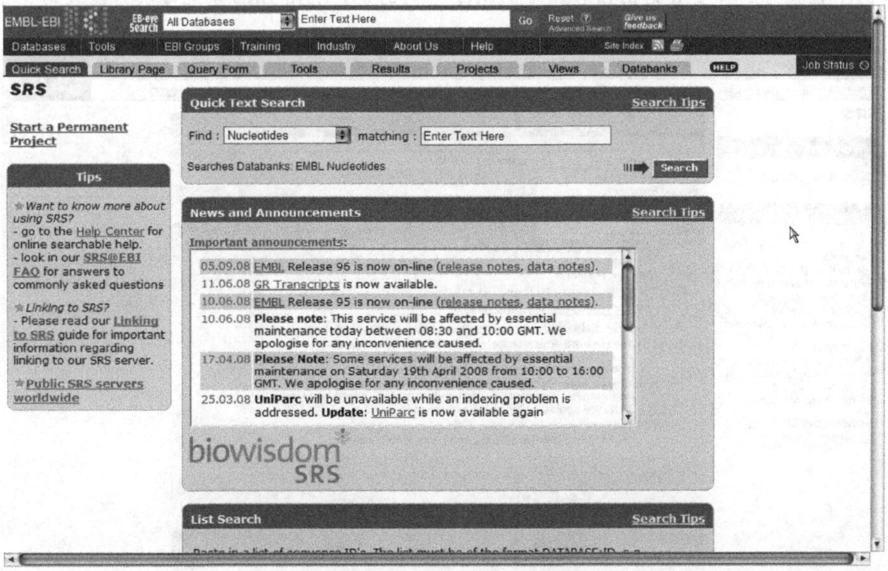

图 2-11 SRS 的检索界面

除此之外，SRS 还提供了一系列的序列分析工具可以直接进行在线序列分析处理，如图 2-12 所示，读者可以尝试这些工具，这里不做详细介绍。

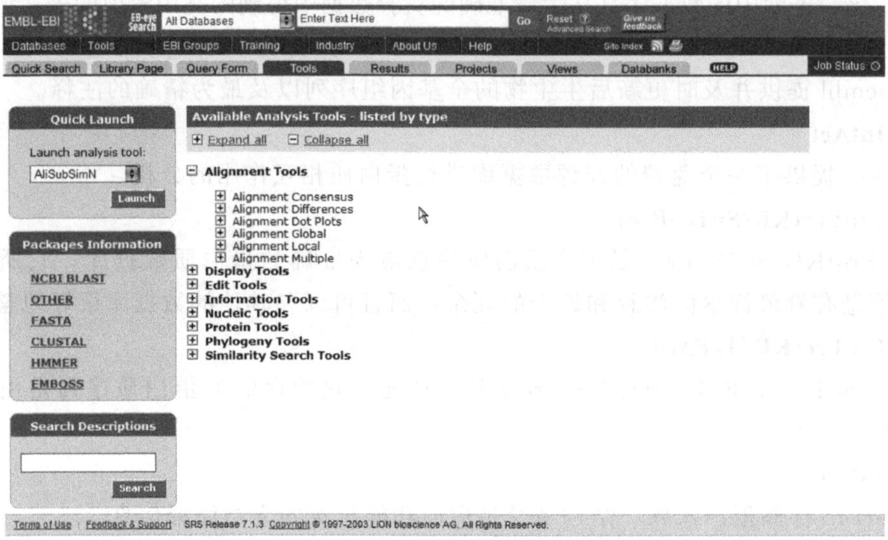

图 2-12　SRS 中的序列分析处理工具

2.2.4　SRS 检索实例

【实例分析】 已知 BPMV 的名字，查询 BPMV 的基因组信息、核酸序列信息、蛋白序列信息和结构信息。

[1] 输入查询

在浏览器中输入 SRS 的地址：http://srs.ebi.ac.uk，如图 2-13 所示。在搜索框中输入“BPMV”，在“Find”后的下拉框中选择要查询的内容。与 Entrez 不同的是，利用 SRS 系统每次只能查询一个数据库。

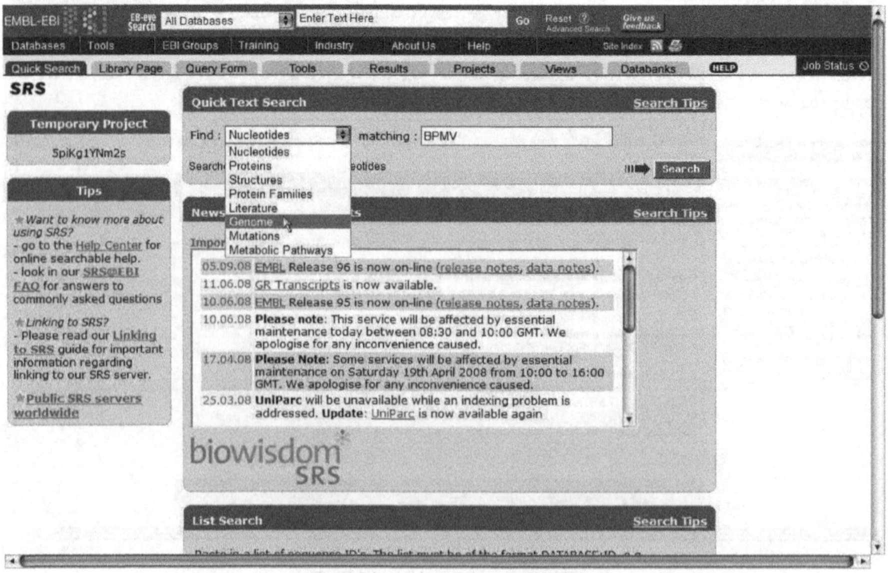

图 2-13　SRS 的查询界面

[2] **Genome 数据库的查询结果**

若要查询基因组数据信息，可在“Find”后的下拉框中选择“Genome”，点击“Search”按钮，弹出页面即是 Genome 数据库的查询结果界面，如图 2-14 所示。查看页面中结果的详细信息后会发现，它们和前面用 Entrez 检索的结果是一致的。

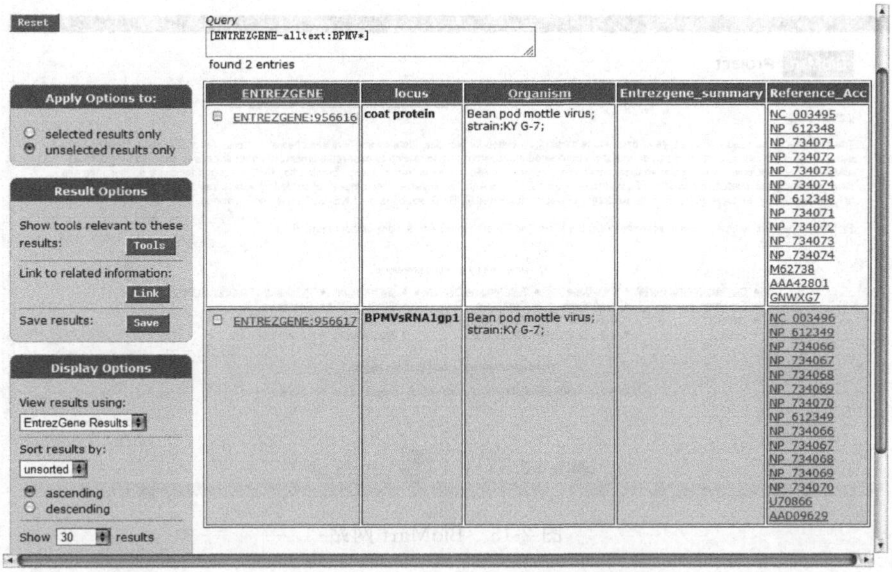

图 2-14　Genome 数据库的查询结果

[3] **其他数据库的查询**

其他数据库的查询与 Genome 数据库的查询方式类似，只需在 SRS 查询系统首页选择相应的数据库即可。由于 EBI 和 NCBI 之间每天都会进行数据交换并维持更新，SRS 和 Entrez 的查询结果基本一致。不同的是，EBI 数据库中冗余的数据较少。

2.2.5　BioMart 简介

BioMart 也是 EBI 中常用的数据库查询工具之一。它的便捷在于将存储于多个数据库的基因、蛋白的序列信息和注释信息全部整合到了一起，是一个高度集成的数据库。用户可以方便地查询一个基因在不同数据库中的 ID、基因组位置、表达、结构等信息。相对于 SRS 来说，利用 BioMart 可以批量获得相关数据，并可以方便地得到一个物种所有的或某个限定范围内的蛋白、核酸序列以及其他信息。图 2-15 显示的是BioMart系统首页。

2.2.6　BioMart 检索实例

【实例分析】 下载人类的所有基因序列。

[1] **选择数据库**

在浏览器中输入 BioMart 的地址：http://www.biomart.org，进入 BioMart 的主页面，如图 2-15 所示。在上方的菜单栏中点击“MARTVIEW”，进入 MARTVIEW 检索界面，如图 2-16 所示。在

“CHOOSE DATABASE”的下拉选择框中选择数据库“ENSEMBL 50 GENES（SANGER UK）”，同时在“CHOOSE DATASET”中选择“Homo sapiens genes（NCBI36）”。

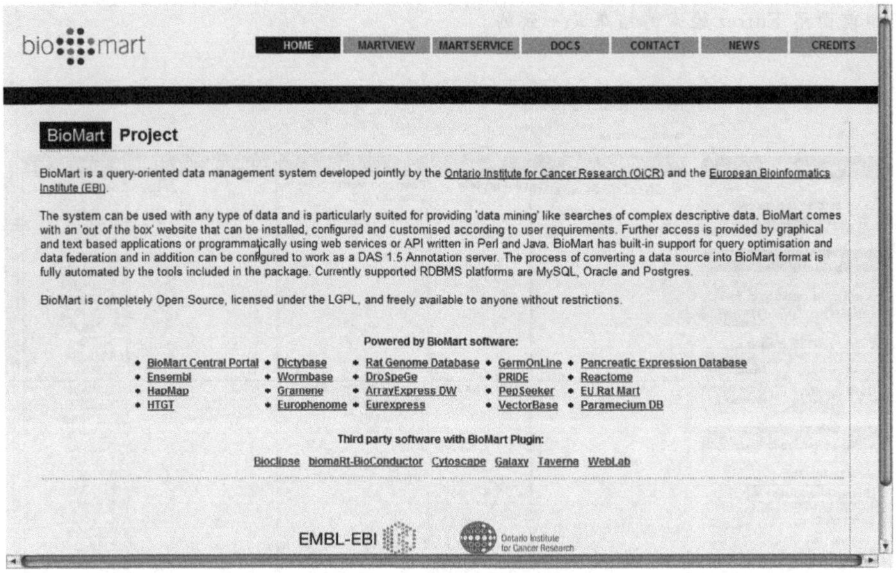

图 2-15 BioMart 网站

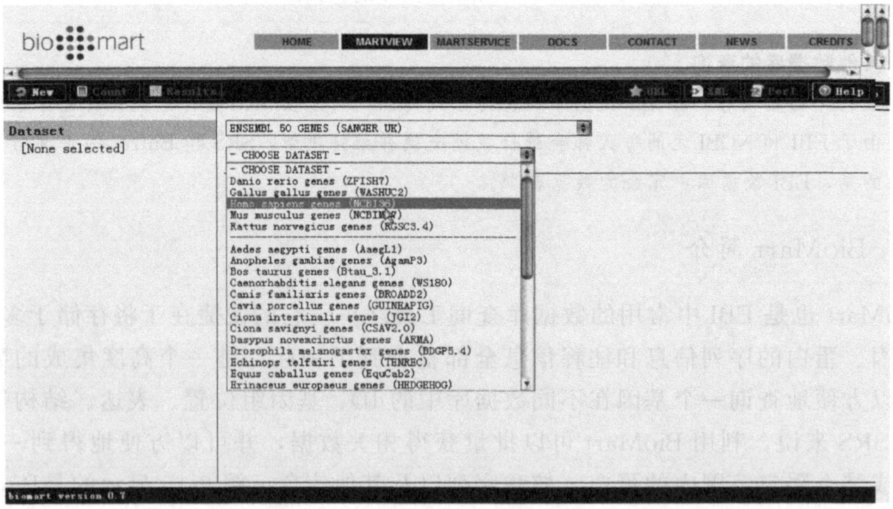

图 2-16 MARTVIEW 检索界面

[2] 设置过滤器

第一步完成数据库和数据集的选择后，页面显示如图 2-17 所示。为了使查询结果更符合具体研究的需要，一般需要对数据进行过滤。BioMart 提供了过滤器的功能，只需点击页面左侧的“Filters”即可进入 Filters 界面。

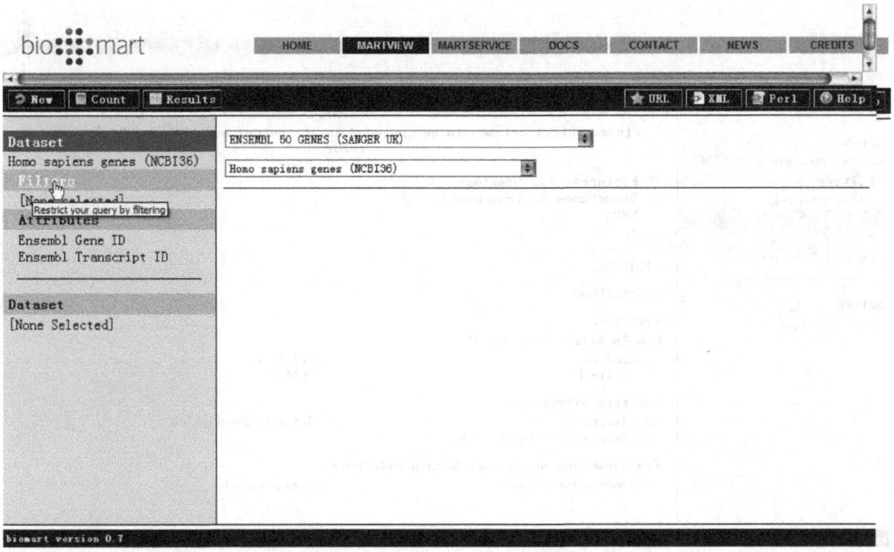

图 2-17　进入 Filters 界面

在图 2-18 所示的 Filters 界面中，用户可以从基因组位置、基因信息、GO 信息、表达信息、蛋白信息及 SNP 信息等多个方面进行过滤，得到自己想要的信息集合。（本例是得到人类所有的核酸序列，故此处不需要建立过滤器。）

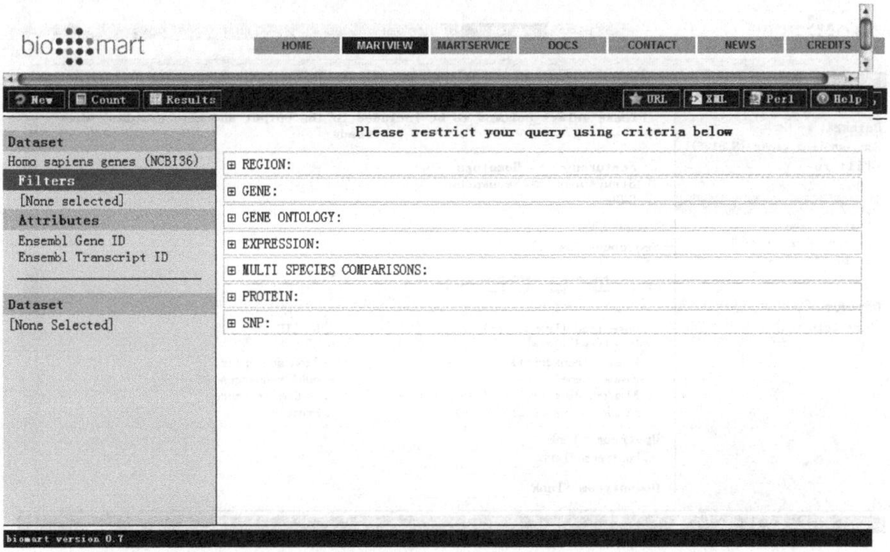

图 2-18　Filters 界面

[3] 查看序列属性

在图 2-18 的页面中，点击左侧的"Attributes"进入 Attributes 界面，如图 2-19 所示。Attributes 界面主要显示了 5 个部分的内容，分别是 Features、Homologs、Structures、Sequences、SNPs。本例要求下载基因序列，因此选择"Sequences"。

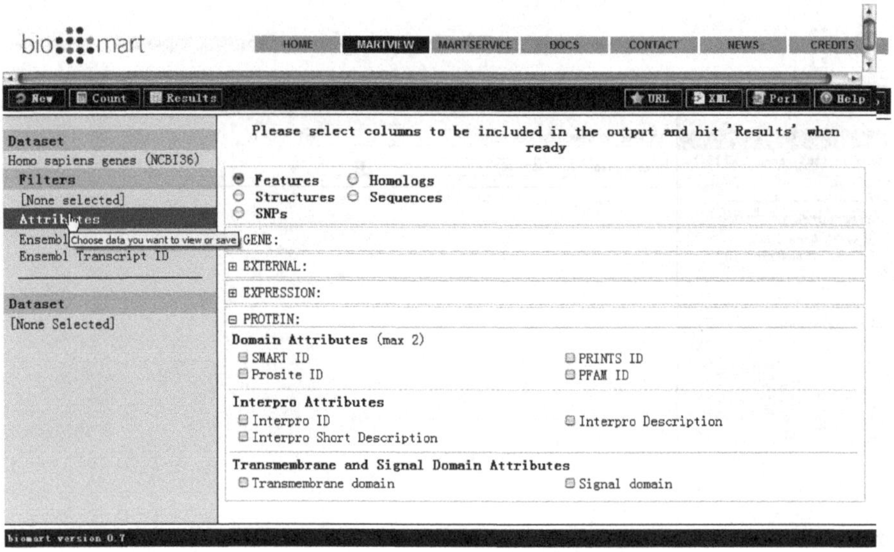

图 2-19　Attributes 界面

选择“Sequences”后，同一页面会显示出“Sequences”的属性界面，如图 2-20 所示，选择“Unspliced (Gene)”，即所下载的序列是未经剪接过的基因序列。用户也可以根据需要进行不同的选择，下载所需的基因序列。

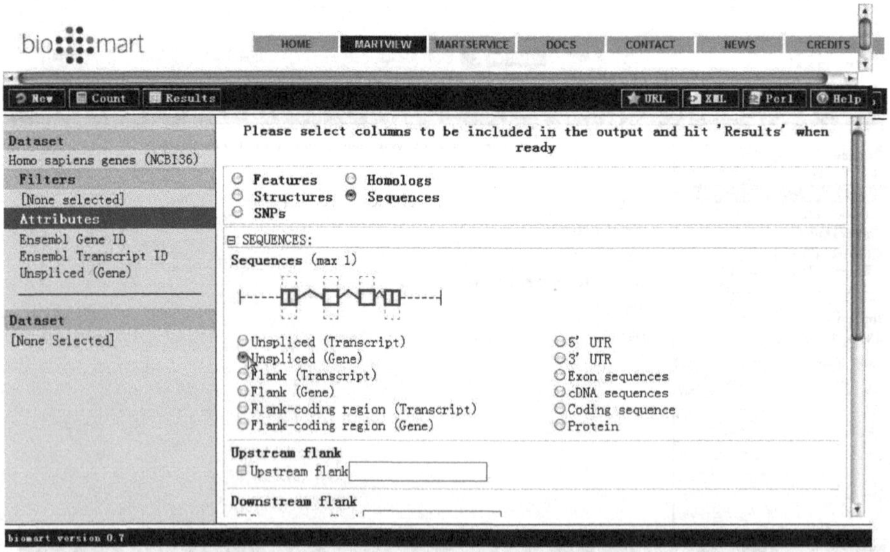

图 2-20　Sequences 属性界面

[4] 下载序列

在下载序列时，BioMart 也提供了一些优化的功能。例如，下载序列前，如果想查看所选择序列的条数，可点击左上方的“Count”，即得到用户当前选择的记录的条数。点击“Results”进入下载界面，如图 2-21 所示。下载序列的默认格式是“FASTA”格式。最后点击“GO”按钮开始下载所选择的记录到本地。

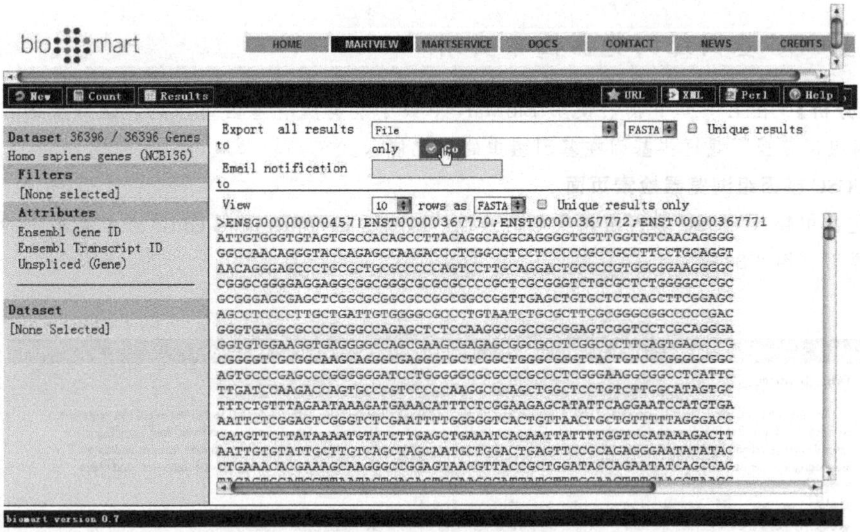

图 2-21　下载界面

2.3　UCSC 基因组浏览器

2.3.1　UCSC 基因组浏览器简介

加利福尼亚大学圣克鲁斯分校（University of California Santa Cruz，UCSC）基因组浏览器数据库是一个及时更新基因组序列及其注释的数据库，包括各种脊椎动物、无脊椎动物，以及主要模式生物的基因组信息。UCSC 基因组浏览器为用户提供了一种快速访问各个物种基因组的途径，同时支持对基因组的可视化显示，并进行其他的一些分析，如图 2-22 所示。

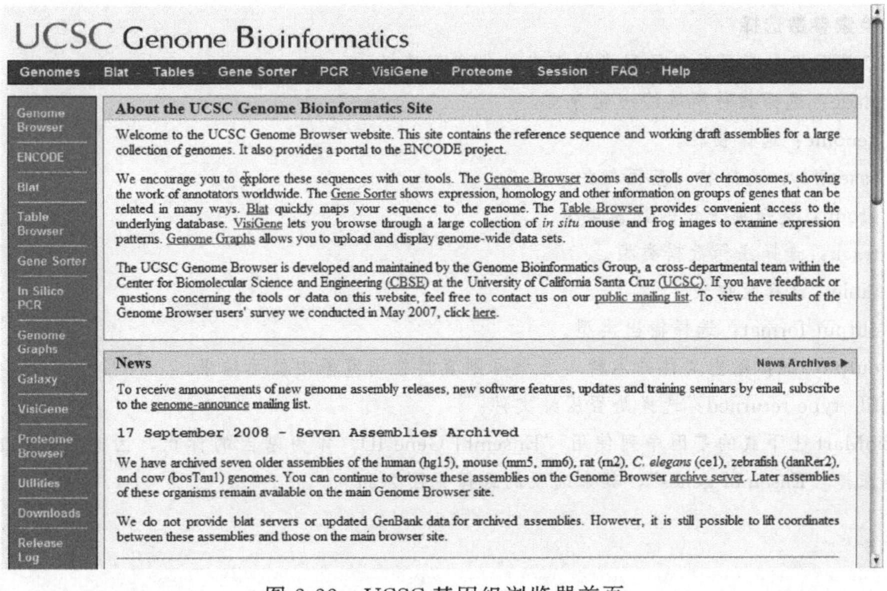

图 2-22　UCSC 基因组浏览器首页

2.3.2　UCSC 基因组浏览器检索实例

【实例分析】 在上一节中我们使用 BioMart 下载了人类所有基因的序列，这一节的任务是使用 UCSC 基因组浏览器下载这些基因在基因组中的位置信息。

[1] UCSC 基因组浏览器检索页面

在浏览器中输入 UCSC 基因组浏览器的地址：http://genome.ucsc.edu，点击菜单中的“Tables”进入检索界面（图 2-23）。

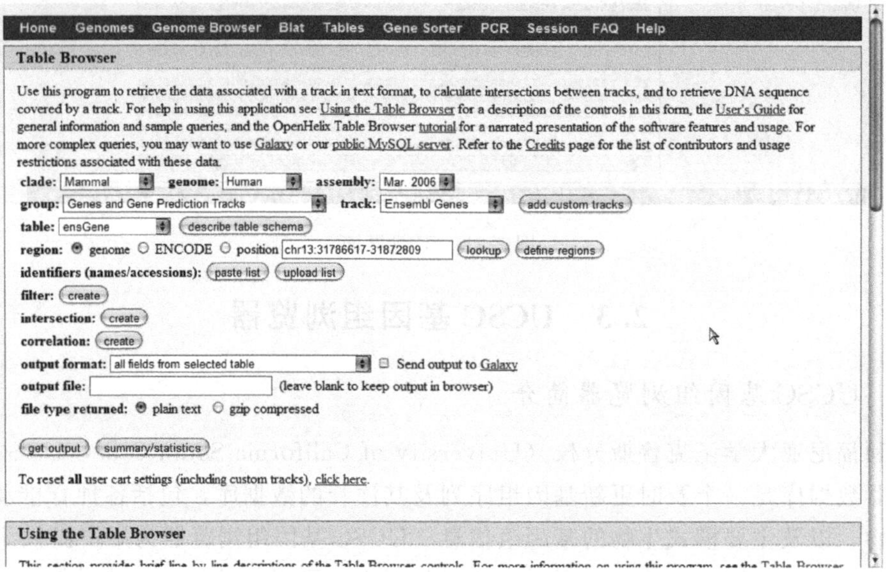

图 2-23　UCSC 基因组浏览器检索页面

[2] 检索参数选择

UCSC 基因组浏览器提供了很多检索参数供我们选择。

(1) clade：选择物种所属的进化分支。

(2) genome：选择物种。

(3) assembly：选择物种基因组的版本。

(4) group：选择要查询的数据类型。

(5) track：选择注释数据类型。

(6) table：选择数据表。

(7) output format：选择输出类型。

(8) output file：输出文件的名称，不填写则直接在浏览器中显示结果。

(9) file type returned：选择是否压缩文件。

从 BioMart 上下载的基因序列使用“Ensembl Gene ID”作为基因的标识，因此在“track”的选择项中应选择“Ensembl genes”，其余选项的选择见图 2-24。

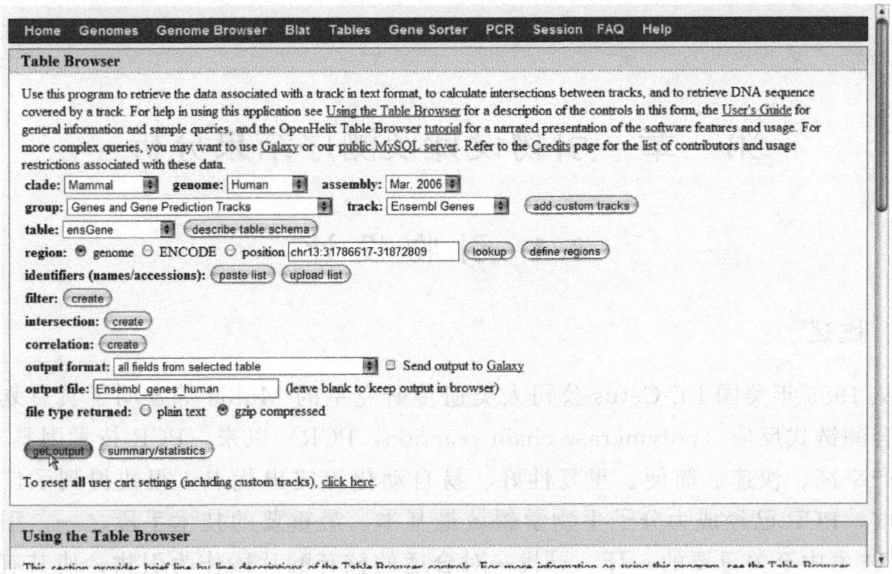

图 2-24 参数选择

[3] 结果下载

选择好合适的参数后，点击按钮“get output”，开始下载数据。

（乔　楠　沈建国）

第三章　引物设计及测序结果分析

3.1 引 物 设 计

3.1.1　概述

自从 1985 年美国 PE-Cetus 公司人类遗传研究室的 Mullis 等发明了具有划时代意义的聚合酶链式反应（polymerase chain reaction，PCR）以来，PCR 技术因具有特异、灵敏、产率高、快速、简便、重复性好、易自动化等突出优点，很快得到了广泛的应用。目前，PCR 已经成为分子生物学领域最基本、最重要的技术手段之一。引物设计是 PCR 技术中至关重要的一环，寻找一对合适的核苷酸片段作为引物，使其有效地从模板 DNA 序列扩增目的片段，是 PCR 反应成功的保障。

1. 引物设计流程

引物设计流程主要包括序列查找和下载、序列同源性比较、引物设计与筛选、引物加工与修饰、引物的评价分析、引物的二次筛选及引物的最终评估（张明程，2002；任亮等，2005），如图 3-1 所示。

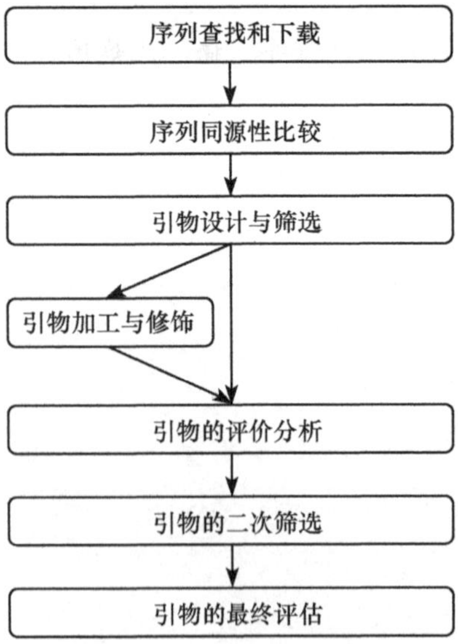

图 3-1　引物设计流程

（1）序列查找和下载。根据拟扩增的基因名称或序列号，在 GenBank 数据库或其他相关数据库中查找有关核酸序列，然后将其下载。

（2）序列同源性比较。同源性比较主要有两种方法：一是利用在线的 NCBI 或其他数据库中的 BLAST 分析工具进行比较，可将第一步查找得到的一条核酸序列与序列数据库中所有相关序列进行比较（http：// BLAST. ncbi. nlm. nih. gov/），在结果中可以看到所有相关序列（包括同一物种或不同物种、不同长度的同源序列）比较的情况，另外也可利用在线程序（http：// www. ncbi. nlm. nih. gov/BLAST/bl2seq/wBLAST2. cgi）进行序列之间的两两比较；二是可以将查找得到的相关序列利用 OMIGA、PCGENE、DNAMAN 等软件进行两两比对或多重序列比较。通过同源性比较，我们可以获知目的基因中高度保守的序列片段，从中选择作为 PCR 扩增的引物。

（3）引物的设计与筛选。引物的设计与筛选可通过一些分子生物学软件或在线相关工具来完成。目前通常运用软件 Primer Premier 5. 0 和美国生物医学研究所基因组研究中心提供的一款免费在线引物设计程序 Primer 3 来设计引物。将目的基因序列输入到上述软件指定窗口中，设置一定的参数，运行程序，便可筛选获得若干需要的目标引物。

（4）引物加工与修饰。在设计引物时，通常根据不同的实验目的，需要对所设计的引物进行加工修饰，即通常在引物序列的5′端添加一定的附加序列，如酶切位点、保护碱基、特异性标签、启动子等。

（5）引物的评价分析。在利用Primer Premier 5.0等软件设计引物并对其进行加工修饰后，为了确保引物的可靠性，通常需要进一步地评价分析，当前最常用的引物评价分析软件是Oligo 6。该软件可以弥补引物设计的不足，并对其加以改进。

（6）引物的二次筛选。引物的二次筛选是指从初次筛选出的多对引物中进一步筛选出适合我们进行特异、高效扩增的引物。本步骤应注意以下两点：一是将得到的一系列引物分别在GenBank中进行回检，也就是把每条引物在比对工具（http://www.ncbi.nlm.nih.gov/BLAST/）中进行同源性检索，弃掉与基因组其他部分同源性比较高的引物，即有可能形成错配的引物，一般连续10bp以上的同源有可能形成比较稳定的错配，特别是引物的3′端应避免连续5～6bp的同源；二是对于真核生物基因而言，以mRNA为模板设计引物时要先利用生物信息学的知识大致判断外显子与内含子的剪接位点，然后弃掉正好位于剪接位点的引物。

（7）引物的最终评估。将设计并筛选所得的引物进行合成，然后将合成后的引物进行PCR扩增以对其进行最终的评估。一是观察PCR扩增的特异性和效率，经过PCR条件优化后能否获得特异性条带及PCR产物的产量如何；二是观察PCR扩增产物是否与预期产物大小相当；三是观察是否形成引物二聚体带。结合引物最终评估和测序的结果可以对引物设计的成败做出鉴定，为以后进行引物设计积累宝贵经验。

2. 引物设计原则

引物设计有3条基本原则：首先，引物与模板的序列要紧密互补；其次，引物与引物之间避免形成稳定的二聚体或发夹结构；再次，引物不能在模板的非目的位点引发DNA聚合反应（即错配）。

实现这3条基本原则需要考虑到诸多因素，如引物长度（primer length）、产物长度（product length）、序列T_m值（melting temperature）、引物与模板形成双链的内部稳定性（internal stability，用ΔG值反映）、形成引物二聚体（duplex formation）及发夹结构（hairpin formation）的能值、在错配位点（false priming site）的引发效率、引物及产物的GC含量（content）等。必要时还需要对引物进行修饰，如增加限制性内切酶位点、引进突变等。主要注意以下几点（张新宇和高燕宁，2004；王艳秋和张培军，1995）。

（1）引物的长度。引物的长度一般为15～30bp，常用的是18～27bp，但应尽量不要大于38bp，因为过长会导致其延伸温度大于74℃，不适于*Taq* DNA聚合酶（*Tag*酶）进行反应。

（2）引物的特异性。引物序列在模板内应当没有相似性较高，尤其是3′端相似性较高的序列，否则容易导致错配。引物应在核酸序列保守区内设计，并且与非特异扩增序列的同源性不要超过70%或有连续8个互补碱基同源。

（3）引物的碱基分布。引物中4种碱基的分布最好是随机的，不要有聚嘌呤或聚嘧啶的存在，尤其3′端应避免出现3个以上的连续的G或C，如GGG或CCC，否则会使引物在GC富集序列区错误引发。另外，引物3′端的末位碱基对*Taq*酶的DNA合成效率有较大的影响，不同的末位碱基在错配位置会导致不同的扩增效率，末位碱基为A的错配效率明显高于其他3个碱基，因此应当避免在引物的3′端使用碱基A。

(4) 引物的互补情况。引物二聚体或发夹结构也可能导致PCR反应失败，因此应尽可能避免引物互补情况的发生。引物自身不具有互补序列，否则引物自身会折叠成发夹状结构造成引物本身复性。这种二级结构会因空间位阻而影响引物与模板的复性结合。若用人工判断，引物自身连续互补碱基不能大于3bp；两引物之间不应具有互补性，尤其应避免3′端的互补重叠以防引物二聚体的形成，一对引物间不应多于4个连续碱基的同源性或互补性。如果由于互补形成的引物二聚体及发夹结构的能值过高（超过4.5kcal/mol），则易导致产生引物二聚体带，并且降低引物有效浓度而使PCR反应不能正常进行。

(5) 引物的修饰情况。引物的延伸是从3′端开始的，不能对该位置进行任何修饰。3′端也不能有形成任何二级结构的可能，除在如等位基因特异性PCR（allele specific-PCR，AS-PCR）等特殊的PCR反应中，引物3′端不能发生错配。引物的5′端限定着PCR产物的长度，它对扩增特异性影响不大。因此可以被修饰而不影响扩增的特异性。引物5′端修饰包括加酶切位点，加特异性标签，标记生物素、荧光、地高辛、Eu^{3+}等，引入蛋白质结合DNA序列，引入突变位点、插入与缺失突变序列和启动子序列等。在计算T_m值时不必考虑附加序列，但在检测互补和二级结构时要加上它们。

(6) 产物的二级结构。设计引物前应预测将要扩增的片段单链是否形成二级结构。某些引物无效的主要原因是受到引物重复区DNA二级结构的影响，选择扩增片段时最好避开二级结构区域。用有关计算机软件可以预测mRNA的稳定二级结构，有助于选择模板。

(7) 引物的GC含量。引物序列的GC含量一般为40%～60%，过高或过低都不利于引发反应。上下游引物的GC含量不能相差太大。若GC含量太低，可在5′端加上一些G或C；若GC含量太高，可在5′端加上一些A或T。

(8) 引物的T_m值。引物的T_m值在72℃左右可使复性条件最佳。T_m值的计算有多种方法，如“最邻近法（the nearest neighbor method)”、“GC含量法”和“4(G+C)+2(A+T）法”。在理想状态下，退火温度要足够低，以保证引物和目的序列有效退火；同时还要足够高，以减少非特异性结合。合理的退火温度为55～70℃。退火温度一般设定比引物的T_m值低5℃。为获得最佳结果，两个引物应具有近似的T_m值。引物对的T_m值差异如果超过5℃，就会导致在循环中使用较低的退火温度而表现出明显的错误起始。如果两个引物T_m值不同，可将退火温度设定为比最低的T_m值低5℃。或者为了提高特异性，可以在根据较高T_m值设计的退火温度先进行5个循环，然后在根据较低T_m值设计的退火温度进行剩余的循环，这使得在较为严紧的条件下可以获得目的模板的部分拷贝。

(9) 引物的ΔG值。ΔG值是指DNA双链形成所需的自由能，该值反映了双链结构内部碱基对的相对稳定性。应当选用3′端ΔG值较低（绝对值不超过9），而5′端

和中间 ΔG 值相对较高的引物。引物 3′端的 ΔG 值过高，容易在错配位点形成双链结构并引发 DNA 聚合反应。

（10）密码子的简并。例如，在扩增编码区域，引物 3′端不要终止于密码子的第 3 位，因为密码子的第 3 位易发生简并，会影响扩增特异性与效率。

3. 引物设计软件

目前，最常用的引物设计软件为 Primer Premier 5.0 和在线工具 Primer 3，引物评估软件为 Oligo 6。另外，NCBI 新开发了一款引物设计在线工具“Primer-BLAST”。引物设计相关的在线工具如表 3-1 和表 3-2 所示，引物设计软件如表 3-3 所示（Abd-Elsalam，2003）。

表 3-1　网络免费在线引物设计工具

工具名称	网　址	说　明
CODEHOP	http://blocks.fhcrc.org/codehop.html	同源-简并的混合寡核苷酸引物设计；简并 PCR 引物设计；接受未比对的序列
Gene Fisher	http://bibiserv.techfak.uni-bielefeld.de/genefisher/	用于标准引物和简并引物的交互式引物设计工具；接受未比对的序列
DoPrimer	http://doprimer.interactiva.de/	用于 PCR 和 DNA 测序引物设计的简易工具
Primer 3	http://www-genome.wi.mit.edu/cgi-bin/primer/primer3_www.cgi http://www.basic.nwu.edu/biotools/Primer3.html http://www.justbio.com/primer/index.php	综合的 PCR 引物和杂交探针设计工具；许多选项优先使用默认值
Primer Selection	http://alces.med.umn.edu/rawprimer.html	从核苷酸序列中筛选 PCR 引物
Web Primer	http://genome-www2.stanford.edu/cgi-bin/SGD/web-primer	可进行 PCR 和测序引物的比较设计
PCR Designer	http://cedar.genetics.soton.ac.uk/public_html/primer.html	用于序列突变的限制性分析
Primo Pro 3.4	http://www.changbioscience.com/primo/primo.html	通过降低随机引物的产生概率来降低 PCR 噪音
Primo Degenerate 3.4	http://www.changbioscience.com/primo/primod.html	基于蛋白和核酸多重比对或单个肽链的 PCR 引物设计工具
PCR Primer Design	http://pga.mgh.harvard.edu/servlet/org.mgh.proteome.Primer	应用于设计 PCR 引物和测序引物
The Primer Generator	http://www.med.jhu.edu/medcenter/primer/primer.cgi	可以分析起始的核苷酸序列和预期的氨基酸序列，并设计带有新的酶切位点或缺失掉旧的酶切位点的引物
EPRIMER3	http://bioweb.pasteur.fr/seqanal/interfaces/eprimer3.html	用于 PCR 引物和杂交探针的筛选

续表

工具名称	网　址	说　明
PRIMO	http://bioweb.pasteur.fr/seqanal/interfaces/primo.html3 http://atlas.swmed.edu/primo/primo_form.html	用于正反向寡核苷酸引物的筛选
PrimerQuest	http://www.idtdna.com/biotools/primer_quest/primer_quest.asp	一个引物设计工具
MethPrimer	http://itsa.ucsf.edu/～urolab/methprimer/index1.html	用于甲基化 PCR 引物设计
Rawprimer	http://alces.med.umn.edu/rawprimer.html	用于 PCR 引物筛选
MEDUSA	http://www.cgr.ki.se/cgr/MEDUSA/	用于 PCR 引物对的自动筛选和目测评估
The Primer Primer Project	http://www-nmr.cabm.rutgers.edu/bioinformatics/Primer_Primer_Project/Primer.html	可进行完全自动化引物设计的软件包
Oligonucleotides for the PCR	http://www.citi2.fr/bio2/Oligo2lib.html	在某区域的两侧寻找寡聚核苷酸
GAP	http://promoter.ics.uci.edu/Primers/	全基因组自动化引物搜索程序
Priemr-BLAST	http://www.ncbi.nlm.nih.gov/tools/primer-BLAST/index.cgi? LINK_LOC=BLASTHomeAd	用于 PCR 引物的设计和检测

表 3-2　PCR 寡核苷酸资源

工具名称	网　址	说　明
Oligonucleotides pourla PCR	http://www.citi2.fr/bio2/OligoTM.html	用于寡核苷酸熔点的计算
Oligonucleotide properties calculator	http://www.basic.nwu.edu/biotools/oligocalc.html http://www.microbiology.adelaide.edu.au/learn/oligcalc.htm	用于熔解温度的预测
Oligonucleotide analyzer	http://www.rnature.com/oligonucleotide.html	分析溶解温度、自由能、分子质量、发夹结构和二聚体
Oligo Tm Determination	http://alces.med.umn.edu/rawtm.html	用于寡核苷酸溶解温度的预测
Poland	http://www.biophys.uni-duesseldorf.de/local/POLAND/poland.html	用于引物溶解温度的预测
PROLIGO	http://www.gensetoligos.com/Calculation/calculation.html	用于寡核苷酸参数计算

表 3-3　基于个人电脑的 PCR 引物设计软件

软件名称	网　址	说　明
PrimerSelect	http://www.dnastar.com	分析模板 DNA 序列，筛选用于 PCR 和 DNA 测序的引物对
DNASIS Max	http://www.medprobe.com/no/dnasis.html	全集成的程序，具有范围宽广的标准序列分析特征
Primer Premier 5	http://www.premierbiosoft.com/primerdesign/primerdesign.html	可在 Windows 和 Power Macintosh 下进行引物设计
NetPrimer	http://www.premierbiosoft.com/NetPrimer.html	对单个引物和引物对进行综合分析
Array Designer 2	http://www.premierbiosoft.com/dnamicroarray/dnamicroarray.html	用作基因芯片的特异性寡核苷酸序列和 PCR 引物对的快速有效的设计
Beacon Designer 2.1	http://www.premierbiosoft.com/molecular_beacons/taqman_molecular_beacons.html	用于实时荧光定量 PCR 的分子信标和 TaqMan 探针的设计
Genome PRIDE 1.0	http://pride.molgen.mpg.de/genomepride.html	用于 DNA 芯片的引物设计
Fast PCR	http://www.biocenter.helsinki.fi/bi/bare-1_html/manual.htm	在 Microsoft Windows 下运行的一款软件，具有特异性的备用的模板，可用于 PCR 和测序实验：标准 PCR、长距离 PCR、反转录 PCR、基于氨基酸序列的简并 PCR 和多重 PCR
Oligo 6	http://www.oligo.net/	可在 Mac 和 Windows 下运行的引物分析软件
Primer Designer 4	http://www.scied.com/ses_pd5.htm	可以在 DNA 或蛋白分子的目标区域寻找最佳引物，分子的扩增特性及产生特定长度的产物
GPRIME	http://life.anu.edu.au/molecular/software/gprime.htm	引物设计软件
Sarani Gold	http://mail.strandgenomics.com/products/sarani/	可自动化大规模地设计用于基因芯片实验的最佳寡核苷酸探针
PCR Help	http://www.techne.com/CatMol/pcrhelp.htm	用于引物和模板的设计与分析
Genorama chip Design Software	http://www.asperbio.com/Chip_desin_soft.htm	是用于基因芯片设计的一整套程序，该程序也可以单独购买
Primer Designer	http://genamics.com/expression/primer.htm	该软件具有功能强大、操作简便、实时等特点，可进行用于 PCR 反应的理想引物的快速鉴定
Primer Premier	http://www.biotechniques.com/freesamples/itembtn21.html	是进行 PCR、测序、杂交探针、简并引物、巢式或多重 PCR 引物设计的自动化设计工具，还可进行酶切位点分析等
PrimerDesign	http://www.chemie.unimarburg.de/%7Ebecker/pdhome.html	在 DOS 操作系统下进行 PCR 引物和寡核苷酸探针的筛选

3.1.2 常规PCR引物设计实例分析

【实例分析】 使用BLAST、Primer Premier、Oligo设计引物。

研究背景：BPMV具有大小分别为41kDa和22kDa的两种外壳蛋白（coat protein，CP），均由RNA2链编码，*CP*基因序列相对保守，可对此进行PCR扩增来检测BPMV。

扩增基因：BPMV RNA2链上的*CP*基因片段。

实验目的：根据RNA2中的*CP*基因序列的保守区域设计特异性引物，然后进行PCR实验，以此来检测BPMV在样品材料中的存在情况。

针对实验目的，进行引物设计，操作如下：

[1] 序列查找和下载

打开网站 http://www.ncbi.nlm.nih.gov/，在"search"下拉菜单中选择"nucleotide"，在"for"后面的检索框中输入"Bean pod mottle virus coat protein"，然后点击"GO"按钮，进入搜索结果页面，如图3-2所示。从搜索结果中我们可以得到与"BPMV *CP*"相关的多个序列信息，点击其中的一个登录号（如NC_003495），进入新的页面，根据序列注释，查找并下载其中的BPMV *CP*基因序列。

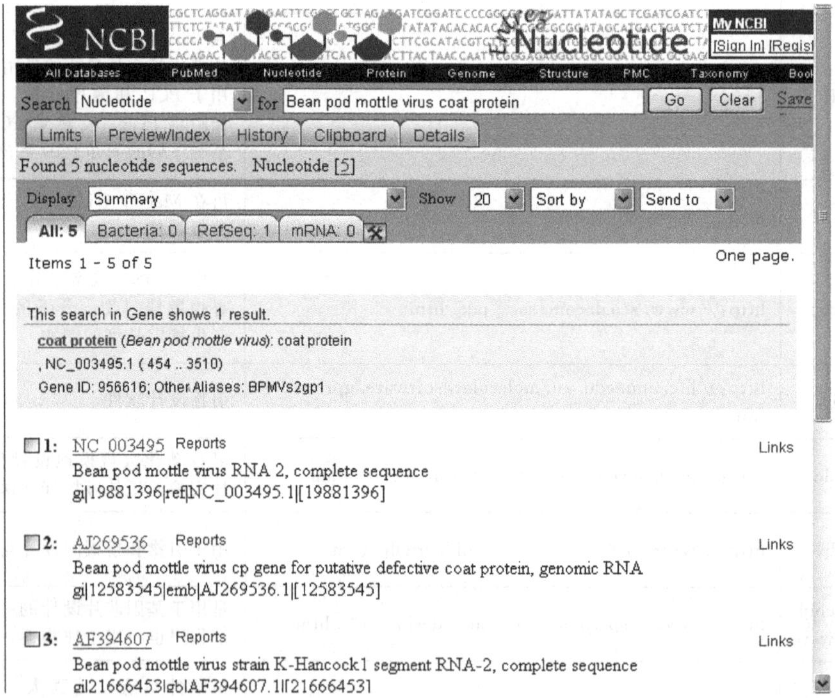

图3-2 序列搜索结果页面

[2] 序列同源性比较

1）利用在线的NCBI中的BLAST工具进行比较

（1）打开NCBI BLAST程序页面 http://BLAST.ncbi.nlm.nih.gov/BLAST.cgi，点击"Basic BLAST"下面的"nucleotide BLAST"，进入新的页面。在"Enter Query Sequence"下面的框内输入第一步查找到的一条序列，在"Choose Search Set"下面"Database"后选择"Others (nr etc.)"，然后点击页面最下方的"BLAST"按钮开始运行程序，如图3-3所示。

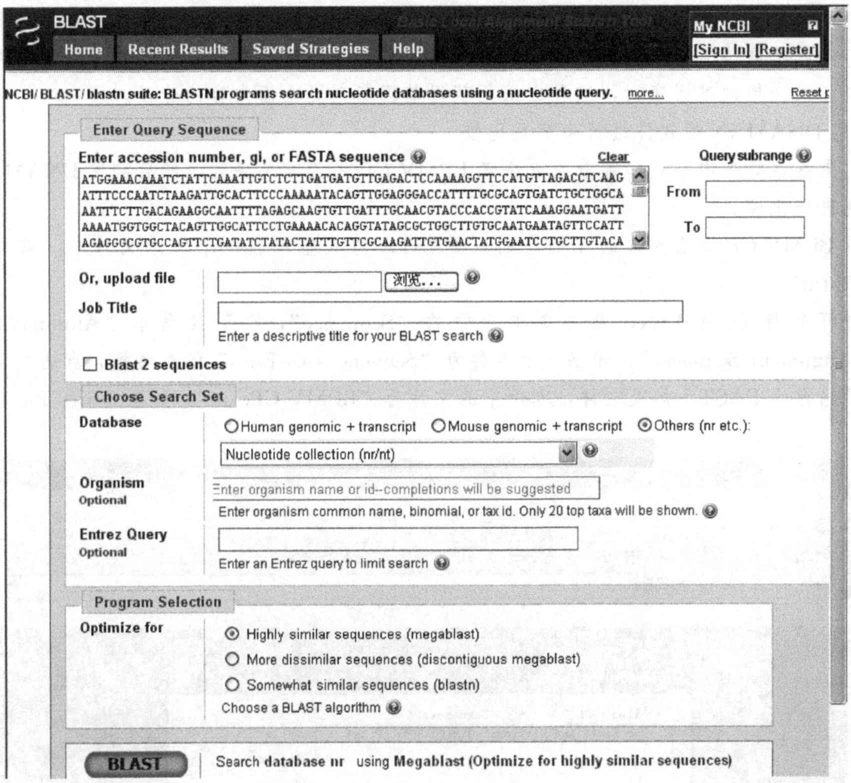

图 3-3 BLAST 任务提交页面

(2) 程序会自动将输入的序列与序列资料库中所有相关的序列比较，比较结果会在新的页面中打开，如图 3-4 所示。

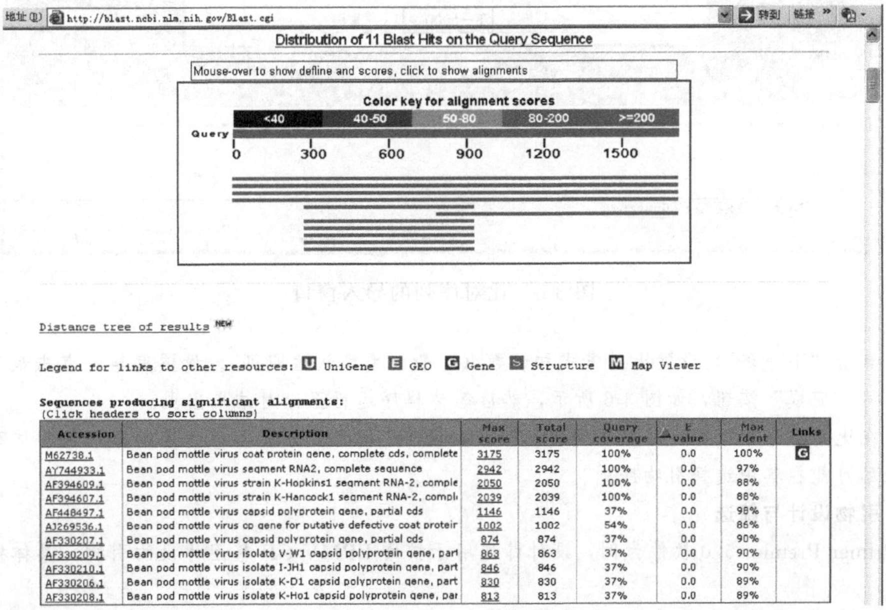

Accession	Description	Max score	Total score	Query coverage	E value	Max ident	Links
M62738.1	Bean pod mottle virus coat protein gene, complete cds, complete	3175	3175	100%	0.0	100%	G
AY744933.1	Bean pod mottle virus segment RNA2, complete sequence	2942	2942	100%	0.0	97%	
AF394609.1	Bean pod mottle virus strain K-Hopkins1 segment RNA-2, comple	2050	2050	100%	0.0	88%	
AF394607.1	Bean pod mottle virus strain K-Hancock1 segment RNA-2, compl	2039	2039	100%	0.0	88%	
AF448497.1	Bean pod mottle virus capsid polyprotein gene, partial cds	1146	1146	37%	0.0	98%	
AJ269536.1	Bean pod mottle virus cp gene for putative defective coat protein	1002	1002	54%	0.0	86%	
AF330207.1	Bean pod mottle virus capsid polyprotein gene, partial cds	874	874	37%	0.0	90%	
AF330209.1	Bean pod mottle virus isolate V-W1 capsid polyprotein gene, part	863	863	37%	0.0	90%	
AF330210.1	Bean pod mottle virus isolate I-JH1 capsid polyprotein gene, part	846	846	37%	0.0	90%	
AF330206.1	Bean pod mottle virus isolate K-D1 capsid polyprotein gene, part	830	830	37%	0.0	89%	
AF330208.1	Bean pod mottle virus isolate K-Ho1 capsid polyprotein gene, par	813	813	37%	0.0	89%	

图 3-4 BLAST 结果页面

从比较结果中我们可以根据自己的研究目的选择相应的序列比较资料，可以寻找目的基因比较保守的区域，以便从这些保守序列中选择实验所需要的引物。同时，我们也可以利用这个结果中提供的信息获得自己感兴趣的基因序列，这种方法是获得基因序列更全面内容的途径。

2）利用 DNAMAN 等软件进行多序列比较

从第一步搜索结果中下载一部分或者全部 BPMV *CP* 基因相关序列，然后利用 DNAMAN 等软件对这些序列进行比较。

（1）将 BPMV *CP* 基因相关的 4 条序列以 FASTA 格式整理在一个文本文件中，将文件命名为“BPMV CP. txt”。

（2）打开软件 DNAMAN，点击菜单栏中的“Sequence”，在下拉菜单“Alignment”中选择“Multiple Alignment Sequence”，弹出一个名称为“Sequences & Flies”的对话框，点击其中的“File”按钮，打开保存的 FASTA 格式文件，本例中的文件为“BPMV CP. txt”，如图 3-5 所示。

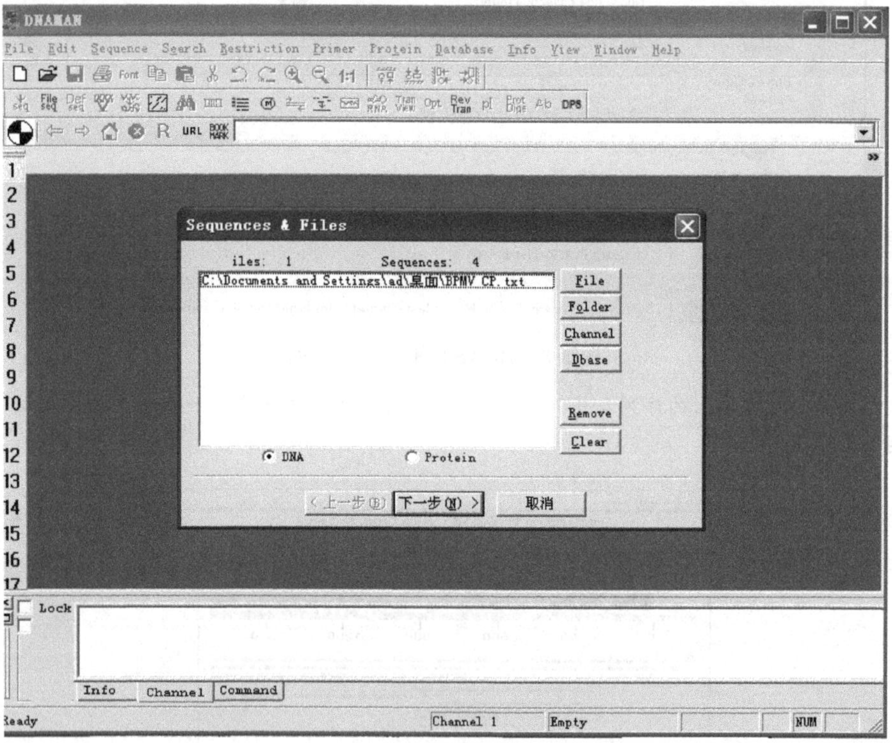

图 3-5　比对序列的导入窗口

（3）点击“下一步”，设置比对方式和参数（一般使用默认值即可）。设置完毕，点击最后一个弹出窗口中的“完成”按钮，如图 3-6 所示，然后等待程序运行至比对结果出现。

（4）在比对结果中，相同碱基以同色标识，如图 3-7 所示。分析比对结果，查找目的序列的保守区域，以尽可能在其中选择引物序列。

[3] 引物设计与筛选

以 Primer Premier 5.0 软件为例，设计筛选用于扩增 BPMV *CP* 基因片段的引物，具体操作示范如下。

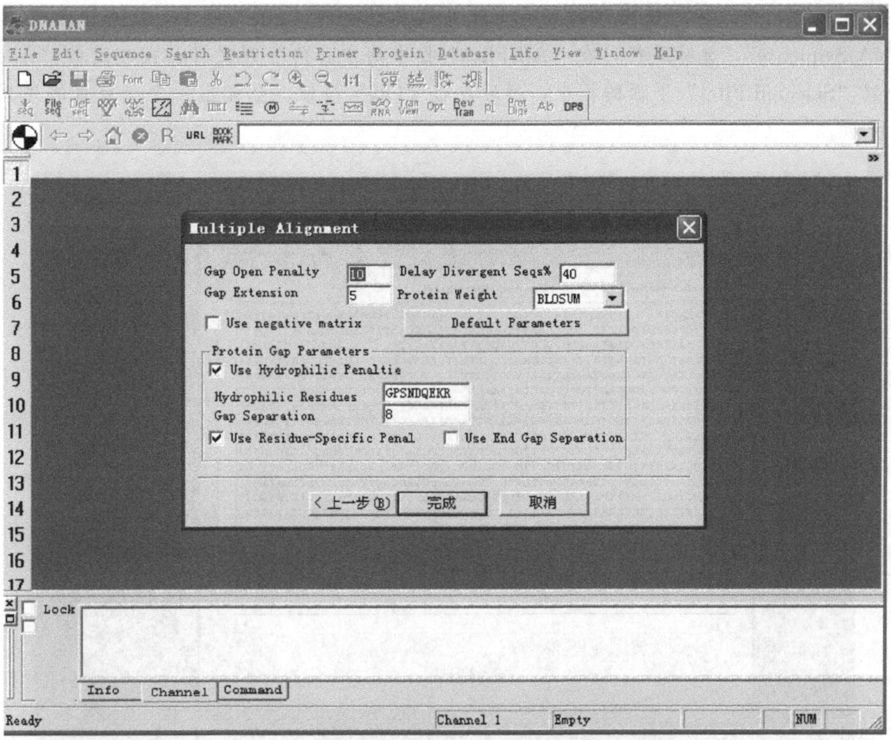

图 3-6　比对参数设置窗口

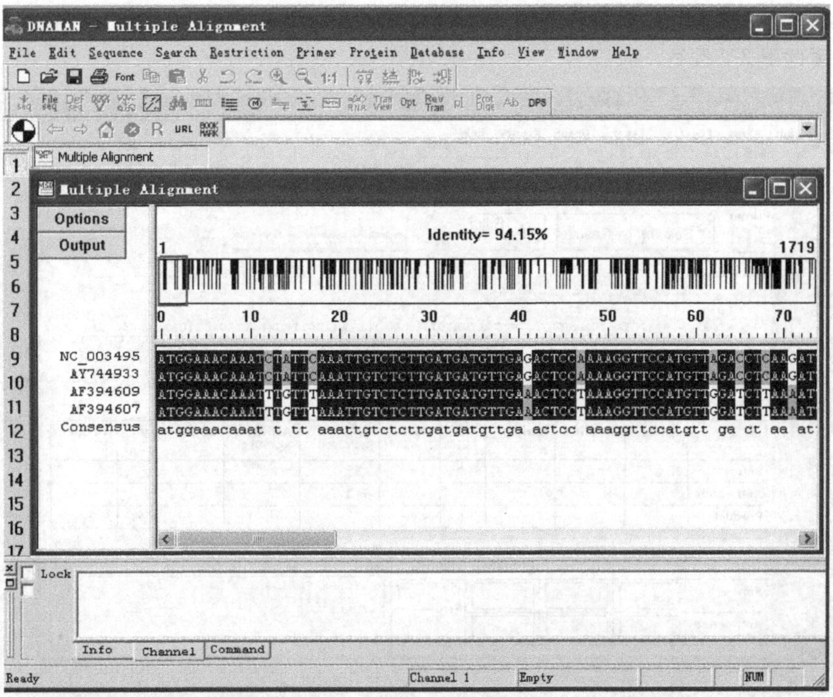

图 3-7　序列比对结果

(1) 打开软件，调入目的基因序列。点击软件菜单栏中的“File”菜单，选择下拉菜单“Open”中的“DNA Sequence”，选择路径，在“All Files”框中选中目的序列文件，按右边的“Add”按钮，将其添加到“Selected Files”下面的框中，然后点击“OK”按钮，会弹出一个含有目的序列的窗口，如图 3-8 所示。

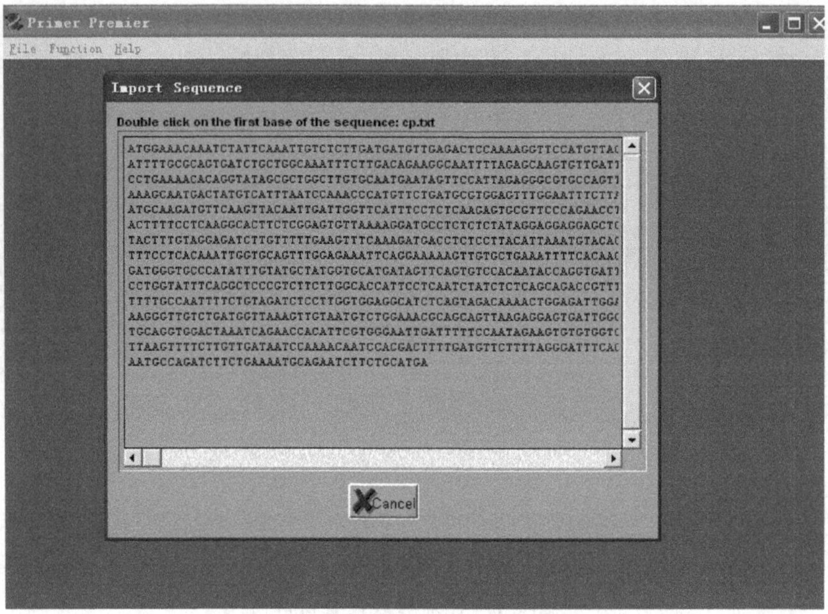

图 3-8 序列导入结果显示窗口

(2) 在目的序列的第一个碱基处双击，弹出一个名称为“GenBank”的窗口，点击“Primer”按钮，出现界面如图 3-9 所示。

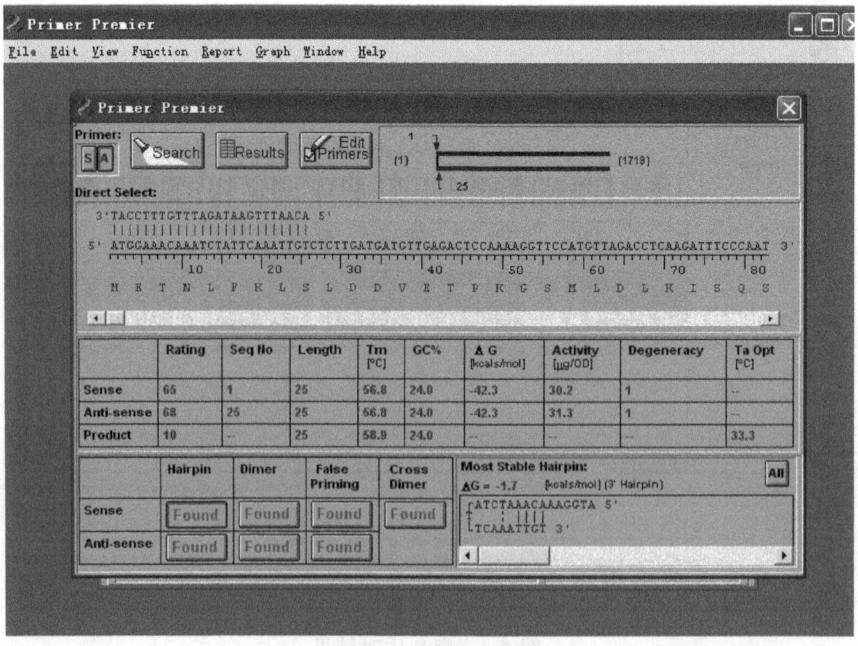

图 3-9 引物设计窗口

（3）进一步点击“Search”按钮，出现“search criteria”窗口，如图 3-10 所示，有多种参数可以调整。搜索目的（Search For）有三种选项：PCR 引物（PCR Primers）、测序引物（Sequencing Primers）、杂交探针（Hybridization Probes）。搜索类型（Search Type）可选择分别或同时查找上、下游引物（Sense/Anti-sense Primer，或 Both），或者成对查找（Pairs），或者分别以适合上、下游引物为主(Compatible with Sense/Anti-sense Primer)。另外还可改变选择区域（Search Ranges）、引物长度(Primer Length)、选择方式（Search Mode）、参数选择（Search Parameters）等。使用者可根据自己的需要设定各项参数，如设定 PCR 扩增产物长度为 300～700bp。

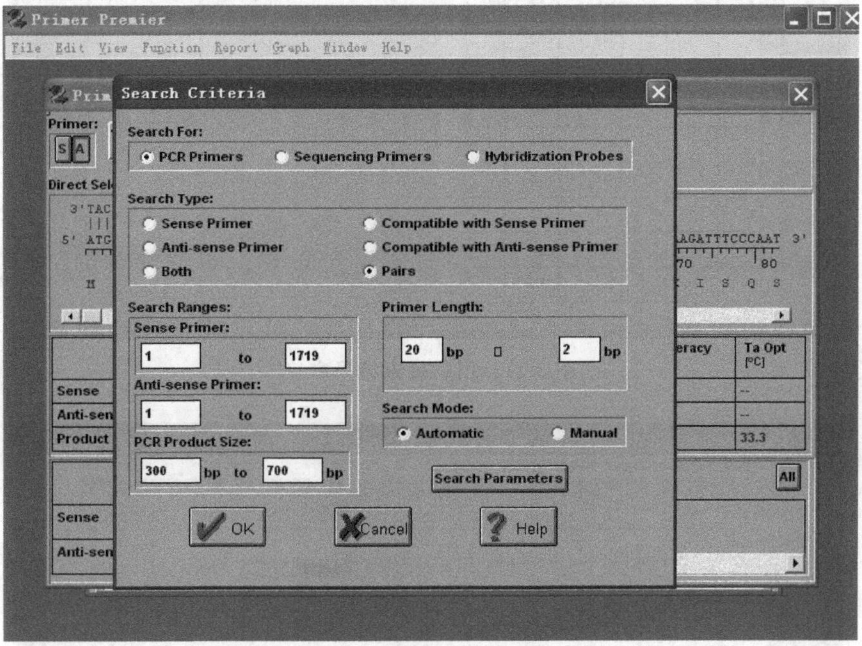

图 3-10　搜索标准窗口

（4）点击“OK”，随之出现的“Search Progress”窗口中显示“Search Completed”时，再按“OK”，这时搜索结果以表格的形式出现，如图 3-11 所示。结果有三种显示方式：上游引物（Sense）、下游引物（Anti-sense）、成对显示（Pairs）。默认显示为成对方式，并按优劣次序（Rating）排列，如满分为 100，即各指标基本都能达标。

（5）点击搜索结果中的一对引物，如第 1# 引物，然后把上述“Search Results”窗口挪开，显示“Primer Premier”主窗口，如图 3-12 所示。该图分为 3 部分：最上面的图示 PCR 模板及产物位置；中间是所选的上下游引物的一些性质，如引物长度（Length）、T_m 值、GC 含量等；最下面是四种重要指标的分析，包括发夹结构（Hairpin）、二聚体（Dimer）、错误引发情况（False Priming）和上下游引物之间二聚体（Cross Dimer）形成情况。当所分析的引物有这四种结构形成的可能时，下方的按钮会显示为“Found”，点击该按钮，在窗口右下角就会出现该结构的形成情况。一对理想的引物应当不存在任何一种上述结构，因此最好的情况是最下面的分析栏没有“Found”，只有“None”。窗口左上角“Primer”下方的“S”表示上游引物，“A”表示下游引物，可通过点击进行切换，从而观察上下游引物的情况。另外，在中间一栏的末尾给出了该对引物的最佳退火温度，可参考使用该退火温度进行 PCR 实验。

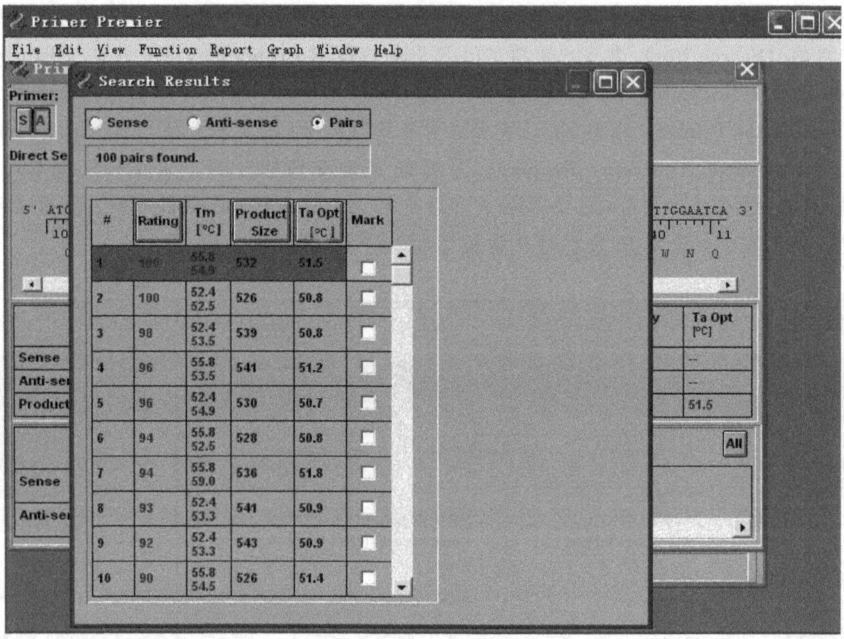

图 3-11　引物搜索结果窗口

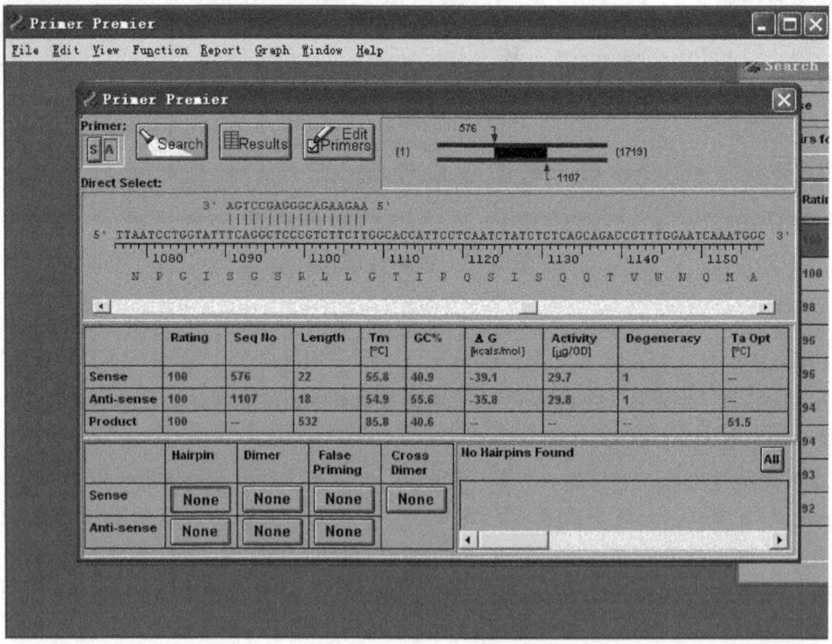

图 3-12　引物设计窗口

(6) 对引物的各种指标进行分析后，将理想的引物下载保存。可通过点击菜单栏中的“Edit”下拉菜单中的“Copy”，选择上下游引物，点击后，将其粘贴保存在新建的文档中。或者也可以将选好的引物保存在软件的引物数据库“Primer Database”，点击菜单栏中的“Function”下拉菜单“Save to Database”，弹出“Primer Database”窗口，选择“Current Primer Pair”中的引物，然后点击“Export”按钮即将引物输入到数据库中，可在窗口上方的“Primer”下面的框中显示，并可对引物进行命名，如将本例筛选到的一对引物分别命名为“CP5”和“CP3”，如图 3-13 所示，可将其保存和打印。

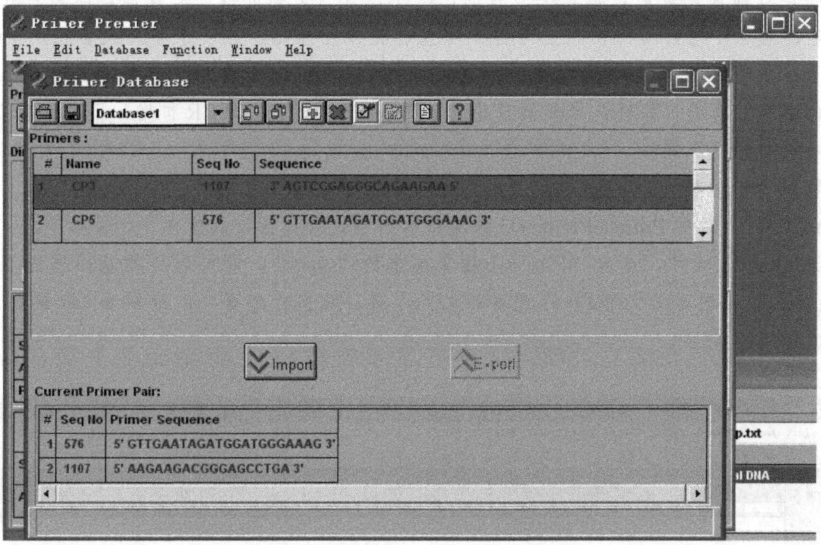

图 3-13　引物数据库窗口

(7) 在搜索及分析完引物后，如果决定购买合成该引物，可以使用软件生成订单。选择引物，点击菜单栏“Function”下拉菜单“Order Form”中的“New Form”，弹出名称为“Synthesis Order Form”的窗口，如图 3-14 所示。在其中填写相关信息，并将其打印即可。

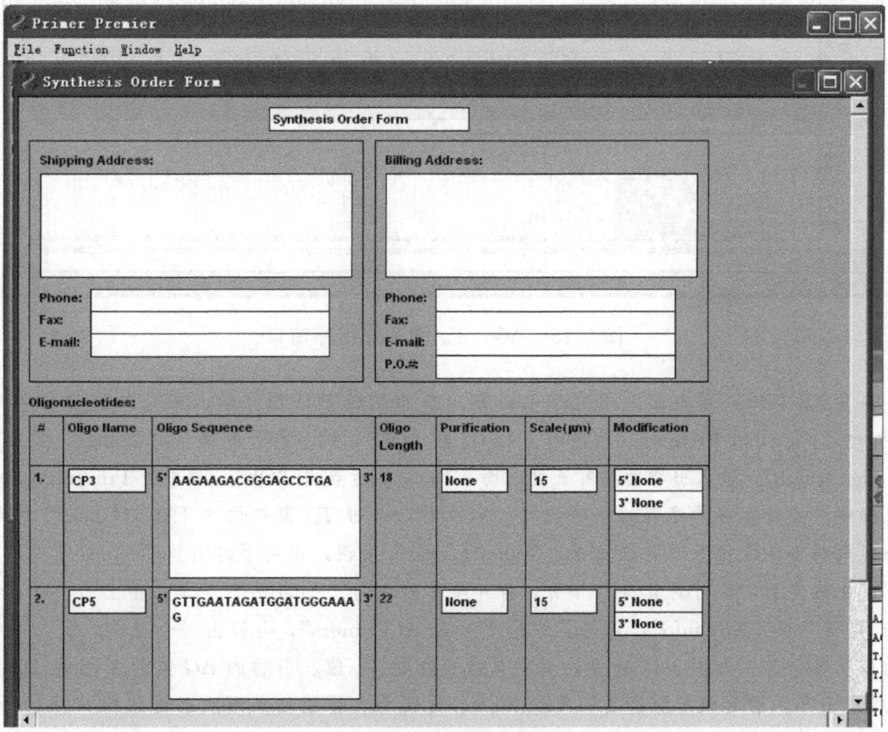

图 3-14　引物合成订单窗口

[4] 引物加工与修饰

上述引物设计筛选完成后，根据实验目的，对所设计的引物进行加工修饰，即通常在引物序列的5′端添加一定的附加序列，如酶切位点与保护碱基、特异性标签、启动子等。或者在用 Primer Premier 5 进行设计与筛选引物时，对引物进行修饰，即在上述第（5）步后，点击“Edit Primers”按钮，在弹出的窗口中对引物进行编辑。本实例只是对 BPMV *CP* 基因进行 PCR 扩增，不进行后续实验，因此也就不需要对引物进行修饰。

[5] 引物的评价分析

以 Oligo 6 为例，对用 Primer Premier 5 筛选到的引物进行评估，具体操作示范如下：

(1) 打开 Oligo 6 软件，点击“File”下拉菜单中的“Open”，定位到目的基因序列（即用 Primer Premier 5 进行引物筛选时的文件），打开目的文件，随后跳出三个窗口，分别为 ΔG 窗口、T_m 窗口和 Frq 窗口，如图 3-15 所示。

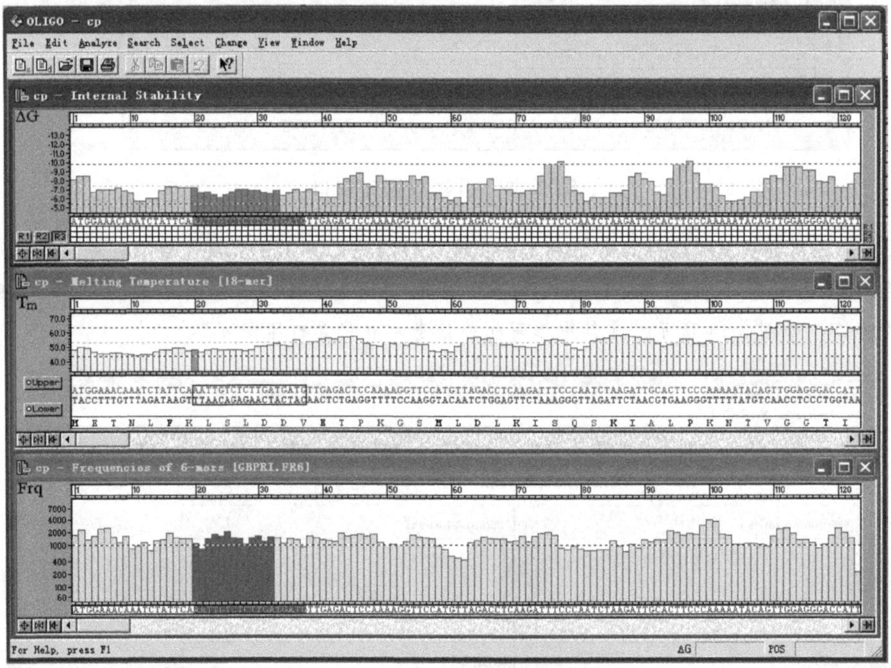

图 3-15　ΔG、T_m 和 Frq 指标窗口

(2) 在 T_m 窗口中，点击左下角的按钮，弹出引物定位对话框，输入候选的上游引物序列位置（在筛选引物时，Primer Premier 5 已经给出），点击“OK”，然后打开菜单栏“Change”下拉菜单中的“Current oligo length”，输入引物的实际长度（图 3-16），然后点击“OK”，这样用 Primer Premier 5 所筛选到的引物便可定位在目的序列的正确位置。定位后，点击 T_m 窗口的左下方“Upper”按钮，确定上游引物。同样方法定位下游引物位置，点击“Lower”按钮，确定下游引物。

(3) 引物确定后，即可对其进行分析。打开菜单栏中的“Analyze”菜单，由上而下逐项分析。

A. 选择第一项“Key info”，点击其中的“Selected Primers”，会弹出一个窗口，窗口中给出了两条引物的概括性信息，如图 3-17 所示，其中包括引物的 T_m 值、引物的 ΔG 值和 3′端的 ΔG 值。观察 3′端的 ΔG 值大小，看其绝对值是否会超过 9，ΔG 过高会在错配位点形成双链结构并引起 DNA 聚合反应，因此此项的绝对值应该小一些。

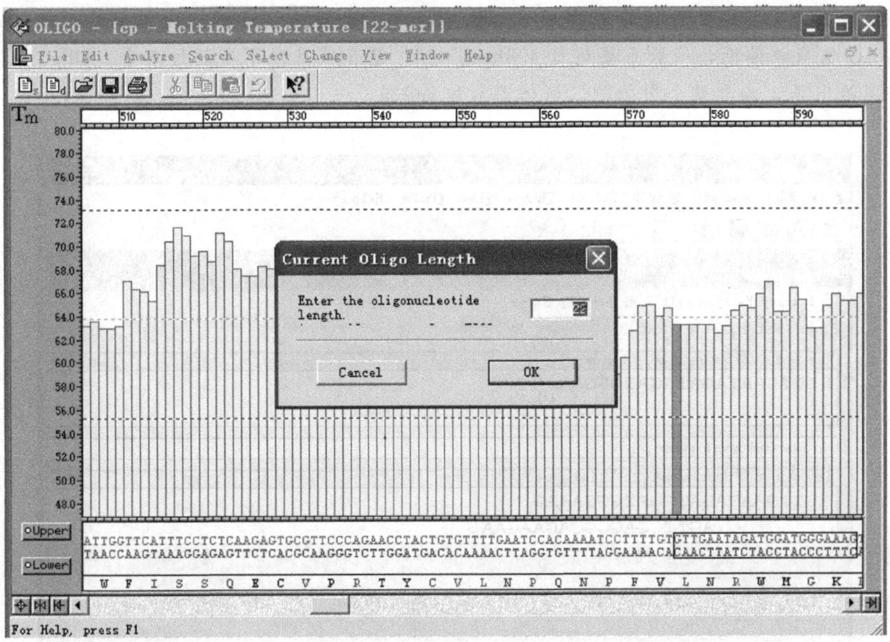

图 3-16　引物长度设置窗口

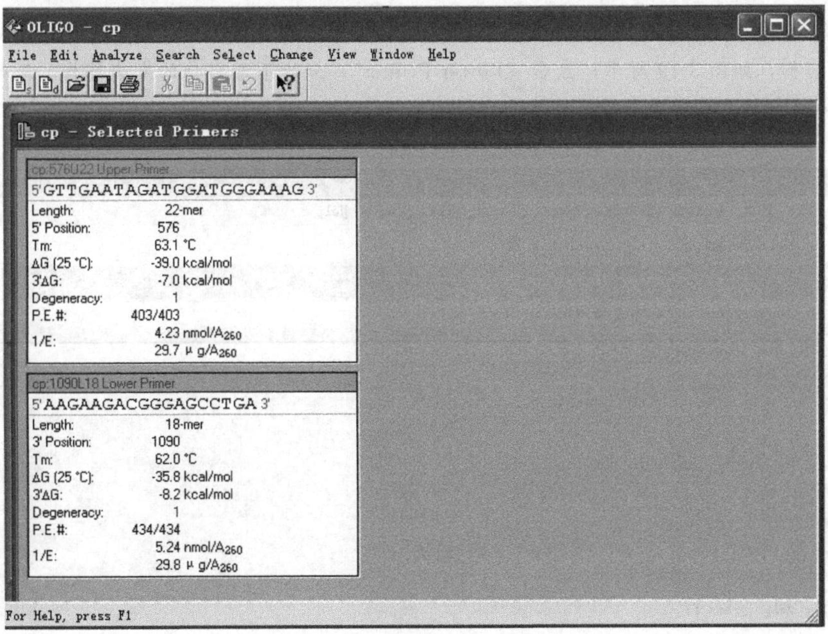

图 3-17　引物概括性信息窗口

B. 选择第二项“Duplex Formation”，即二聚体形成分析。点击其中的“Upper Primer”，分析上游引物间二聚体形成情况；点击“Lower Primer”，分析下游引物间二聚体形成情况；点击“Upper/Lower”，分析上下游引物之间的二聚体形成情况，如图 3-18 所示。引物二聚体是影响 PCR 反应异常的重要因素，因此应该避免设计的引物存在二聚体，至少也要使设计的引物形成的二聚体是不稳定的，即其 ΔG 值应该偏低，一般不要超过 4.5kcal/mol，结合碱基对不要超过 3 个。Oligo 此项的分析窗口中分别给出了 3′端和整个引物的二聚体图示和 ΔG 值。

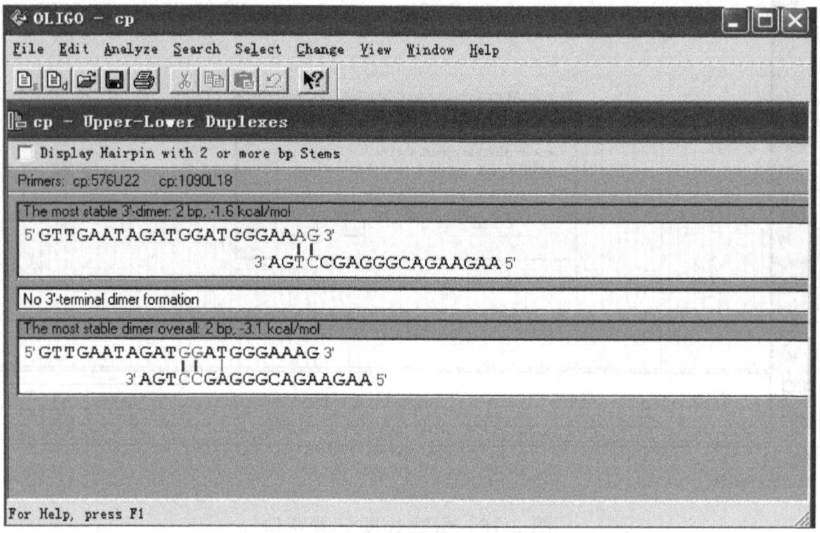

图 3-18　上下游引物间的二聚体分析

C. 选择第三项“Hairpin Formation”，即发夹结构分析。点击其中的“Upper Primer”，分析上游引物的发夹结构，如图 3-19 所示；点击“Lower Primer”，分析下游引物的发夹结构。同样，ΔG 值不要超过 4.5kcal/mol，碱基对不要超过 3 个。

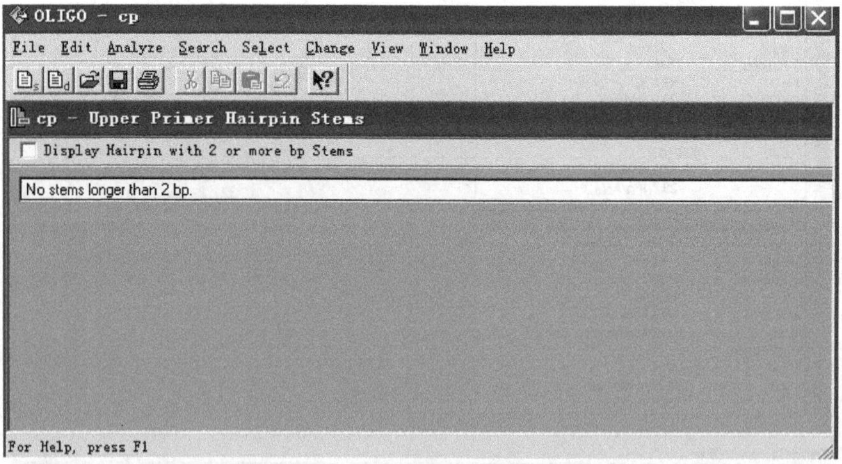

图 3-19　上游引物发夹状结构分析

D. 选择第四项“Composition and Tm”，点击其中的“Upper Primer”，分析上游引物的各个碱基的组成比例和 T_m 值，如图 3-20 所示；点击“Lower Primer”，分析下游引物的各个碱基的组成比例和 T_m 值等；点击“PCR Product”，分析 PCR 产物的各个碱基的组成比例和 T_m 值等。

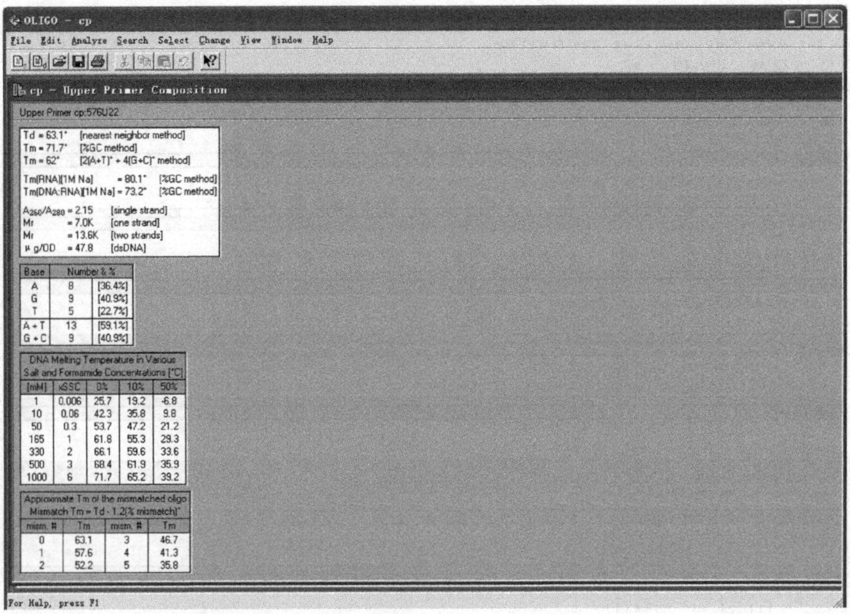

图 3-20　上游引物的 Composition 和 T_m 分析

上下游引物的 GC 含量需要控制在40%～60%，而且上下游引物之间的 GC 含量不要相差太大。T_m 值共有 3 个，分别采用三种方法计算出来，包括最邻近法、GC 含量法和 2(A+T)+4(G+C) 法，最后一种是 Primer Premier 5 所采用的方法，T_m 值可以控制在 50～70℃。

E. 选择第五项"False Priming Sites"，即错误引发位点分析。点击其中的"Upper Primer"，分析上游引物的错误引发效率，如图 3-21 所示；点击"Lower Primer"，分析下游引物的错误引发效率。

一般情况下，错误引发效率应该在 100 以下，当然有时候正确位点的引发效率很高，比如达到 400～500，错误引发效率超过 100 的幅度若不大，也可以接受。

F. 在"Analyze"中最后一项，也是最具有参考价值的是"PCR"。点击"PCR"，弹出窗口如图3-22所示。此窗口中的内容是基于此对引物的 PCR 反应的归纳，其中给出了此反应的最佳退火温度及此对引物的简短评价。若该引物有不利于 PCR 反应的二级结构存在，并且 ΔG 值偏大的话，软件在最后的评价中会注明。若没有注明此项，表明二级结构能值较小，基本可以接受。

(4) 通过上述分析，引物评价完成。可以选择"File"下拉菜单中的"Save"进行保存，也可以选择"Print"打印分析结果。

将 Primer Premier 5 设计筛选出来的引物，按 Rating 排序，逐个送到 Oligo 6 软件中，按照引物设计的原则和注意事项，对每一条引物进行评估。对于不符合指标的引物，可以将其丢弃或者作为次选。如引物 3′端≥2 个 A 或 T、或引物内部连续的 G 或 C 太多、或引物 3′端≥2 个 G 或 C，对于这样的引物，如果其他各项指标还可以，可以通过在引物末端去掉一个不满意的碱基或加上一个碱基，再对其评价分析确定是否可用。

[6] 引物的二次筛选

引物确定后，对于上游和下游引物放入 NCBI 或其他数据库中进行 BLAST 分析，以进行二次筛选。一般来说，多少会存在引物序列与目的基因之外的其他基因同源的情况，分析这些基因，看其是否可能会存在于模板中，如果没有，则此对引物可以使用；如果有，弃掉与基因组其他部分同源性比较高的引物，也就是有可能形成错配的引物。一般连续 10bp 以上的同源有可能形成比较稳定的错配，

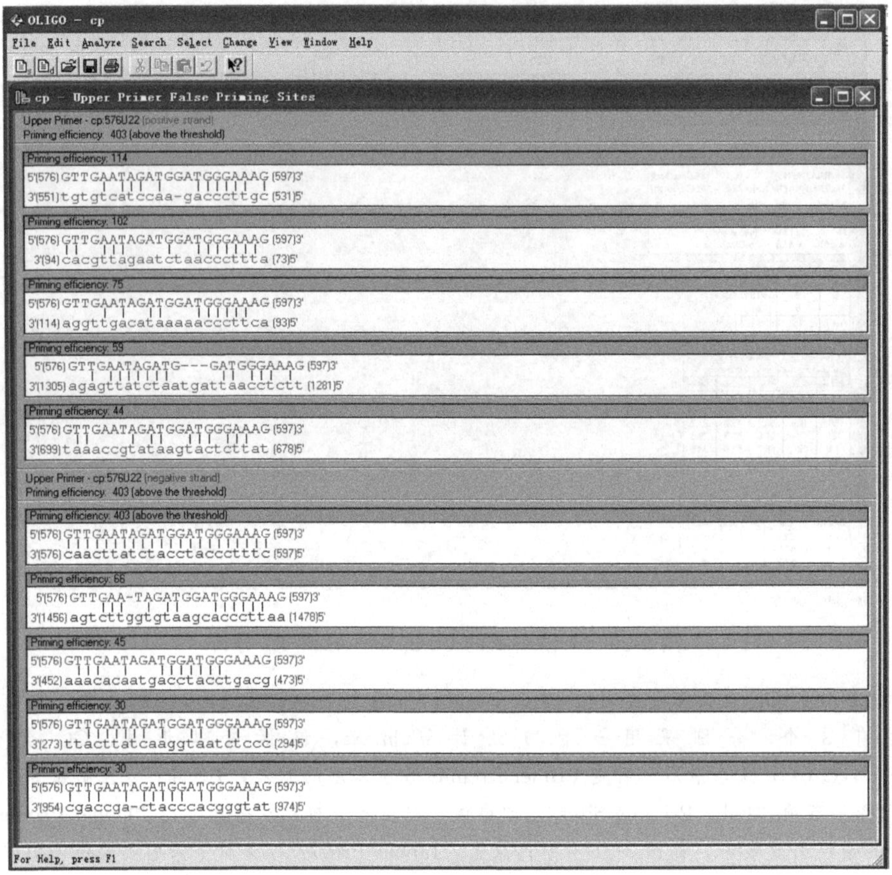

图 3-21　上游引物的错配位点分析

特别是引物的 3′端应避免连续 5～6bp 的同源。也可以对上游引物和下游引物的 BLAST 结果进行对比分析，若没有交叉的其他基因的同源序列，则此对引物也可以使用。

如在本实例中，以 BPMV RNA2 链上的 *CP* 基因设计的引物，在进行 BLAST 检索后，如果发现该引物序列与 BPMV RNA2 链上的 *CP* 基因外的序列或者与 BPMV 其他 RNA 链有较高同源的情况，那么这对引物则不能使用；或者与 BPMV 寄主（如菜豆）基因组中的核酸序列有较高同源的情况，那么这对引物最好也不要使用。因为在有些情况下，我们用于检测的对象（如病原物）通常存在于某些组织材料中（如寄主植物），这样我们用于 PCR 扩增的模板就包含了这两个物种的 DNA 或 RNA，如果所设计的引物序列与另外一个物种的核酸具有高度同源，那么就会出现强烈的非特异扩增。

（1）打开 NCBI BLAST 程序页面 http://BLAST.ncbi.nlm.nih.gov/BLAST.cgi，点击“Basic BLAST”下面的“nucleotide BLAST”，进入新的页面。在“Enter Query Sequence”下面的框内输入一条筛选到的引物，在“Choose Search Set”下面“Database”后选择“Others (nr etc.)”，然后点击页面最下方的“BLAST”按钮开始运行程序，如图 3-23 所示。

（2）程序会自动将输入的序列与序列资料库中所有相关的序列比较，结果会在新的页面中打开，如图 3-24 所示。

从 BLAST 比对结果中可以看出，与引物序列高度同源的为 BPMV *CP* 基因序列，另外与其具有较高同源性的还有其他一些物种的基因序列，如老鼠、水稻、人等。而在这些同源性序列中，不存在该基因组中 *CP* 基因外的其他部分的序列，也没有菜豆基因组相关序列。

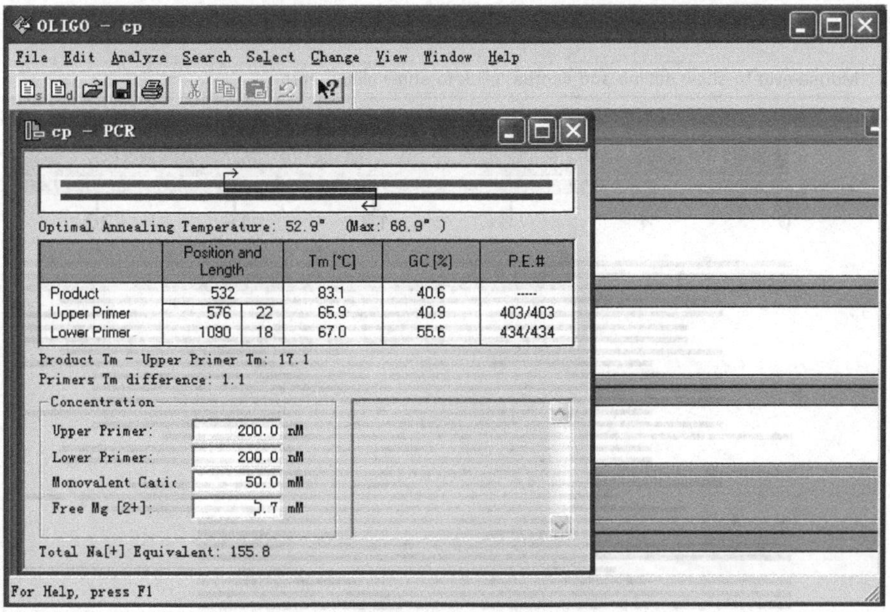

图 3-22　引物的退火温度和最终评价窗口

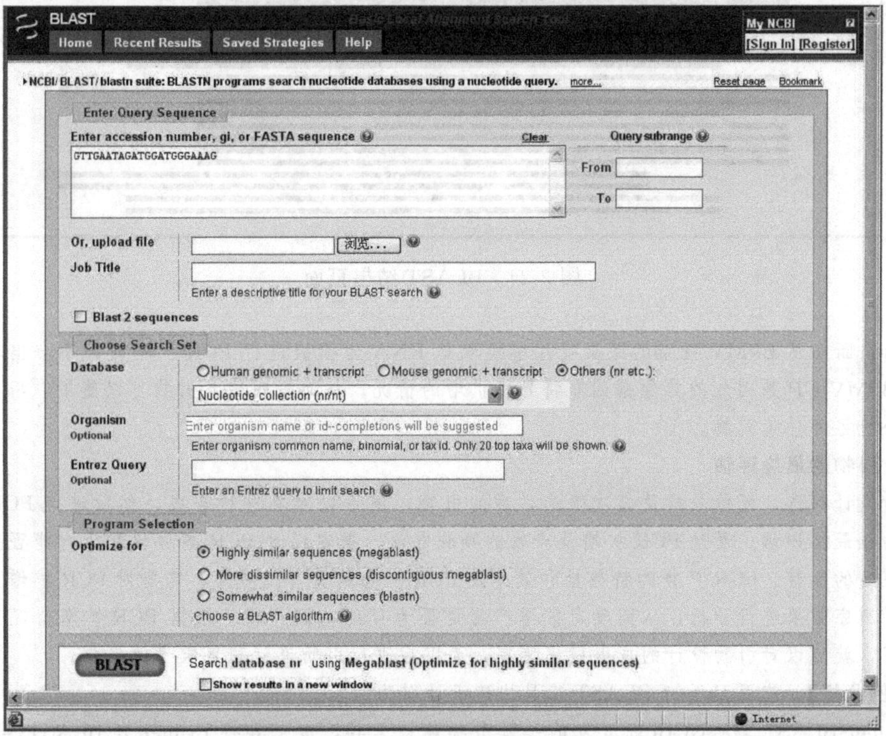

图 3-23　BLAST 任务提交页面

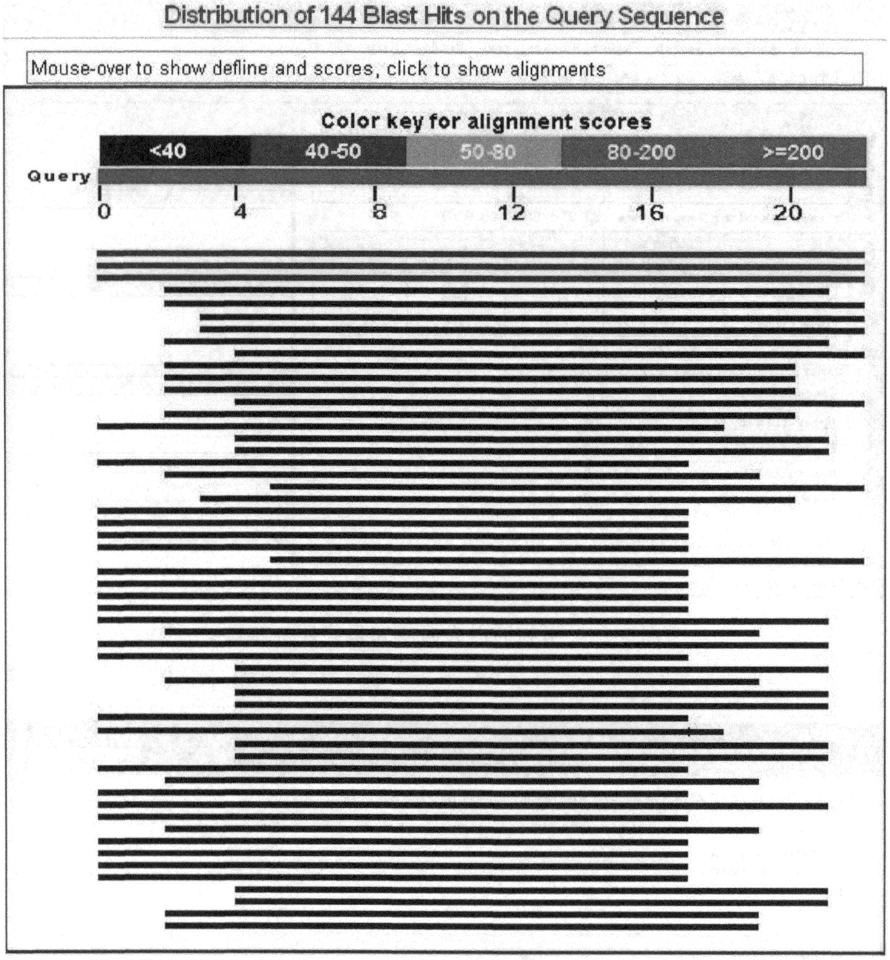

图 3-24 BLAST 结果页面

因而推断在从 BPMV 侵染的菜豆叶片中提取总 RNA 为模板进行 PCR 扩增时，不会出现对菜豆基因和 BPMV *CP* 基因外的其他基因非特异性扩增的情况，从而表明这条引物可以使用。用同样的方法可以分析另外一条引物。

[7] 引物的最终评估

经过设计筛选、评价分析及二次筛选之后的引物，便可以对其进行合成，然后进行 PCR 实验对该对引物做最终评估。通过 PCR 扩增及产物的凝胶电泳，观察经过 PCR 条件优化后，能否获得与预期大小一致的条带、PCR 产物的特异性和效率及 PCR 产物的量等。另外，需要对 PCR 扩增产物进行测序，对测序结果进行分析，从而确定扩增产物是否为目的基因片段。根据 PCR 扩增情况及产物的测序分析，就可以对引物设计的成败做出鉴定，为以后进行引物设计积累宝贵的经验。

【实例分析】 使用 Primer-BLAST 工具快速设计引物。

“Primer-BLAST”为 NCBI 新开发的一款引物设计工具，该工具将 Primer 和 BLAST 合二为一，即将引物设计和序列同源性比对分析一步完成，从而快速筛选获得所需的合适引物。现仍以设计用于扩增 BPMV *CP* 基因片段的引物为例，演示“Primer-BLAST”工具的使用。

[1] **提交序列**

打开 NCBI BLAST 页面 http://BLAST.ncbi.nlm.nih.gov/BLAST.cgi，点击页面上方"Designing or Testing PCR Primers? Try your search in Primer-BLAST"中的"Go"按钮，或点击"Specialized BLAST"下方的"Primer-BLAST"链接，进入引物设计页面，如图 3-25 所示。

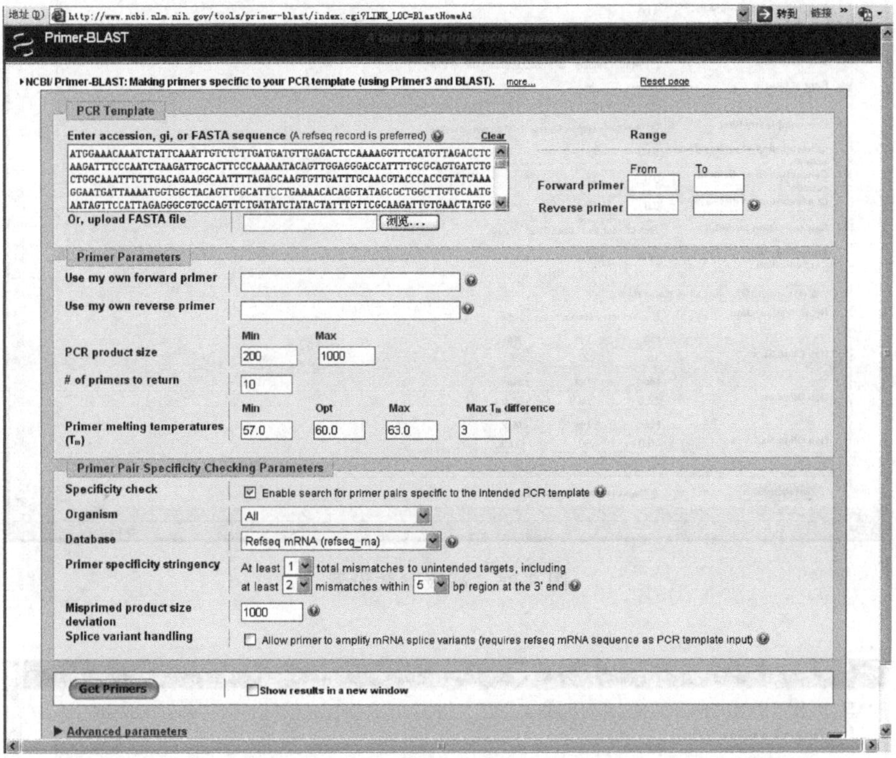

图 3-25　Primer-BLAST 主页面和基本参数设置

[2] **参数设置**

将 PCR 模板序列粘贴在"PCR Template"下面的框内，或者通过下方的"浏览"按钮将电脑中保存的模板序列文件导入，然后进行参数设置：在"Primer Parameters"下面的"PCR product size"中设置 PCR 产物的长度，在"PCR melting temperatures"中设置 T_m 值等；在"Primer Pair Specificity Checking Parameters"下面的"Organism"中选择不同的生物，在"Database"中选择合适的数据库等。

另外，可对参数进行详细设置，点击页面最下方的"Advanced parameters"，在打开的窗口中，按照引物设计原则设置相关参数，如引物长度、GC 含量等，如图 3-26 所示。

[3] **引物筛选**

点击页面最下方的"Get Primers"按钮，进入引物筛选结果页面，如图 3-27 所示。从图中可以看出，筛选结果中给出了多对引物。我们对每对引物进行分析后，根据实验需求从中选择合适的引物用于合成，然后进行 PCR 实验。

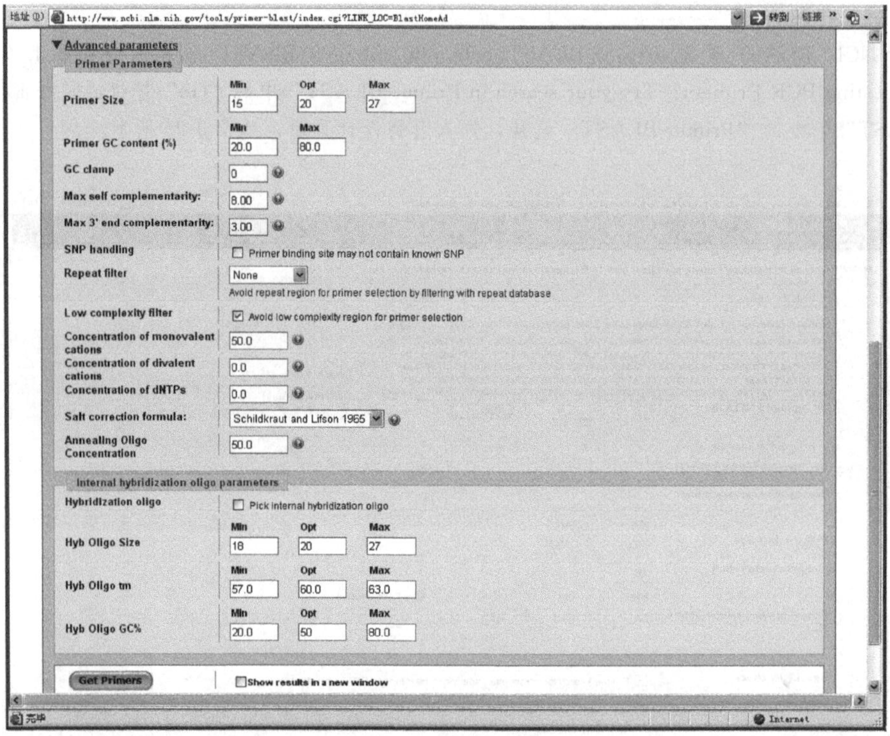

图 3-26 高级参数设置

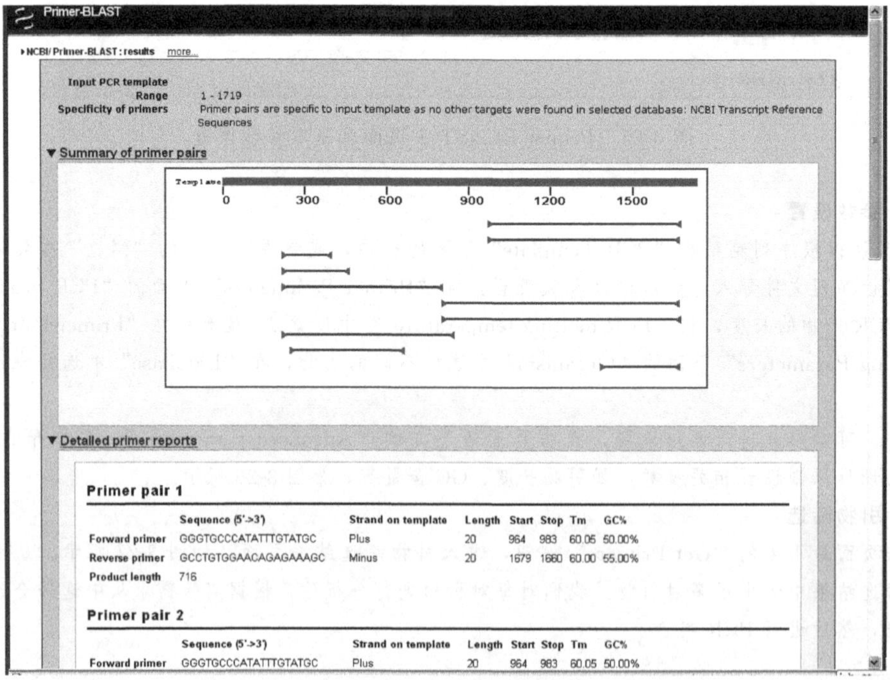

图 3-27 引物筛选结果

3.1.3　简并引物设计

同一种氨基酸具有两个或更多个密码子的现象称为密码子的简并性（degeneracy）。与之相对应，当 PCR 引物的某一碱基位置有多种可能的时候，将此 PCR 引物称为简并引物，此碱基位置即为简并位点。简并引物不是一对引物，而是多种引物的混合体，实际上能够起作用的在其中仅占很小的一个比例，这个比例一般用简并度表示。

使用简并引物的 PCR 反应即为简并 PCR（degenerate PCR），其应用范围主要包括：①知道表达蛋白的序列但是不知道 DNA 序列；②模板 DNA 测序结果不准确或不完全；③利用其他生物体已确认的序列来扩增某一编码区；④利用模板的同源序列设计引物。但由于现今 DNA 测序的成本大大低于蛋白质测序的成本，因而在第①种情形下，比较普遍的做法是仅对目的蛋白的 N 端约 10 个氨基酸测序，依照测序的结果设计一个简并引物再加上 oligo dT（12～18nt）进行 RT-PCR。DNA 测序结果的可靠性大大增强，因此现在简并 PCR 大多用于后两种情况。

在常规 PCR 中，我们需要在扩增的特异性和效率之间寻找一个合适的平衡，这方面大部分体现在退火温度、Mg^{2+} 浓度的选择上，而在简并 PCR 中此平衡除体现在退火温度和 Mg^{2+} 浓度的选择之外，更大程度上体现在简并引物的设计上面。当简并引物的简并度升高时，得到扩增产物的可能性会增大，但同时得到有效扩增产物的比例会降低；当简并引物的简并度降低时，得到扩增产物的可能性会降低，但有效扩增产物的比例会有所上升（在能得到有效扩增产物的前提下）。

在设计简并引物的时候，为增加引物的特异性和降低简并度，尤其是 3′端或近 3′端，我们一般可以遵循以下几点原则：①适当增加引物的长度；②尽量选择简并度低的氨基酸区域为引物设计区，如蛋氨酸和色氨酸均只有一个密码子；③充分注意物种对密码子的偏好性，选择该物种使用频率高的密码子，以降低引物的简并性；④引物不要终止于简并碱基，对于大多数氨基酸残基来说，意味着引物 3′端不要位于密码子的第三位；⑤在简并度高的位置，可用次黄嘌呤（dI）代替简并碱基。

【实例分析】　仅知道表达蛋白的序列但不知道 DNA 序列时

研究背景：BPMV 侵染大豆引起的菜豆荚斑驳病毒病是危害大豆的主要病毒性病害之一，造成的产量损失范围为 3%～52%，并导致种子质量明显下降，侵染时间越早，危害越严重，若与大豆花叶病毒复合侵染，则造成的产量损失更大。

从受 BPMV 侵染的大豆中分离出一个病毒短肽，暂且命名为 Pro1，纯化并测序。序列为：

MFASFIFSGDNKLTEKTIFNCGDLDILVVYYTIATQFRKFLPHYIRWHLYTLLIYILPSFLTTEIKYKRNLSNIHISGLFYDNRFKFWTKHDKNLALTEEEK

主要操作流程：

（1）登录 NCBI，打开“protein BLAST”界面。

（2）输入上述蛋白质序列，选择“Non-redundant protein sequences（nr）”数据库，其他设置选择默认参数，如图 3-28 所示。

（3）运行“BLAST”，结果如图 3-29 所示。

（4）从上述结果可以看出 Pro1 在现有的数据库中除 Trichomonas vaginalis G3 外并无同源序列，因而在随后进行的 PCR 反应中模板 DNA 污染的影响基本可忽略不计。

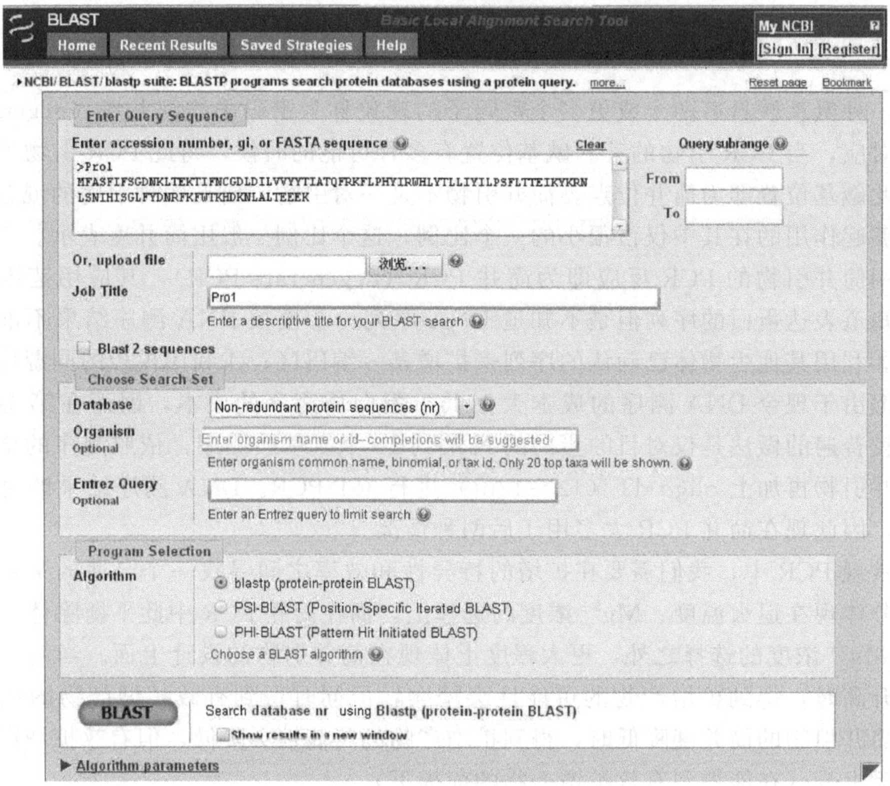

图 3-28　protein BLAST 界面

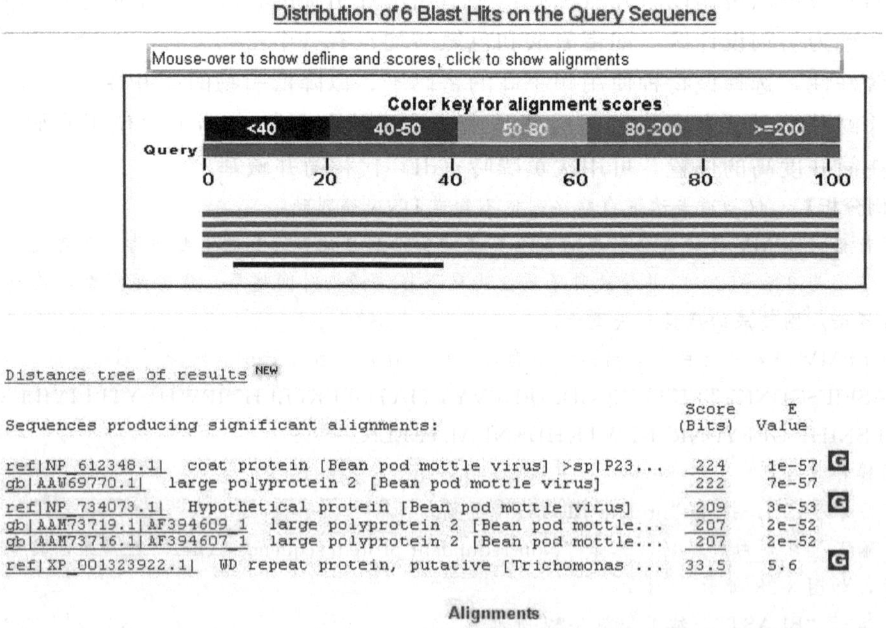

图 3-29　Pro1 的 BLAST 结果

（5）登录“Codon Usage Database”（http://www.kazusa.or.jp/codon/），在“QUERY Box for search with Latin name of organism”空格里面输入“Bean pod mottle virus”，“Case”选择“sensitive”后提交，得到 BPMV 的密码子使用频度表，如图 3-30 所示。

Bean pod mottle virus **[gbvrl]: 13 CDS's (16162 codons)**

fields: [triplet] [frequency: **per thousand**] ([number])

UUU	40.8	(660)	UCU	29.9	(483)	UAU	19.2	(311)	UGU	18.5	(299)
UUC	13.2	(214)	UCC	8.8	(142)	UAC	6.3	(102)	UGC	5.6	(91)
UUA	10.9	(176)	UCA	14.7	(237)	UAA	0.0	(0)	UGA	0.5	(8)
UUG	36.7	(593)	UCG	1.4	(23)	UAG	0.3	(5)	UGG	16.8	(272)
CUU	19.1	(308)	CCU	17.0	(275)	CAU	16.0	(259)	CGU	6.4	(104)
CUC	9.6	(155)	CCC	6.7	(109)	CAC	3.9	(63)	CGC	4.1	(67)
CUA	4.6	(75)	CCA	16.8	(271)	CAA	26.4	(426)	CGA	3.1	(50)
CUG	10.0	(161)	CCG	1.4	(23)	CAG	13.0	(210)	CGG	1.9	(31)
AUU	40.0	(646)	ACU	22.3	(360)	AAU	39.1	(632)	AGU	22.8	(369)
AUC	10.2	(165)	ACC	10.2	(165)	AAC	10.8	(175)	AGC	6.4	(103)
AUA	11.6	(188)	ACA	19.6	(316)	AAA	37.2	(601)	AGA	16.6	(269)
AUG	30.4	(492)	ACG	1.9	(30)	AAG	24.4	(394)	AGG	9.1	(147)
GUU	43.3	(700)	GCU	31.2	(504)	GAU	41.0	(663)	GGU	19.4	(314)
GUC	8.4	(135)	GCC	7.4	(120)	GAC	8.5	(137)	GGC	7.7	(124)
GUA	7.5	(122)	GCA	24.0	(388)	GAA	39.0	(630)	GGA	21.0	(339)
GUG	15.1	(244)	GCG	2.4	(39)	GAG	20.8	(336)	GGG	6.9	(112)

Coding GC 38.89% 1st letter GC 46.37% 2nd letter GC 38.26% 3rd letter GC 32.04%

图 3-30　BPMV 的密码子使用频度表

(6) 由于丝氨酸、亮氨酸对应有六种三联体密码，因而应尽量避免选用这些氨基酸对应的核苷酸序列，且应尽量选用简并度小的氨基酸所对应的核苷酸序列。

(7) 参照 PCR 引物设计的通用原则和简并引物的设计原则，如果实验的目的是为了表达此短肽序列，则必须参照此短肽 N 端的头几个氨基酸对应的 DNA 序列来设计 5′端引物；如果实验的目的仅限于检测，则可以在短肽中间的氨基酸序列对应的 DNA 序列为参照设计 5′端引物和 3′端引物。本例以表达为目的来设计简并引物。

(8) 选取 N 端的序列“MFASFIFSG”来设计 5′端引物，相对应的 DNA 长度为 27nt。去掉甘氨酸三联体密码的最后一个简并碱基，引物的长度为 26nt，且甘氨酸三联体密码中间的碱基为 G，正是理想的引物 3′端碱基。由此 5′端引物的序列可大致设计为“ATG TT(T/C)GC(A/T/C/G)(T/A)(C/G)(A/T/C/G)TT(T/C)AT(T/C/A)TT(T/C)(T/A)(C/G)(A/T/C/G)GG”，简并度达 3×2^{13}。

(9) 由于丝氨酸的简并度实在太高，因此我们必须牺牲部分引物的长度来降低简并度，选用“MFASFIF”序列为参照即可，相对应的 5′端引物的序列为“ATG TT(T/C)GC(A/T/C/G)(T/A)(C/G)(A/T/C/G)TT(T/C)AT(T/C/A)TT”，此时简并度为 768，相比前面所述已大大降低。

(10) 依据图 3-30 所示的密码子使用频度表，将上述引物优化为“ATG TT(T/C)GC(T/A)(T/A)(C/G)I TT(T/C)ATI TT”。其中，BPMV 对 GC(A/T/C/G) 密码子有明显的偏好，因此第 9 位碱基可优化为 (T/A)；第 12 和第 18 个碱基由于简并度比较高，可选用次黄嘌呤核苷代替，此时简并度为 32。

(11) 利用 mRNA 的 poly(A) 尾巴，以 BPMV 的 mRNA 为模板，按常规方法进行反转录，随后取反转录产物再加上上述经优化过的 5′端引物进行 PCR 扩增。

(12) PCR 产物的克隆与克隆片段序列测定。

(13) 克隆片段的表达及表达蛋白的鉴定。

原则上我们在设计PCR引物的时候需要避开测序结果不准确或不完全的位置。当实在无法避开时，可在不确定碱基位置以两种或两种以上碱基代替或直接用次黄嘌呤 (dI) 代替。但现今基本没有在一段DNA测序结果中到处有不准确或不完全的现象存在，因此我们不再详述此种情况。

【实例分析】 利用其他生物体已确认的序列来扩增某一编码区、利用模板的同源序列设计引物。

利用生物进化的保守性，在亲缘关系较近的生物中，某些功能接近的蛋白质与它们的DNA编码序列具有明显的保守性，由于三联体密码子简并性的存在，蛋白质序列的保守性更强，利用这一特性可发现一些相似功能蛋白的功能基因。

研究背景：HMGR (3-hydroxy-3-methylglutaryl coenzyme A reductase，3-羟基-3-甲基戊二酰辅酶A还原酶) 为甲羟戊酸途径的关键酶之一，在进化上具有较强的保守性 (夏瑞等，2006)。

实验目的：扩增荔枝中的*HMGR*基因。

传统的简并引物设计方法流程如下：

(1) 在NCBI、EMBL等数据库中查找氨基酸序列。

(2) 用Clustal W将搜索到的同一基因的不同氨基酸序列进行多序列比对。

(3) 确定合适的保守区域。设计简并引物时至少需要上下游各有一个保守区域，且两者之间间隔在50～400个氨基酸为宜，最重要的是每个保守区域至少有6个氨基酸残基，以保证每条引物至少有18bp以上。如果多序列比对的结果保守性不是很强，无法找到6个氨基酸的保守区域，这时可以选择亲缘相近的物种进行第二次比对，若保守性仍无法达到要求，再进行第三次比对，直至找到6个氨基酸以上且距离合适的两个保守区域为止。

(4) 当得到保守区域后，利用专业的软件如Primer Premier 5.0、DNAMAN等来设计引物。

(5) 用专业的软件进行引物评价并进行选择，经典的工具有Oligo 6.0。

在前面章节中我们已经讨论过Primer Premier 5.0和Oligo 6.0在引物设计中的大致用法，在此不再详述，本例选用在线的CODEHOP进行简并引物设计，主要操作流程如下。

[1] 查找氨基酸序列

因为密码子简并性的关系，不同核苷酸序列可能表达的氨基酸序列是相同的，所以氨基酸序列才是真正保守的。登录NCBI (http://www.ncbi.nlm.nih.gov)，以HMGR为关键词在蛋白质数据库中搜索，返回1448条结果，再通过Taxonomic Groups以“eukaryotes (真核细胞)”→“green plants (绿色植物)”→“land plants (陆生植物)”→“vascular plants (维管植物)”→“eudicots (双子叶植物)”进行初步筛选，返回167条结果，如图3-31所示。从中选取具有代表性的5个序列：*Malus domestica* HMGR (Genbank登录号：AAK95406)、*Cucumis melo* HMGR (Genbank登录号：BAA36291)、*Solarium tuberosum* HMGR1 (Genbank登录号：P48020)、*Arabidopsis thaliana* HMGR1 (Genbank登录号：NP _ 177775)、*Arabidopsis thaliana* HMGR2 (Genbank登录号：NP _ 179329)。

[2] 进行Block比对

登录Blockmaker (http://blocks.fhcrc.org/blocks/blockmkr/make _ blocks.html)，对上述5个序列进行Block比对，得到14个高度保守的连续氨基酸区域 (Blocks)，如下所示：

Block Maker Results

BLOCKS from MOTIF

```
>unknown__ 3-hydroxy-3-methylglutaryl coenzyme A reductase[M.. family
5 sequences are included in 13 blocks

          unknown__A,width=24
gi|1346297|sp|P4802   59 KASDALPLPLYLTNGLFFTMFFSV
```

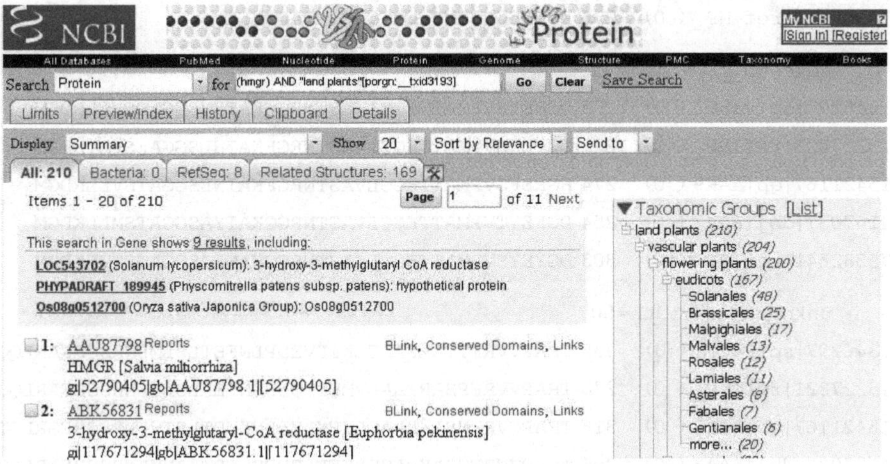

图 3-31 HMGR 在 NCBI 蛋白质数据库中的筛选结果

gi|15227821|ref|NP_ 28 KASDALPLPLYLTNTFFLSLFFAT
gi|15421167|gb|AAK9 38 KASDALPLPLYLTNAVCFTLFFSV
gi|4107037|dbj|BAA3 43 KASDALPLPLYLTNTIFFTLFFSV
gi|79382641|ref|NP_ 96 KASDALPLPLYLTNAVFFTLFFSV

unknown__B,width= 45

gi|1346297|sp|P4802 (0) 83 MYFLLVRWREKIRNSIPLHVVTLSELLAMVSLIASVIYLLGFFGI
gi|15227821|ref|NP_ (0) 52 VYFLLSRWREKIRNSTPLHVVDLSEICALIGFVASFIYLLGFCGI
gi|15421167|gb|AAK9 (0) 62 VYFLLTRWREKIKTSTPLHVVNLSEIVAILAFVASFIYLLGFFGI
gi|4107037|dbj|BAA3 (0) 67 AYYLLHRWRDKIRNSTPLHVVTLSEIAAIVSLMASFIYLLGFFGI
gi|79382641|ref|NP_ (0) 120 AYYLLHRWRDKIRYNTPLHVVTITELGAIIALIASFIYLLGFFGI

unknown__C,width=31

gi|1346297|sp|P4802 (82) 210 EDDEEIIQSVVQGKTPSYSLESKLGDCMRAA
gi|15227821|ref|NP_ (48) 145 VEDEEIVKLVIDGTIPSYSLETKLGDCKRAA
gi|15421167|gb|AAK9 (84) 191 EEDEEVVKSVVAGTIPSYSLESKLGDCRRAA
gi|4107037|dbj|BAA3 (59) 171 EEDEEVVKMVVDGSVPSYSLESKLGDPKRAA
gi|79382641|ref|NP_ (55) 220 EEDEEIVKSVIDGVIPSYSLESRLGDCKRAA

unknown__D,width=25

gi|1346297|sp|P4802 (0) 241 SIRKEALQRITGKSLEGLPLEGFDY
gi|15227821|ref|NP_ (0) 176 AIRREAVQRITGKSLTGLPLEGFDY
gi|15421167|gb|AAK9 (0) 222 AIRREALQRITGKSLGGLPLEGFDY
gi|4107037|dbj|BAA3 (0) 202 SIRREALQRTTGRSIHGLPFEGFDY
gi|79382641|ref|NP_ (0) 251 SIRREALQRVTGRSIEGLPLDGFDY

unknown__E,width=27

gi|1346297|sp|P4802 (0) 266 SSILGQCCEMPVGYVQIPVGIAGPLLL
gi|15227821|ref|NP_ (0) 201 NSILGQCCEMPVGYVQIPVGIAGPLLL
gi|15421167|gb|AAK9 (0) 247 ESILGQCCEMPVGYVQIPVGIAGPLML
gi|4107037|dbj|BAA3 (0) 227 ESILGQCCEMPVGYVQIPVGIAGPLLL

```
gi|79382641|ref|NP_( 0)  276 ESILGQCCEMPVGYIQIPVGIAGPLLL

       unknown__F,width=42
gi|1346297|sp|P4802( 0)  293 DGREYSVPMATTEGCLVASTNRGCKAIFVSGGADSVLLRDGM
gi|15227821|ref|NP_( 0)  228 DGVEYSVPMATTEGCLVASTNRGFKAIHLSGGAFSVLVKDAM
gi|15421167|gb|AAK9( 0)  274 HGREFSVPMATTEGCLVASTNRGFKAINLSGGATSVLLRDGM
gi|4107037|dbj|BAA3( 0)  254 DGFEYTVPMATTEGCLVASTNRGCKAIYASGGATSMLLKDGM
gi|79382641|ref|NP_( 0)  303 DGYEYSVPMATTEGCLVASTNRGCKAMFISGGATSTVLKDGM

       unknown__G,width=50
gi|1346297|sp|P4802( 0)  335 TRAPVVRFTTAKRAAELKFFVEDPLNFETLSLMFNKSSRFARLQGIQCAI
gi|15227821|ref|NP_( 0)  270 TRAPVVRFPSARRAALVMFYLQDPSNFERLSLIFNKSSRFARLQSITCTI
gi|15421167|gb|AAK9( 0)  316 TRAPCVRFNSAKRAAELKFYLEEPNNYDTLSTVFNRSSRFGRLQTIKCAI
gi|4107037|dbj|BAA3( 0)  296 TRAPVVRFGSAKRASELKFFLEDPSNFDTLAVVFNRSSRFARLQSIRCSI
gi|79382641|ref|NP_( 0)  345 TRAPVVRFASARRASELKFFLENPENFDTLAVVFNRSSRFARLQSVKCTI

       unknown__H,width=33
gi|1346297|sp|P4802( 0)  385 AGKNLYITFSCSTGDAMGMNMVSKGVQNVLDYL
gi|15227821|ref|NP_( 0)  320 AGRNLYPRFACSTGDAMGMNMVSKGVQNVLDFV
gi|15421167|gb|AAK9( 0)  366 AGKNLYMRFTCSTGDAMGMNMVSKGVQNVLDFL
gi|4107037|dbj|BAA3( 0)  346 AGKNLYVRFCCSTGDAMGMNMVSKGVQNVLEFL
gi|79382641|ref|NP_( 0)  395 AGKNAYVRFCCSTGDAMGMNMVSKGVQNVLEYL

       unknown__I,width=50
gi|1346297|sp|P4802( 0)  418 QSEYPDMDVIGISGNFCSDKKPAAVNWIEGRGKSVVCEAIIKEEVVKKVL
gi|15227821|ref|NP_( 0)  353 KSEFPDMDVIGISGNYCSDKKASAVNWIEGRGKHVVCEAFIKAEIVEKVL
gi|15421167|gb|AAK9( 0)  399 QNDFPDMDVIGISGNYCSDKKPAAVNWIEGRGKSVVCEAVIKGDVVQKVL
gi|4107037|dbj|BAA3( 0)  379 QHDFSDMEVIGISGNFCADKKPAAVNWIEGRGKSVVCEAVIKDEVVRKVL
gi|79382641|ref|NP_( 0)  428 TDDFPDMDVIGISGNFCSDKKPAAVNWIEGRGKSVVCEAVIRGEIVNKVL

       unknown__J,width=27
gi|1346297|sp|P4802( 0)  468 KTEVAALVELNMLKNLTGSAMAGALGG
gi|15227821|ref|NP_( 0)  403 KTSVEALVELNTLKNLVGSAMAGSLGG
gi|15421167|gb|AAK9( 0)  449 KTNVASLCELNMLKNLTGSAMAGALGG
gi|4107037|dbj|BAA3( 0)  429 KTSVASLVELNMLKNLTGSAMAGALGG
gi|79382641|ref|NP_( 0)  478 KTSVAALVELNMLKNLAGSAVAGSLGG

       unknown__K,width=39
gi|1346297|sp|P4802( 0)  495 FNAHASNIVSAVYLATGQDPAQNVESSHCITMMEAVNDG
gi|15227821|ref|NP_( 0)  430 FNAHSSNIVSAVFIATGQDPAQNVESSHCMTMILPDGDD
gi|15421167|gb|AAK9( 0)  476 FNAHASNIVSAIYIATGQDPAQNVESSHCITMMEPINDG
gi|4107037|dbj|BAA3( 0)  456 FNAHSSNIVSAIFLATGQDPAQNVESSHCITMMEPVNNG
gi|79382641|ref|NP_( 0)  505 FNAHASNIVSAVFIATGQDPAQNVESSQCITMMEAINDG

       unknown__L,width=30
gi|1346297|sp|P4802( 22)  556 LASQSACLNLLGVKGANRDAPGSNARLLAT
```

```
gi|15227821|ref|NP_ ( 20)  489 LASQAACLNLLGVKGSNNEKPGSNAQQLAR
gi|15421167|gb|AAK9 ( 22)  537 LASQSACLNLLGVKGANREAPGSNARLLAT
gi|4107037|dbj|BAA3 ( 22)  517 LASQSACLNLLGVKGASKESPGANSRLLAT
gi|79382641|ref|NP_ ( 22)  566 LASQSACLNLLGVKGASTESPGMNARRLAT

        unknown__M,width=37
gi|1346297|sp|P4802 ( 0)  586 IVAGSVLAGELSLMSAISAGQLVKSHMKYNRSIKDIS
gi|15227821|ref|NP_ ( 0)  519 IVAGSVLAGELSLMSAIAAGQLVKSHMKYNRSSRDIG
gi|15421167|gb|AAK9 ( 0)  567 VVAGSVLAGELSLMSAISAGQLMNSHMKYYRSSKDVS
gi|4107037|dbj|BAA3 ( 0)  547 IVAGSVLAGELSLMSAIAAGQLVRSHMKYNRSSRDVS
gi|79382641|ref|NP_ ( 0)  596 IVAGAVLAGELSLMSAIAAGQLVRSHMKYNRSSRDIS
```

BLOCKS from GIBBS

```
>unknown__ 3-hydroxy-3-methylglutaryl coenzyme A reductase[M.. family
5 sequences are included in 1 blocks
        unknown__,width=11
gi|1346297|sp|P4802   0 XREDXCTASES
gi|15227821|ref|NP_   0 XMEDLRRRFPT
gi|15421167|gb|AAK9   0 XMDVRRRSTMD
gi|4107037|dbj|BAA3   0 XMDRRRSLRPP
gi|79382641|ref|NP_   0 XMKKKQAGPQQ
```

[3] CODEHOP 引物搜索

Block 比对后从 Block results 界面上直接点击“CODEHOP”，登录 CODEHOP 数据库，如图 3-32 所示，进行引物搜索，并参照简并引物设计的原则设定相关参数，另外在密码子选用框（codon usage table）当中选用与目标物种亲缘关系较近的物种，在此我们选择“*Arabidopsis thaliana*”。

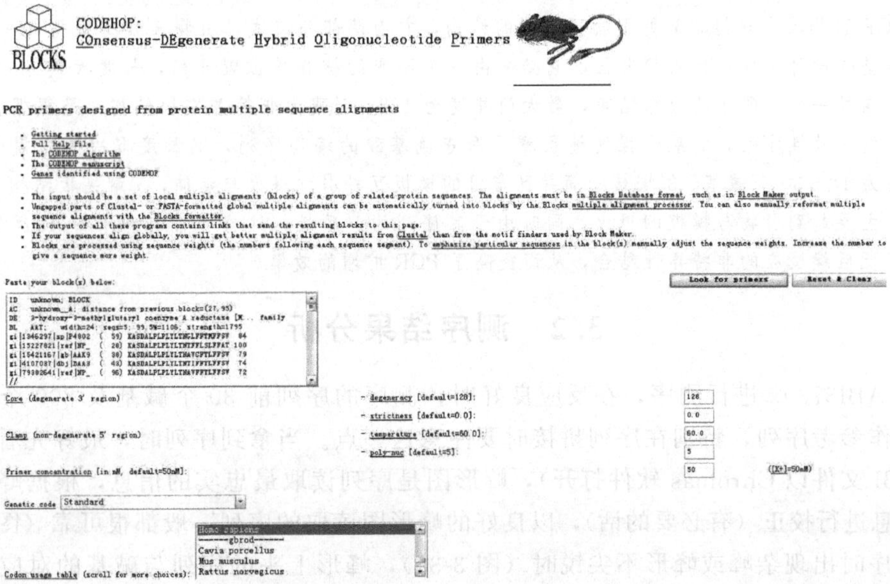

图 3-32 CODEHOP 引物搜索

[4] 筛选合适的上下游引物

通过 CODEHOP 进行引物搜索的部分结果如图 3-33 所示。依据简并引物设计的原则，在搜索得到的引物中根据实验的要求挑选合适的上下游引物。

```
names{codonuse}=arab.codon.use
codon_file=../docs/arab.codon.use
-C../docs/arab.codon.use -G0 -D128 -S0.0 -T60.0 -A5 -N50 -O3

CODEHOP Results

   . Oligo Summary   Not all overlapping primers are shown
CODEHOP Version 10/14/04.1
COPYRIGHT 1997-2004, Fred Hutchinson Cancer Research Center, Seattle, WA, USA

Parameters:
 Amino acids PSSM calculated with odds ratios normalized to 100
 and back-translated with Standard genetic code
 and codon usage table "../docs/arab.codon.use"
 Maximum core degeneracy 128    Core strictness 0.00
 Clamp strictness 1.00   Target clamp temperature 60.00 C
 DNA Concentration 50.00 nM   Salt Concentration 50.00 mM
 Codon boundary 0   Most common codon 0
 Verbose 0   Output 3
 Begin 1   PolyX 5
Suggested CODEHOPS: The degenerate region (core) is printed in lower case,
the non-degenerate region (clamp) is printed in upper case.

Block unknown__A
Oligos
K  A  S  D  A  L  P  L  P  L  Y  L  T  N  T  F  F  F  T  M  F  F  S  V
          GCTCTGCCTCTGCCTCTGtayytnacnaa -3'  Core: degen=64 len=11  Clamp: score=70, len=18 temp= 60.8
       TGATGCTCTGCCTCTGCCTytntayytnac -3'  Core: degen=128 len=11  Clamp: score=73, len=19 temp= 62.3
       TGATGCTCTGCCTCTGccnytntayyt -3'  Core: degen=128 len=11  Clamp: score=71, len=16 temp= 61.3
AAGGCTTCTgaygcnytncc -3'  Core: degen=64 len=11  Clamp: score=69, len=9 temp= 27.3 *** CLAMP NEEDS EXTENSION
AAGgcnwsngaygc -3'  Core: degen=128 len=11  Clamp: score=76, len=3 temp=-25.9 *** CLAMP NEEDS EXTENSION
```

图 3-33　CODEHOP 引物搜索结果

[5] RT-PCR 扩增荔枝 *HMGR* 基因

提取荔枝果实的 RNA，以 Oligo dT 为引物反转录出 cDNA，再以设计好的引物进行 RT-PCR 扩增，再进行 RT-PCR 产物的检测、克隆与测序。

从上面的两个过程可以看出，在线 CODEHOP 简并引物设计比传统的简并引物设计简单。另外，CODEHOP 引物具有与传统简并引物不一样的结构，它由两部分组成，引物 3′端是根据 3～4 个非常保守的氨基酸设计而成的核心简并区，它必须由一个不变的核苷酸位置开始，长度大致为 11～12 个氨基酸，在另一个密码子的边缘结束，最大简并度为 128；5′端为非简并夹板结构，是根据密码子偏爱性设计的一致性序列，它最大程度地预测了保守氨基酸的编码序列，其长度取决于所需的退火温度，一般为 18～30 个碱基。3′端核心简并区与目的模板互补引发退火与延伸，5′端夹板结构与目的模板的互补主要起到引物与模板的退火，同时由于其序列的一致性，这样非常有利于 PCR 反应的后续循环，降低后续反应的非特异性结合，从而提高了 PCR 扩增的效率。

3.2　测序结果分析

以 ABI3730x 进行测序，在反应良好时，测序的序列前 30 个碱基及 800 个碱基之后的只作参考序列，特别在序列拼接时要注意这一点。当拿到序列时，最好先看看峰形图（ABI 文件以 Chromas 软件打开），峰形图是序列读取最忠实的信息，根据峰形图对序列信息进行校正（有必要的话），以良好的峰形图读取的序列一般都很可靠（图 3-34）。当在测序时出现杂峰或峰形不尖锐时（图 3-35），峰形上头的序列与碱基的对应峰不一致，这时可通过手工校正。在测序中，套峰（图 3-36）与杂峰是较常见的，以杂峰更为常见，从杂峰读出的序列有参考价值，而从套峰读取的序列就失去意义。

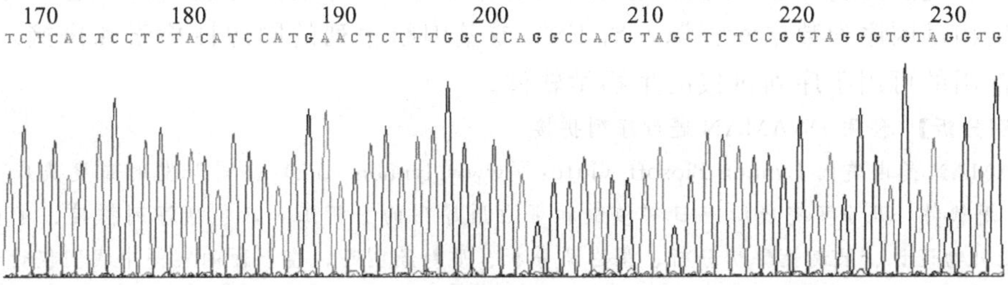

图 3-34　测序反应良好的结果

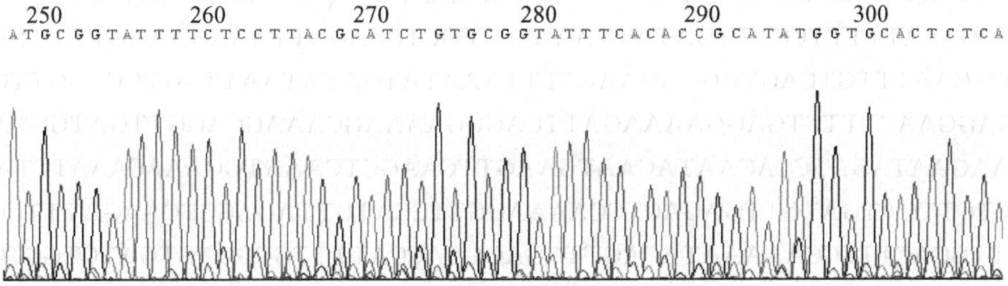

图 3-35　测序出现杂峰的结果

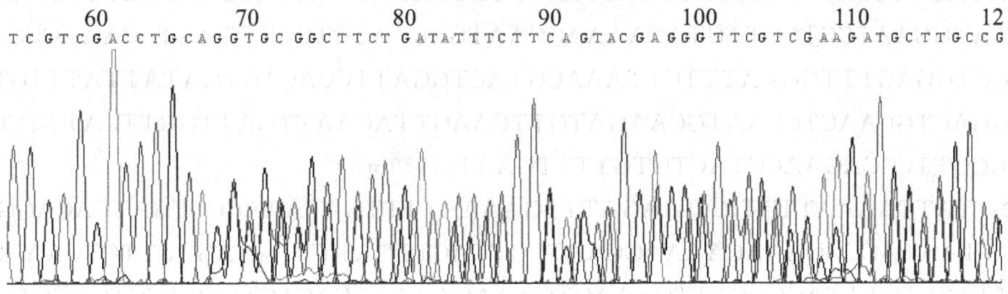

图 3-36　测序出现套峰的结果

3.3　序列拼接实例分析

PCR 完成之后一般要进行测序以保证扩增序列的正确性。由于测序能力的限制，目前最好的公司也只能保证一个反应当中有 800bp 左右的片段能测准。对于片段较大的样品，势必要同时测两个甚至多个反应，然后将两个测序结果利用其相互重叠的部分进行拼接，这样才能得到完整的 PCR 产物序列。另外，一般测序都需通过双向测序以最大限度地减少测序的错误，这也需要对不同测序方向的结果进行拼接。对于极大的 DNA 片段（如人类基因组），用“鸟枪法”（shot gun）进行测序以确保结果准确并能节省时间，这样就得到若干个 1～1.5kb 的测序结果，也需要利用重叠部分将这些测序结果拼接成一个完整序列，如果有缺少数据的区域，还需要补充测序。如果用克隆了目的基因的载体直接测序，利用基因拼接的方法还可以去除测序结果当中的载体序列。

近年来，随着生物基因测序数据的不断积累和计算机技术的提高，生物信息学技术得到迅速发展。作为生物信息学当中重要的一环，电子克隆（in silico cloing）技术成为一种基因克隆的新方法，伴随着基因组计划和 EST 计划而迅猛发展，它充分利用了现有的生物基因序列数据库资源，对 EST 或基因组序列的同源性检索和拼接。下面介绍几个常用的可用于序列拼接的生物学软件。

【实例分析】 使用 DNAMAN 进行序列拼接。

DNAMAN 是由美国 Lynnon Biosoft（http://www.lynnon.com）公司开发的高度集成化的分子生物学应用软件，几乎可完成所有日常核酸和蛋白质序列的分析工作，包括序列拼接、多重序列对齐、PCR 引物设计、限制性酶切分析、蛋白质分析、质粒绘图等，在下面的实例中我们仅讨论其序列拼接功能。

研究背景：从 BPMV 中提取到 RNA，RT-PCR 扩增，扩增产物用超声波随机打断后进行凝胶电泳分析，选择其中 800～1000bp 左右的 5 条片段进行纯化并测序。5 条 DNA 片段的序列分别为：

Seq1：GAAATTTTCCTTTGATATTAAGTCTCGCTCCAGGTTAGAGAAAGTTTCTTCTAC
GAAGGCACAATTTGTCAGTGGAAGAACTTTTAAATATGATATAATTGGTGCTGGTTCACAAT
CTTCTGAGGAACTTTCTGAGGAAAAGATTCAGGGAAAAGCAAAGCAGGTTGATGCTAGGTTG
AGGCAAAGAATAGATCCACAATACAATGAAGTTCAAGCTCAAATGGAAACAAATCTATTCAA
ATTGTCTCTTGATGATGTTGAGACTCCAAAAGGTTCCATGTTAGACCTCAAGATTTCCCAATC
TAAGATTGCACTTCCCAAAAATACAGTTGGAGGGACCATTTTGCGCAGTGATCTGCTGGCAAA
TTTCTTGACAGAAGGCAATTTTAGAGCAAGTGTTGATTTGCAACGTACCCACCGTATCAAAGG
AATGATTAAAATGGTGGCTACAGTTGGCATTCCTGAAAACACAGGTATAGCGCTGGCTTGTGC
AATGAATAGTTCCATTAGAGGGCGTGCCAGTTCTGATATCTATACTATTTGTTCGCAAGATTG
TGAACTATGGAATCCTGCTTGTACAAAAGCAATGACTATGTCATTTAATCCAAACCCATGTTC
TGATGCGTGGAGTTTGGAATTTCTTAAACGTACTGGATTCCACTGTGATATTATTTGTGTTAC
TGGATGGACTGCAACTCCAATGCAAGATGTTCAAGTTACAATTGATTGGTTCATTTCCTCTCA
AGAGTGCGTTCCCAGAACCTACTGTGTTTTGAAT（779bp）

Seq2：TATTAAAATTTTCATAAGATTTGAAAATTTTGATAAACCGCGATCACAGGTTGC
CGCACCTTAAAACCGGAAACAAAAGCAATCGTTACTTGATTTTAAAGACTTCTCAATTTCTCT
CTACATTTCCTGTATACGGCTTTCAAAGTGAAAGAAAATCACTCTCTGTGCTGGTCACAGACT
TCGTGAATCATTTTCTTTCCATTCTCAGTTCATTTGCTGAACACTCTCCTATTTGACATAGGA
CTTCGTGTCAGATTTGAACTTCTCCTATCTCTCTTTCTCGGTTCTTCATTTGTTGGTGAAATCT
TCTGGGCTAGTGCTCTCACTCTCCTATCTGGCATAGGACTTCGTGAGTAGACTTTCCCATTTCT
TTTCTCTTCTCCCCCTTTCTTCTCGTCTTATACACTGCTGTTCAAAGTGGCCTTATTTGAAAAA
CACTTGGGCATTGGTGCAAATGTTTGCTTCATTCATCTTTTCTGGTGACAATAAGCTTACTGA
GAAAACAATTTTTAACTGTGGGGATTTAGATATTTTGGTTGTTTATTATACAATAGCCACTC
AATTTAGGAAGTTTCTTCCTCATTATATTAGGTGGCATTTGTATACGCTGTTGATTTATATT
CTTCCGTCTTTTCTCACTACTGAAATCAAGTACAAGCGAAATTTGAGCAACATTCATATTTCT
GGCTTGTTCTACGATAATAGGTTTAAATTCTGGACTAAGCACGATAAAAATCTTGCCCTAAC
AGAAGAAGAGAAGATGGAAGTGATTAGAAACAGAGGTATCCCTGCTGATGTTCTTGCAAAG
CGCGCTCATGAATTTGAAAAACATGTCGCTCATGAAAGTCTCAAGGATCAAATTCCTGCTGT
TGATAAGTTGTACTCCACTAAGGTTAATAAATTTGCAAAAATTATGAATCTTAGACAGAGTG
TTGTTGGTGATCTTAAACTTCTTACTGATGGGAAGTTGTATGAGGGTAAGCACATTCCTGTAT
CTAATATTAGTGCGGGAGAAAATCATGTGGTGCAG（1030bp）

Seq3： CACTGTGATATTATTTGTGTTACTGGATGGACTGCAACTCCAATGCAAGATGTTC
AAGTTACAATTGATTGGTTCATTTCCTCTCAAGAGTGCGTTCCCAGAACCTACTGTGTTTTGA
ATCCACAAAATCCTTTTGTGTTGAATAGATGGATGGGAAAGTTGACTTTTCCTCAAGGCACTT
CTCGGAGTGTTAAAAGGATGCCTCTCTCTATAGGAGGAGGAGCTGGTGCTAAAAGTGCTATTC
TCATGAATATGCCAAATGCAGTTCTTTCAATGTGGAGGTACTTTGTAGGAGATCTTGTTTTTG
AAGTTTCAAAGATGACCTCTCCTTACATTAAATGTACAGTATCTTTTTTCATAGCATTTGGAA
ATTTGGCTGATGATACCATCAATTTTGAAGCTTTTCCTCACAAATTGGTGCAGTTTGGAGAAA
TTCAGGAAAAAGTTGTGCTGAAATTTTCACAAGAGGAGTTTCTCACAGCATGGTCCACTCAGG
TGCGTCCTGCAACAACCTTGCTGGCTGATGGGTGCCCATATTTGTATGCTATGGTGCATGATAG
TTCAGTGTCCACAATACCAGGTGATTTTGTTATTGGTGTCAAGTTGACGATCATAGAAAATATG
TGCGCATATGGACTTAATCCTGGTATTTCAGGCTCCCGTCTTCTTGGCACCATTCCTC AATCTA
TCTCTCAGCAGACCGTTTGGAATCAAATGGCAACAGTGAGAACACCATTGAACTTTGAT TCAA
AAACAAAGCTTTTGCCAATTTTCTGTAGATCTCCTTGGTGGAGGCATCTCAGTAGACAAAACT
GGAGAGCTTGGATCACACTTGTGCAA（840bp）

Seq4： AAAATATGTGCGCATATGGACTTAATCCTGGTATTTCAGGCTCCCGTCTTCTTGGC
ACCATTCCTCAATCTATCTCTCAGCAGACCGTTTGGAATCAAATGGCAACAGTGAGAACACCA
TTGAACTTTGATTCAAGCAAACAAAGCTTTTGCCAATTTTCTGTAGATCTCCTTGGTGGAGGC
ATCTCAGTAGACAAAACTGGAGATTGGATCACACTTGTGCAAAATTCTCCAATTAGTAATCT
ATTGAGAGTTGCTGCCTGGAAGAAGGGTTGTCTGATGGTTAAAGTTGTAATGTCTGGAAACG
CAGCAGTTAAGAGGAGTGATTGGGCATCATTAGTGCAAGTGTTCCTAACAAATAGTAATAGT
ACAGAGCACTTTGATGCATGCAGGTGGACTAAATCAGAACCACATTCGTGGGAATTGATTTTT
CCAATAGAAGTGTGTGGTCCCAATAATGGTTTCGAAATGTGGAGTTCTGAGTGGGCTAATCAA
ACTTCGTGGCATTTAAGTTTTCTTGTTGATAATCCAAAACAATCCACGACTTTTGATGTTCTT
TTAGGGATTTCACAAAACTTTGAAATTGCTGGAAACACTCTAATGCCAGCTTTCTCTGTTCCA
CAGGCCAATGCCAGATCTTCTGAAAATGCAGAATCTTCTGCATGATCTGGTAGTAGTGTTTTC
TTTTCATTTGTTTTTGTTTTCAATCAAATAAAGGAAGTTAGGCATGACCCTCGTTTGAGAATG
GCTCTGCCTATTTGAAAATTTCCACACCTCTTTTAAGTATTGTAATAGTATGTGAAGTGTGTG
TTATTTT（816bp）

Seq5： AAGGATCAAATTCCTGCTGTTGATAAGTTGTACTCCACTAAGGTTAATAAATTTG
CAAAAATTATGAATCTTAGACAGAGTGTTGTTGGTGATCTTAAACTTCTTACTGATGGGAAG
TTGTATGAGGGTAAGCACATTCCTGTATCTAATATTAGTGCGGGAGAAAATCATGTGGTGCA
GATACCCTTGATGGCACAGGAGGAAATTCTGTCTTCTAGTGCAAGTGATTTCAAGACTGCTAT
GGTAAGCAAAAGTAGCAAACCTCAAGCTACAGCAATGCATGTAGGGGCTATAGAAATTATCA
TTGATAGTTTCGCTAGCCCTGATTGCAACATAGTTGGTGCTATGCTTCTAGTTGATACATATC
ACACTAATCCTGAAAATGCAGTCCGTAGTATTTTTGTCGCACCTTTCAGAGGTGGTAGACCCA
TTCGGGTTGTCACTTTCCCAAACACCATTGTGCAGATTGAACCAGATATGAACTCAAGGTTTC
AACTTTTGAGTACAACCACCAATGGTGACTTTGTCCAAGGGAAAGATCTCGCAATGGTCAAGG
TTAATGTAGCATGTGCTGCTGTAGGCTTAACATCAAGTTACACTCCAACTCCATTGTTAGAAT
CTGGTCTGCAGAAAGACAGGGGTCTTATTGTTGAATATTTTGGAAGAATGTCTTATGTTGCT
CATAACATCAATCAACCTCAAGAGAAAGATTTGTTGGAGGGAAATTTTTCCTTTGATATTAA
GTCTCGCTCCAGGTTAGAGAAAGTTTCTTCTACGAAGGCACAATTTGTCAGTGGAAGAACTTT
TAAATATGATATAATTGGTGCTGGTTCACAATCTTCTGAGGAACTTTCTGAGGAAAAGATTC

AGGGAAAAGCAAAGCAGGTTGATGCTAGGTTGAGGCAAAGAATAGATCCACAATACAATGAA
GTTCAAGCTCAAATGGAAACAAATCTATTCAAAT (964bp)

主要操作流程如下：

[1] 启动 DNAMAN 软件

运行 DNAMAN 6.0.40，可以看到如图 3-37 所示界面。打开菜单“Edit”→“Enter Sequence”，在输入框中输入第一个 DNA 片段的序列，确定后保存为后缀为“.seq”的“Seq1.seq”文件。剩下的 4 个序列同样操作后分别保存为“Seq2.seq”、“Seq3.seq”、“Seq4.seq”和“Seq5.seq”文件，最好是将 5 个序列保存在同一目录中。

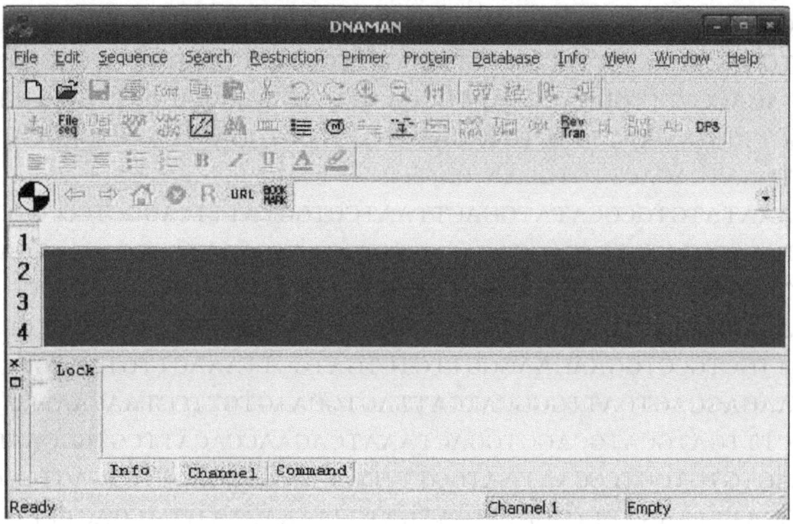

图 3-37 启动界面

[2] 导入序列

打开菜单“Sequence”→“Sequence Assembly”，导入刚保存的 5 个序列，有 4 种导入办法，即直接添加序列文件、选定保存序列文件的文件夹、添加保存序列文件的 Channel 及选择 DNA Database，如图 3-38 所示。

导入序列框下面是拼接的参数：①当序列末端区域的 m 个碱基当中有 n 个不确定碱基，可将此末端区域去除；②去除载体序列，前提是在默认的 channel 当中导入所用的载体序列；③序列拼接时重叠区域至少需一定的碱基数，且同源性需达到 90%以上；④拼接方法主要有两种，一种是末端比较法，另一种是快速拼接法，末端拼接一般仅在待拼接片段少、重叠区域短且重叠率高时使用，而大多数序列拼接需选用快速拼接法，即便是在不确定碱基比较多的情况下也能得到正确的拼接序列；⑤在快速拼接当中有三个参数，k-tuple（对比序列时相匹配的很短的序列片段）、gap penalty（空位罚分）和窗口尺寸，一般都选用默认参数即可，即 4、6、4。

[3] 拼接序列

在此例中我们选择“快速拼接”模式，点击“Assemble”按钮，DNAMAN 按上面设置的参数进行拼接，拼接结束后，将在“Assemble”按钮右侧出现拼接结果，在此例中显示的是“4 overlaps for 1 contig (s)”，表明此次拼接得到一个完整的序列，其中有 4 个重叠区域。再点击“Show result”按钮，显示详细的拼接结果，如图 3-39 所示。

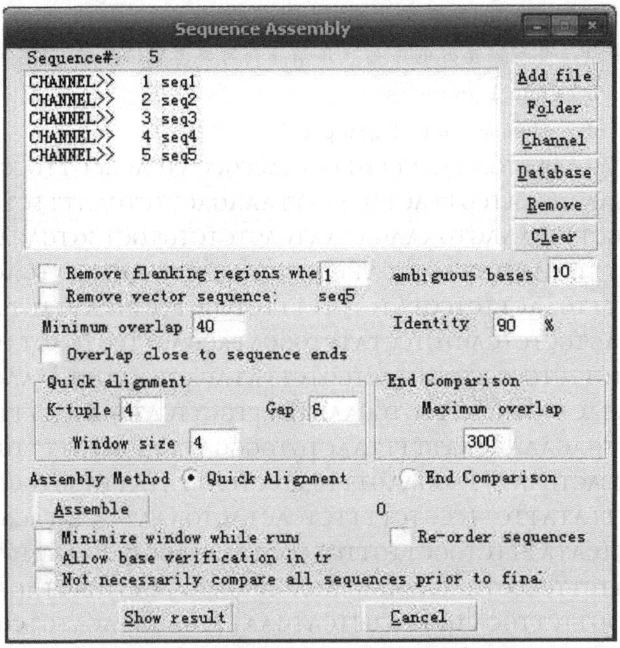

图 3-38 导入待拼接序列及参数设置

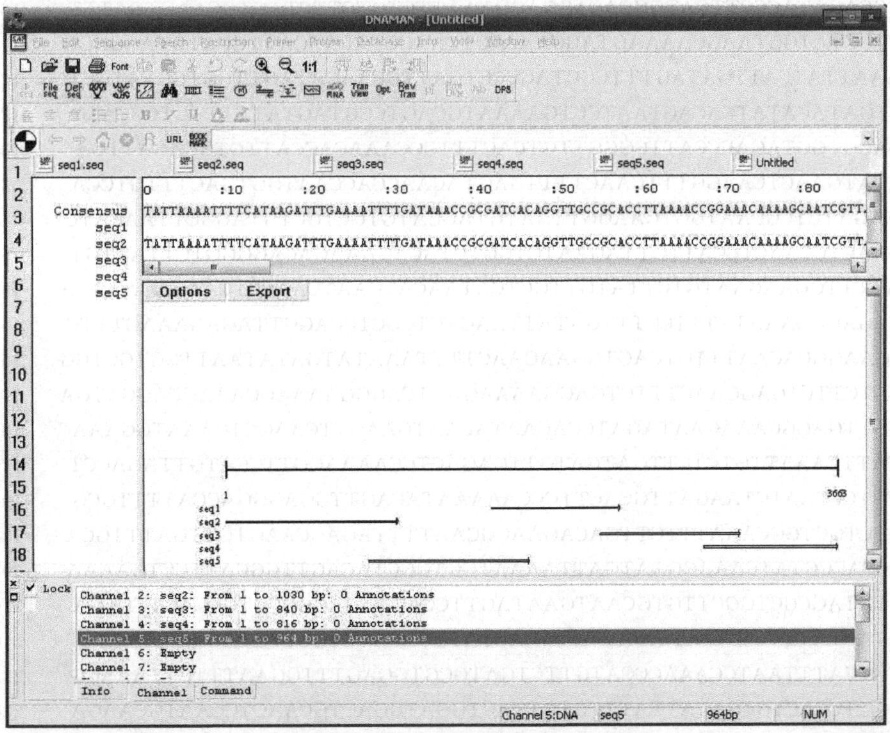

图 3-39 拼接效果图

[4] 导出结果

点击“Export”按钮，得到拼接好的序列（详细序列可参考 AC 号或 GI 号）：

Assemly of 4 sequences into 1 group (s)

Assemly of 5 sequences into 1 group (s)

```
TATTAAAATTTTCATAAGATTTGAAAATTTTGATAAACCGCGATCACAGGTTGCCGCACC    60
TTAAAACCGGAAACAAAAGCAATCGTTACTTGATTTTAAAGACTTCTCAATTTCTCTCTA    120
CATTTCCTGTATACGGCTTTCAAAGTGAAAGAAAATCACTCTCTGTGCTGGTCACAGACT    180
TCGTGAATCATTTTCTTTCCATTCTCAGTTCATTTGCTGAACACTCTCCTATTTGACATA    240
GGACTTCGTGTCAGATTTGAACTTCTCCTATCTCTCTTTCTCGGTTCTTCATTTGTTGGT    300
GAAATCTTCTGGGCTAGTGCTCTCACTCTCCTATCTGGCATAGGACTTCGTGAGTAGACT    360
TTCCCATTTCTTTTCTCTTCTCCCCCTTTCTTCTCGTCTTATACACTGCTGTTCAAAGTG    420
GCCTTATTTGAAAAACACTTGGGCATTGGTGCAAATGTTTGCTTCATTCATCTTTTCTGG    480
TGACAATAAGCTTACTGAGAAAACAATTTTTAACTGTGGGGATTTAGATATTTTGGTTGT    540
TTATTATACAATAGCCACTCAATTTAGGAAGTTTCTTCCTCATTATATTAGGTGGCATTT    600
GTATACGCTGTTGATTTATATTCTTCCGTCTTTTCTCACTACTGAAATCAAGTACAAGCG    660
AAATTTGAGCAACATTCATATTTCTGGCTTGTTCTACGATAATAGGTTTAAATTCTGGAC    720
TAAGCACGATAAAAATCTTGCCCTAACAGAAGAAGAGAAGATGGAAGTGATTAGAAACAG    780
AGGTATCCCTGCTGATGTTCTTGCAAAGCGCGCTCATGAATTTGAAAAACATGTCGCTCA    840
TGAAAGTCTCAAGGATCAAATTCCTGCTGTTGATAAGTTGTACTCCACTAAGGTTAATAA    900
ATTTGCAAAAATTATGAATCTTAGACAGAGTGTTGTTGGTGATCTTAAACTTCTTACTGA    960
TGGGAAGTTGTATGAGGGTAAGCACATTCCTGTATCTAATATTAGTGCGGGAGAAAATCA    1020
TGTGGTGCAGATACCCTTGATGGCACAGGAGGAAATTCTGTCTTCTAGTGCAAGTGATTT    1080
CAAGACTGCTATGGTAAGCAAAAGTAGCAAACCTCAAGCTACAGCAATGCATGTAGGGGC    1140
TATAGAAATTATCATTGATAGTTTCGCTAGCCCTGATTGCAACATAGTTGGTGCTATGCT    1200
TCTAGTTGATACATATCACACTAATCCTGAAAATGCAGTCCGTAGTATTTTTGTCGCACC    1260
TTTCAGAGGTGGTAGACCCATTCGGGTTGTCACTTTCCCAAACACCATTGTGCAGATTGA    1320
ACCAGATATGAACTCAAGGTTTCAACTTTTGAGTACAACCACCAATGGTGACTTTGTCCA    1380
AGGGAAAGATCTCGCAATGGTCAAGGTTAATGTAGCATGTGCTGCTGTAGGCTTAACATC    1440
AAGTTACACTCCAACTCCATTGTTAGAATCTGGTCTGCAGAAAGACAGGGGTCTTATTGT    1500
TGAATATTTTGGAAGAATGTCTTATGTTGCTCATAACATCAATCAACCTCAAGAGAAAGA    1560
TTTGTTGGAGGGAAATTTTTCCTTTGATATTAAGTCTCGCTCCAGGTTAGAGAAAGTTTC    1620
TTCTACGAAGGCACAATTTGTCAGTGGAAGAACTTTTAAATATGATATAATTGGTGCTGG    1680
TTCACAATCTTCTGAGGAACTTTCTGAGGAAAAGATTCAGGGAAAAGCAAAGCAGGTTGA    1740
TGCTAGGTTGAGGCAAAGAATAGATCCACAATACAATGAAGTTCAAGCTCAAATGGAAAC    1800
AAATCTATTCAAATTGTCTCTTGATGATGTTGAGACTCCAAAAGGTTCCATGTTAGACCT    1860
CAAGATTTCCCAATCTAAGATTGCACTTCCCAAAAATACAGTTGGAGGGACCATTTTGCG    1920
CAGTGATCTGCTGGCAAATTTCTTGACAGAAGGCAATTTTAGAGCAAGTGTTGATTTGCA    1980
ACGTACCCACCGTATCAAAGGAATGATTAAAATGGTGGCTACAGTTGGCATTCCTGAAAA    2040
CACAGGTATAGCGCTGGCTTGTGCAATGAATAGTTCCATTAGAGGGCGTGCCAGTTCTGA    2100
TATCTATACTATTTGTTCGCAAGATTGTGAACTATGGAATCCTGCTTGTACAAAAGCAAT    2160
GACTATGTCATTTAATCCAAACCCATGTTCTGATGCGTGGAGTTTGGAATTTCTTAAACG    2220
TACTGGATTCCACTGTGATATTATTTGTGTTACTGGATGGACTGCAACTCCAATGCAAGA    2280
TGTTCAAGTTACAATTGATTGGTTCATTTCCTCTCAAGAGTGCGTTCCCAGAACCTACTG    2340
TGTTTTGAATCCACAAAATCCTTTTGTGTTGAATAGATGGATGGGAAAGTTGACTTTTCC    2400
TCAAGGCACTTCTCGGAGTGTTAAAAGGATGCCTCTCTCTATAGGAGGAGGAGCTGGTGC    2460
```

TAAAAGTGCTATTCTCATGAATATGCCAAATGCAGTTCTTTCAATGTGGAGGTACTTTGT 2520
AGGAGATCTTGTTTTTGAAGTTTCAAAGATGACCTCTCCTTACATTAAATGTACAGTATC 2580
TTTTTTCATAGCATTTGGAAATTTGGCTGATGATACCATCAATTTTGAAGCTTTTCCTCA 2640
CAAATTGGTGCAGTTTGGAGAAATTCAGGAAAAAGTTGTGCTGAAATTTTCACAAGAGGA 2700
GTTTCTCACAGCATGGTCCACTCAGGTGCGTCCTGCAACAACCTTGCTGGCTGATGGGTG 2760
CCCATATTTGTATGCTATGGTGCATGATAGTTCAGTGTCCACAATACCAGGTGATTTTGT 2820
TATTGGTGTCAAGTTGACGATCATAGAAAATATGTGCGCATATGGACTTAATCCTGGTAT 2880
TTCAGGCTCCCGTCTTCTTGGCACCATTCCTCAATCTATCTCTCAGCAGACCGTTTGGAA 2940
TCAAATGGCAACAGTGAGAACACCATTGAACTTTGATTCAAGCAAACAAAGCTTTTGCCA 3000
ATTTTCTGTAGATCTCCTTGGTGGAGGCATCTCAGTAGACAAAACTGGAGATTGGATCAC 3060
ACTTGTGCAAAATTCTCCAATTAGTAATCTATTGAGAGTTGCTGCCTGGAAGAAGGGTTG 3120
TCTGATGGTTAAAGTTGTAATGTCTGGAAACGCAGCAGTTAAGAGGAGTGATTGGGCATC 3180
ATTAGTGCAAGTGTTCCTAACAAATAGTAATAGTACAGAGCACTTTGATGCATGCAGGTG 3240
GACTAAATCAGAACCACATTCGTGGGAATTGATTTTTCCAATAGAAGTGTGTGGTCCCAA 3300
TAATGGTTTCGAAATGTGGAGTTCTGAGTGGGCTAATCAAACTTCGTGGCATTTAAGTTT 3360
TCTTGTTGATAATCCAAAACAATCCACGACTTTTGATGTTCTTTTAGGGATTTCACAAAA 3420
CTTTGAAATTGCTGGAAACACTCTAATGCCAGCTTTCTCTGTTCCACAGGCCAATGCCAG 3480
ATCTTCTGAAAATGCAGAATCTTCTGCATGATCTGGTAGTAGTGTTTTCTTTTCATTTGT 3540
TTTTGTTTTCAATCAAATAAAGGAAGTTAGGCATGACCCTCGTTTGAGAATGGCTCTGCC 3600
TATTTGAAAATTTCCACACCTCTTTTAAGTATTGTAATAGTATGTGAAGTGTGTGTTATT 3660
TT 3662

验证实验后即可进行下一步的实验研究。

【实例分析】 使用 Vector NTI 中的 ContigExpress 进行序列拼接。

Vector NTI 是美国 invitrogen 公司（http://www.invitrogen.com）专为分子生物学家开发的一套序列分析的综合性软件，它带有部分数据库，包括 DNA/RNA、蛋白质、内切酶、寡核苷酸、凝胶 Marker，另外还提供数据库开发（Database Explorer）功能，允许用户修改、添加、拷贝感兴趣的各类数据库；能进行核酸、蛋白质序列的分析、比对和拼接，以及酶切分析作图、质粒作图、构建管理等功能，另外还可以远程链接到专业的生物信息学工具网站。下面我们将用一个实例来探讨 Vector NTI 10.3.0 中 ContigExpress 的序列拼接功能。

研究背景：在真核生物中，泛素介导的蛋白降解途径参与了许多生物学过程。F-box 蛋白是一种非常重要的 E3 泛素连接酶 SCF 复合体的一个亚基，它决定了底物识别的特异性。目前，从各种植物中已鉴定出大量的 F-box 蛋白，它们参与了植物不同激素的信号传导、自交不亲和、花器官发育等生物学过程和植物的胁迫反应，因此 F-box 蛋白介导的泛素化蛋白质降解途径可能是植物基因表达调控的重要机制（于海川等，2008）。

主要操作流程如下：

［1］查询序列

分别以水稻（*Oryza sativa*）中的 F-box 蛋白基因 *OsGID2*（GenBank 登录号为 AB100246）的氨基酸序列和拟南芥（*Arabidopsis thaliana*）中的 F-box 蛋白基因 *AtSLY1*（GenBank 登录号为 NM_118554）的氨基酸序列为探针，用 tBLASTN 对棉花 EST 数据库（Database：gp_est_923.nr）进行同源性查询（注：不同时间、选用不同的数据库可能会返回不同的结果，为尊重原作者，我们依旧采用原作者的查询返回结果），前者的返回结果有 DW505319（GenBank 登录号，下同）、DW510519、DW511703，后者的返回结果有 DW495907、DW495908，以 FASTA 格式保存这些序列。

[2] 添加序列

打开 ContigExpress，点击菜单 “Project”→“Add Fragments” →“From fasta file”，导入上面保存的五个序列，如图 3-40 所示。导入序列后的界面如图 3-41 所示。

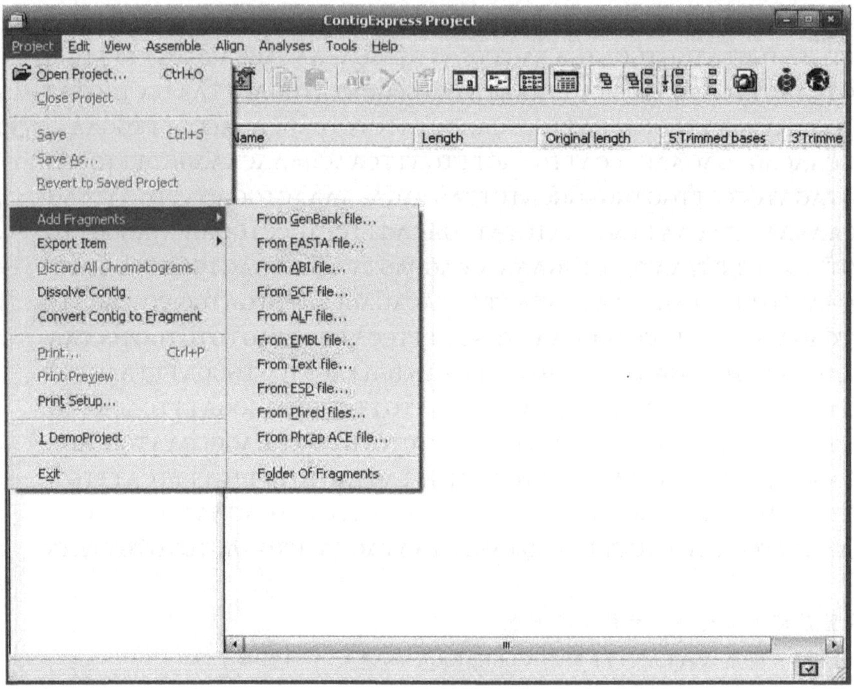

图 3-40 添加序列

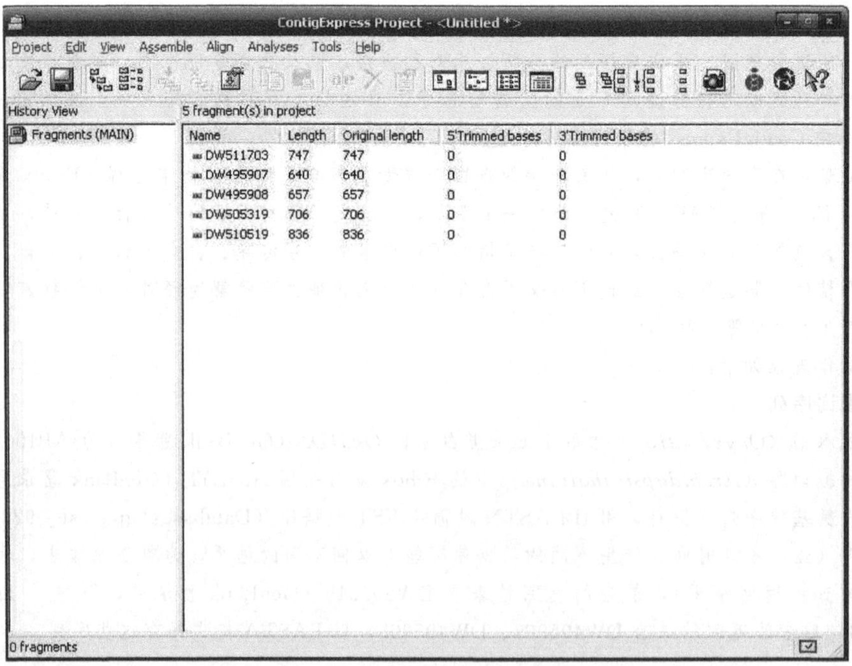

图 3-41 添加序列后的效果图

[3] 参数设置

点击“”，或者打开菜单“Assemble”→“Assembly Setup”，可进行序列拼接前的参数设置，如图 3-42 所示。用户可以根据自己的需要调整其中的参数，在这里我们选用系统默认的参数即可，退出“Assembly Setup”窗口。

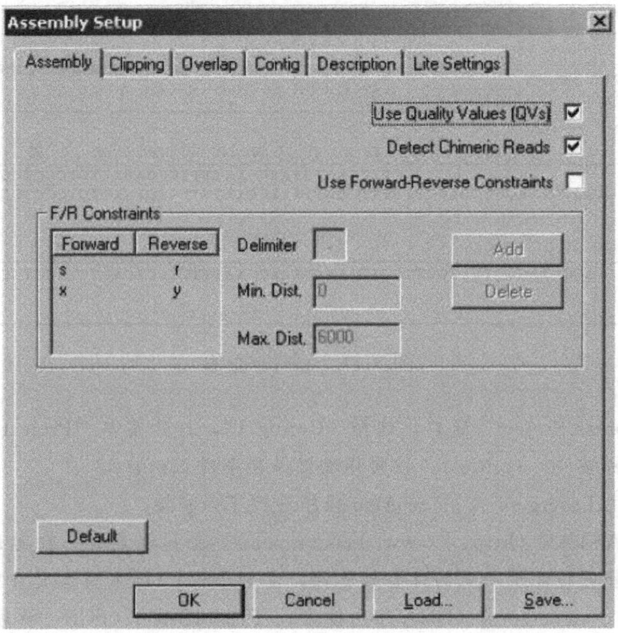

图 3-42　Assembly Setup 参数设置

[4] 序列拼接

全选导入的五个序列，点击“”，或者打开菜单“Assemble”→“Assemble selected fragments”进行序列拼接，得到两个 contig，结果如图 3-43 所示。

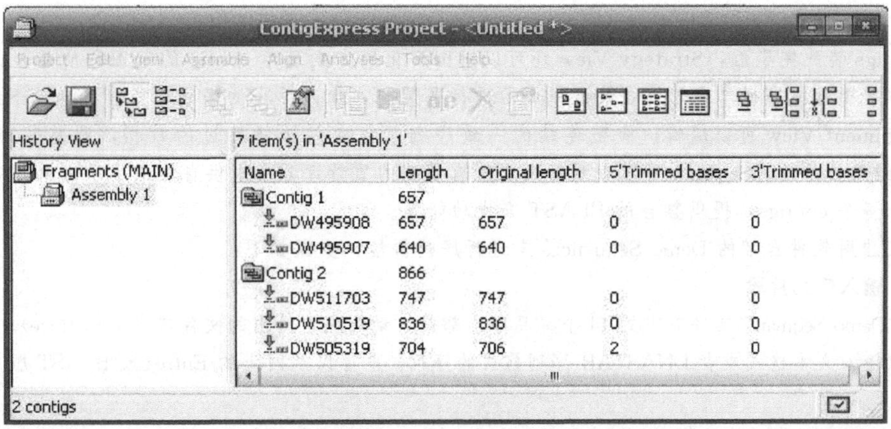

图 3-43　拼接结果

Contig 1 由序列 DW495908 和序列 DW495907 拼接而成，contig 2 由 DW511703、DW510519 和 DW505319 拼接而成。双击“Contig 1”查看拼接结果和拼接策略，如图 3-44 所示。按同样流程查看“Contig 2”的拼接结果和拼接策略。

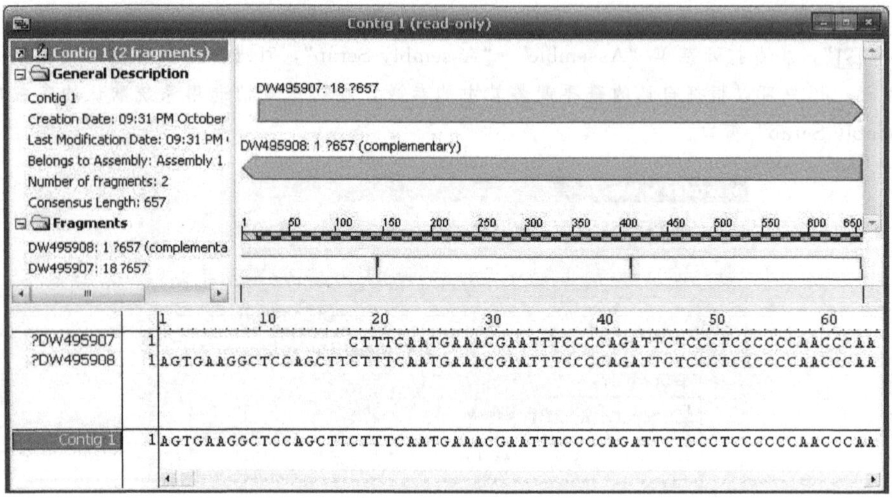

图 3-44 contig 查看

回到“ContigExpress Project”窗口，选择“Contig 1”，打开菜单“Project”→“Export Item”→“to Fasta file”，保存拼接序列 contig 1。按同样流程保存序列 contig 2。

【实例分析】 使用 Lasergene 中的 SeqMan 程序进行序列拼接。

Lasergene 是 DNASTAR（http://www.dnastar.com/）公司开发的一款集 DNA 和蛋白质序列分析、序列拼接及序列管理功能于一体的综合性软件，由 EditSeq（导入特殊文件工具）、MegAlign（序列比对、绘制系统树）、GeneQuest（DNA 序列搜索）、PrimerSelect（PCR、测序及杂交引物的设计）、Protean（蛋白质结构分析及预测）、SeqBuilder（可视化和序列编辑）和 SeqMan（序列拼接和 SNP 发现）7 个模块组成，本节我们仅讨论 SeqMan 中的序列拼接功能。

SeqMan 不仅能够将成千上万个序列装配成 contigs，而且在装配前可以修整质量差的序列及将序列中的污染数据清除，并提供完善的编辑和输出功能。另外，SeqMan 还可以使用 DNASTAR 独特的跟踪（trace）品质评价策略，通过对自动测序仪产生的跟踪数据进行评价，自动生成最精确的一致序列。

Contigs 装配完毕后，Strategy View 还可以用图形化的方式展示 contig 的范围和质量，并提示在什么地方需要补充序列。还可以在装配完成后进行再装配，加入更多的序列，或者其他的 SeqMan 文件。Alignment View 可以编辑，修整连续的一致序列，找回以前修整过的数据，调整队列（alignments）结果。另外，SeqMan 可以查看每个或所有序列的质量评分，提供自动或手动工具，帮助选择是否加入多个 contigs，提供整合的 BLAST 查找功能等。

我们选用软件自带的 Demo Sequences 来进行序列拼接，步骤如下：

[1] 输入序列片段

在“Demo Seqman”文件夹中的 14 个样品序列都是自动测序仪输出的文件格式（*.trace）。另外，我们还可以输入文本格式或者 DNASTAR 序列格式的序列，也可以从网上的 Entrez 或 BLAST 服务器输入序列。

运行“SeqMan”，点击菜单“File”→“New”，打开一个 Unassembled Sequences 窗口和一个空的未命名的 Project Summary 窗口，接着打开菜单“Sequences”→“Add”，导入“Demo Seqman”文件夹中的 14 个序列，如图 3-45 所示。

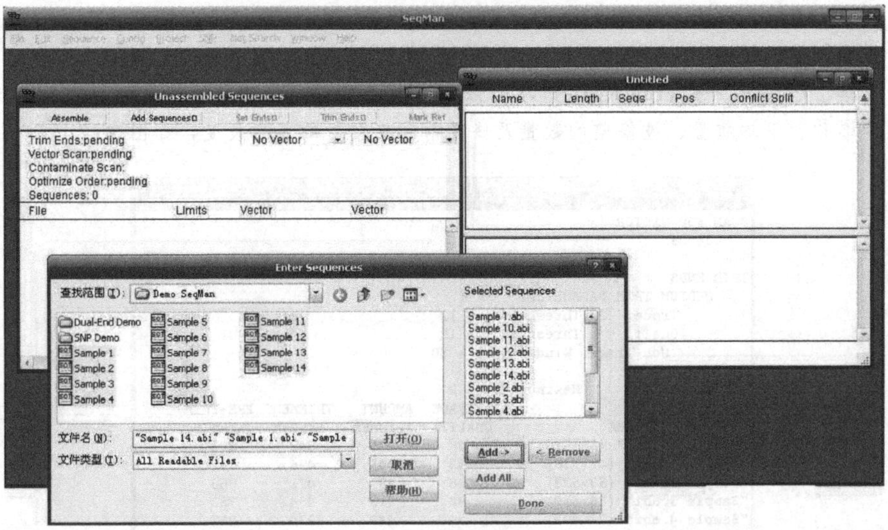

图 3-45　输入序列

[2] 序列拼接前的优化

在序列正式开始拼接前，SeqMan 可以从片段中除掉载体和污染序列，分配装配顺序，设定片段末端和标记重复序列。在本节中，我们将从样品中自动除掉 Janus 载体序列并修整序列末端。

选定全部的 14 个序列，设定载体为“Janus”（也可以每个序列选择各自的载体序列，载体序列也可以自己编辑）；点击“Unassembled Sequences”窗口中的“Trim Ends”按钮，选择合适的进行末端修整的严谨度；点击“Options”按钮，显示全部拼接前的优化选择一览表，默认设定显示扫描载体，实行序列末端修整，使用最适当的序列拼接顺序，如图 3-46 所示。

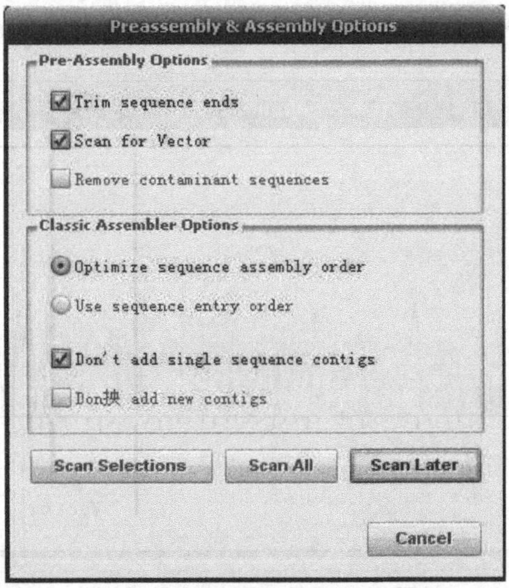

图 3-46　拼接前的优化设置

单击“Scan All”按钮，出现报告窗口，同时在“Unassembled Sequences”窗口中的载体栏中将出现一个“√”（代表检测通过），“Limits”栏显示新的序列末端，说明载体序列已经去除，末端修整已经完成。

[3] 查看修整的数据

打开菜单“Project”→“Trim Report”，出现的“Trim Report”窗口中将显示：末端修整的参数、每个序列的名称、平均质量、被修整的数量及修整前和修整后的序列长度，如图3-47所示。

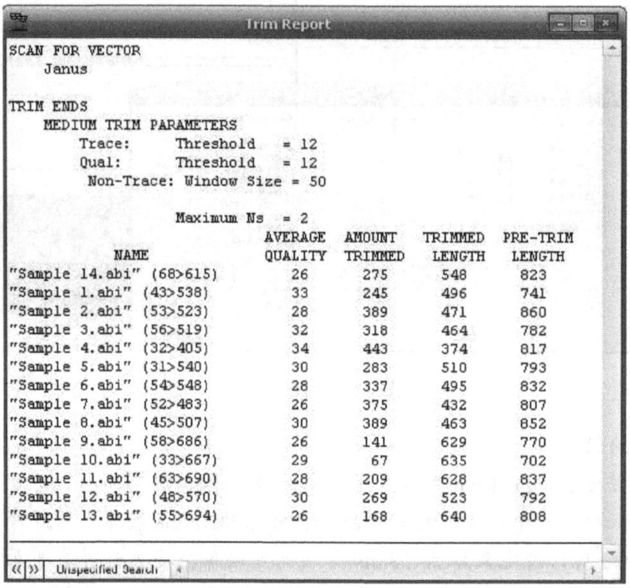

NAME	AVERAGE QUALITY	AMOUNT TRIMMED	TRIMMED LENGTH	PRE-TRIM LENGTH
"Sample 14.abi" (68>615)	26	275	548	823
"Sample 1.abi" (43>538)	33	245	496	741
"Sample 2.abi" (53>523)	28	389	471	860
"Sample 3.abi" (56>519)	32	318	464	782
"Sample 4.abi" (32>405)	34	443	374	817
"Sample 5.abi" (31>540)	30	283	510	793
"Sample 6.abi" (54>548)	28	337	495	832
"Sample 7.abi" (52>483)	26	375	432	807
"Sample 8.abi" (45>507)	30	389	463	852
"Sample 9.abi" (58>686)	26	141	629	770
"Sample 10.abi" (33>667)	29	67	635	702
"Sample 11.abi" (63>690)	28	209	628	837
"Sample 12.abi" (48>570)	30	269	523	792
"Sample 13.abi" (55>694)	26	168	640	808

图3-47 Trim Report窗口

双击“Unassembled Sequences”窗口中任意一个样本序列，打开“chromatogram”窗口，如图3-48所示，从5′端起变淡的部分将不会用于序列拼接，这部分序列是Janus载体序列。图中垂直的分隔线出现于修整和未修整的序列之间，可以根据需要拖动分隔线调整用于拼接的序列末端。

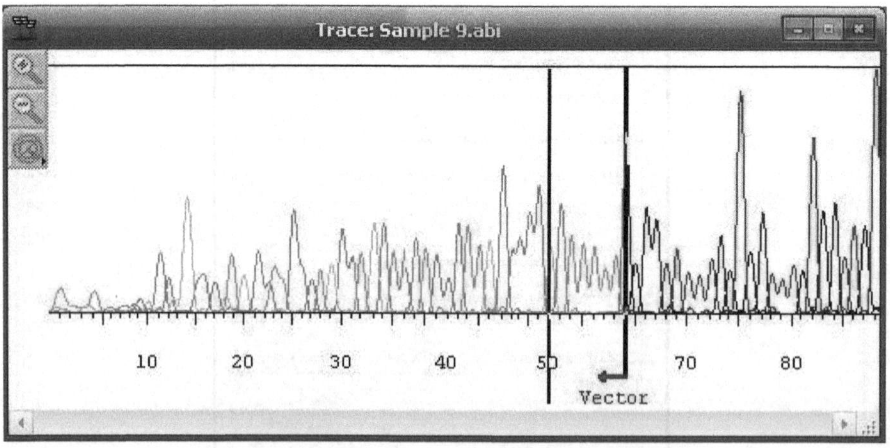

图3-48 Chromatogram窗口

[4] 序列拼接

单击“Unassembled Sequences”窗口上的“Assemble”按钮，14个序列拼接成为单一的序列，以Contig1显示。选择Contig1，点击菜单“Contig”→“Strategy View”，可以查看序列拼接的方法，如彩图 1 所示。其中标尺下面的那条带显示拼接过程中各片段的重叠程序，条带的颜色和厚度代表了重叠序列的数量，比如出现于 contig 两边的细红线表示这个区域只测过一次序。

另外，图中“Conflicts”表示的是片段序列间的一致程度，黑色表示只有很少或没有矛盾碱基，蓝色表示矛盾碱基约为 10%～20%的区域，红色表示矛盾碱基。

彩图 1

[5] 去除矛盾碱基和缺口

选择“Contig1”，打开菜单“Contig”→“Alignment View”，打开 Alignment View 窗口，上边为一致序列，下边为连续序列。打开菜单“Edit”→“Find Confilict”，即可发现矛盾碱基。

选定样品 7 的 302～310 区域，在 307 位样品 7 为“T”，而其他的全部样品都是缺口，单击样品 7 名字左边的灰色三角形，显示其跟踪数据，出现“Alignment View”窗口，可以用“Zoom In”来放大查看细节，如图 3-49 所示。从图中可以看出，样品 7 中的 307 位的“T”可能是人工造成的。从一致序列可以看出 SeqMan 的 Trace 品质评价标准自动忽略了这个可疑的碱基。另外，我们也可手工将“T”用缺口（即连字符）来替换，并从一致序列中除掉缺口栏。

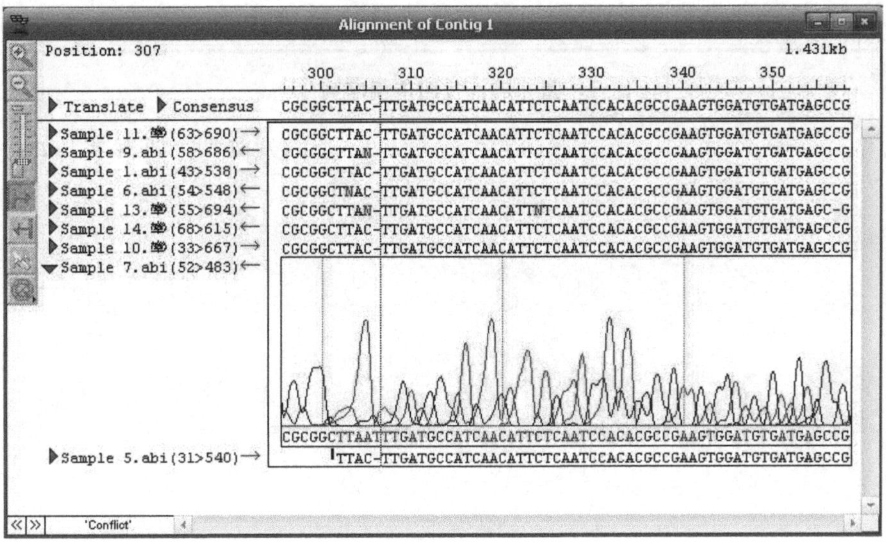

图 3-49　去除矛盾缺口

[6] 手动修改序列末端

在进行序列拼接之前，SeqMan 可以根据 Trace 数据的质量和载体序列自动地进行末端修整，虽然有足够的数据可以用来把序列装配成单一的 contig，但是也可能存在这样的情况，即当我们找回修整过的数据时，SeqMan 可以在单一的 contig 中加入多个 contigs，这需要我们用手工找回修整过的末端。

为了区分修整过和未修整的数据，我们给修整过的数据加一个有颜色的背景，其方法是打开菜单“Project”→“Parameters”→“Editing & Color”，当需要找回修整去掉的序列末端时，只需在“Alignment View”中将两侧的分隔线向序列的两端拖动即可，同时可以看到以前修整去掉的序列有了刚才选择颜色的背景。当找回了修整去掉的载体序列时，所拼接成的序列与原来形成的一致序列不一样了，如图 3-50 所示。在由于序列两端的峰型质量较差而被修整去掉部分序列时可以用到这一功能。

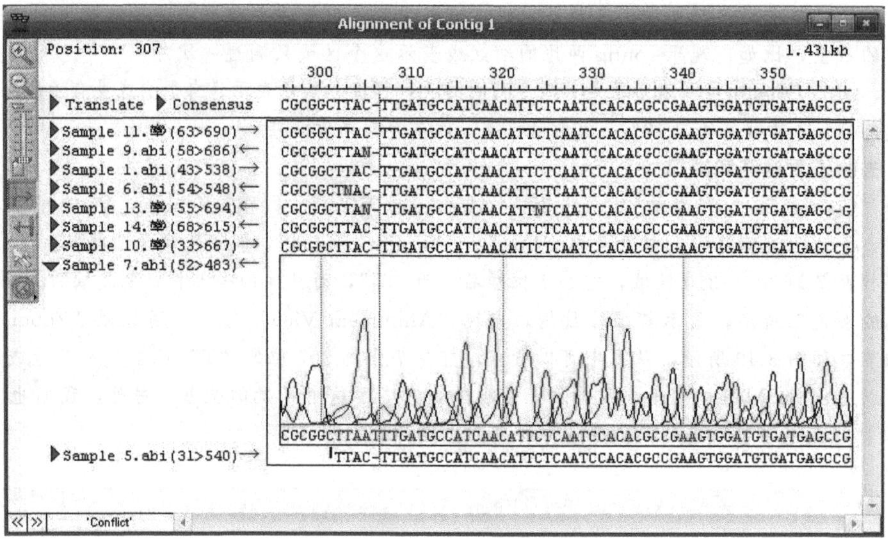

图 3-50　找回末端序列

（鹿连明　冯佩富　庄　军）

第四章　核酸序列分析

4.1　常 规 分 析

核酸序列分析是生物信息学应用中的一个重要方面。对实验室中获得的核酸序列进行生物信息学分析几乎已经成为实验深入研究前的标准操作之一。核酸序列的常规分析主要包括核酸序列的检索、核酸序列组分分析、序列变换、限制性酶切分析等。

4.1.1　核酸序列的检索

核酸序列的检索是核酸序列常规分析最基本的内容之一。在相关序列数据库中，选择合适的查询方法即可直接检索某个物种的核酸序列信息。对于核酸序列的检索，可以使用NCBI的Entrez查询系统和EMBL的SRS查询系统，详见本书的第二章相关章节。

4.1.2　核酸序列组分分析

核酸序列的组分分析一般包括分子质量、碱基组成、碱基分布等。通过一些常用的软件如BioEdit、DNAMAN等即可直接获得相关信息。

【实例分析】 使用BioEdit分析水稻瘤矮病毒（*Rice gall dwarf virus*，RGDV）基因组S8片段编码区序列的基本性质。

[1] 载入序列

运行BioEdit，依次打开“File”→“Open”，载入待分析的目的序列，如图4-1所示。

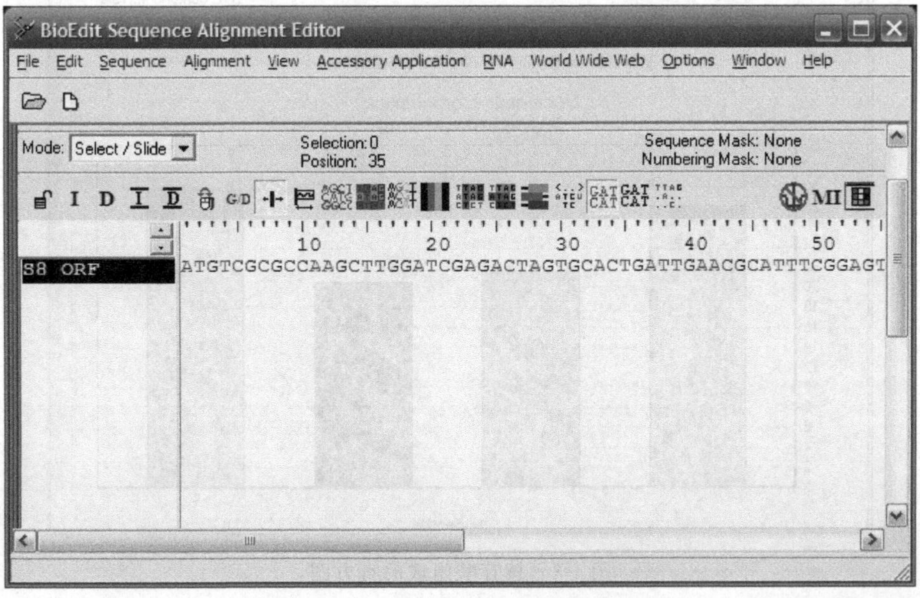

图4-1　BioEdit载入序列界面

[2] 输出结果

依次点击 “Sequence” → “Nucleic Acid” → “Nucleotide Composition”，结果如图 4-2 所示。

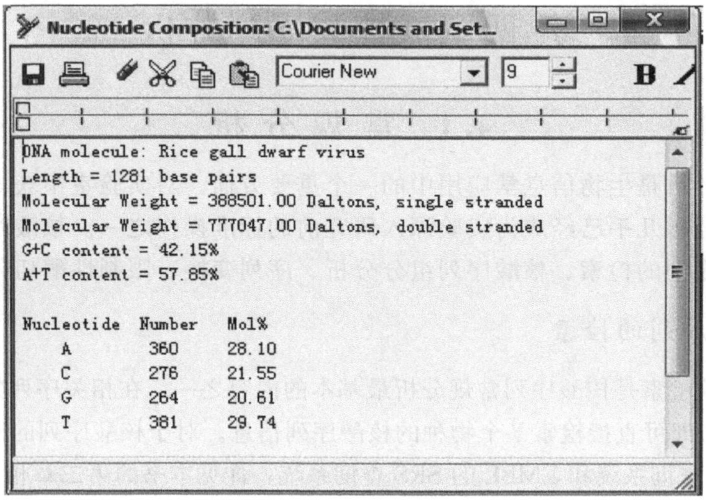

图 4-2　序列组分显示结果

[3] 结果解读

从输出结果中，可以看出 RGDV S8 片段编码区长度为 1281 base pairs（碱基对）；分子质量 (Molecular weight) 是 388.5 kDa（单链状态）和 777.0 kDa（双链状态）；GC 含量是 42.15%，AT 含量是 57.85%。从核苷酸组成的直方图（图 4-3）中，还可看出核苷酸的摩尔分数。

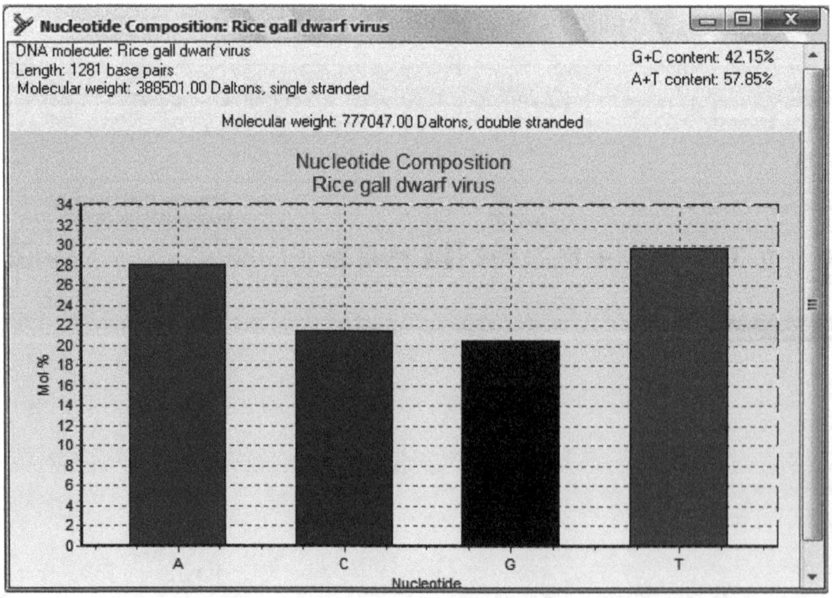

图 4-3　核苷酸组成的直方图

4.1.3 序列变换

在序列分析过程中，根据不同的分析需要，经常要对核酸序列进行各种变换，如寻找序列的互补序列、反向序列、反向互补序列等。常见的生物学软件就集成这类功能，很容易实现序列的自由变换，如 DNAMAN、Primer Premier、DNASTAR（http://www.dnastar.com/）等。

【实例分析】 使用 DNASTAR 的 EditSeq 程序进行序列变换。

[1] 载入序列

运行 DNASTAR，依次打开“File”→“New”→“New DNA”，复制与粘贴目的序列，如图 4-4 所示。

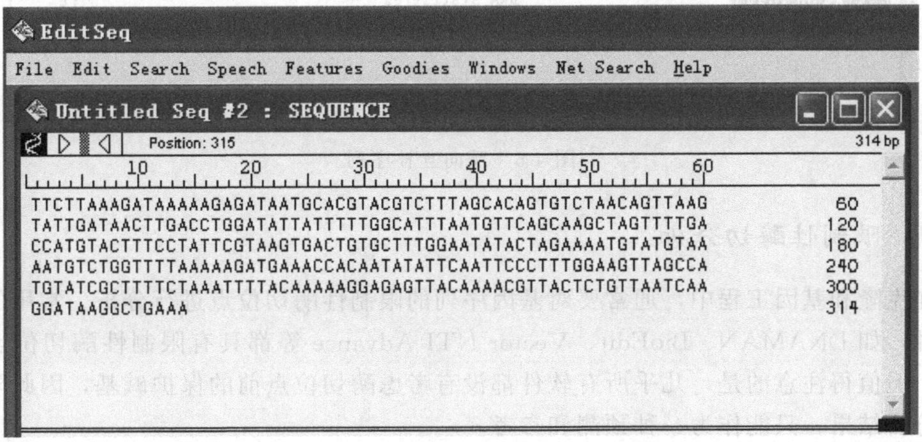

图 4-4 DNASTAR 的 EditSeq 程序界面

[2] 寻找原序列的反向序列

依次点击“Edit”→“Select All”→“Goodies”→“Reverse Sequence”，即可得到其反向序列，如图 4-5 所示。

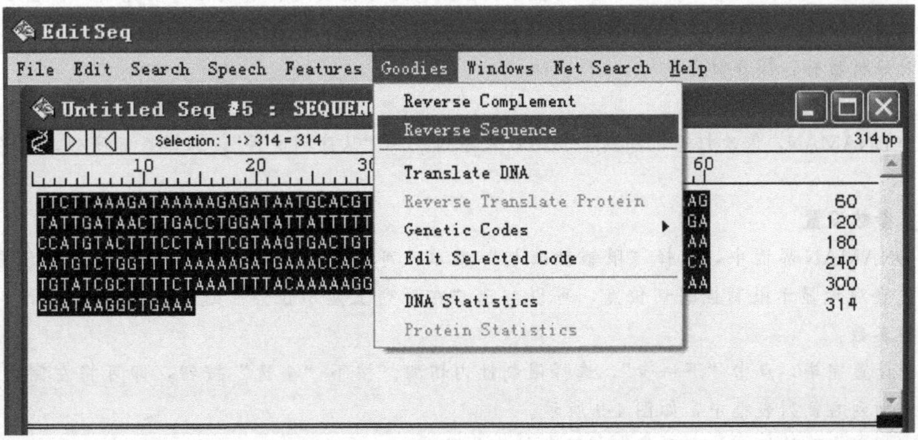

图 4-5 反向序列

[3] 寻找原序列的反向互补序列

依次点击 "Edit" → "Select All" → "Goodies" → "Reverse Complement" 即可得到其反向互补序列，如图 4-6 所示。

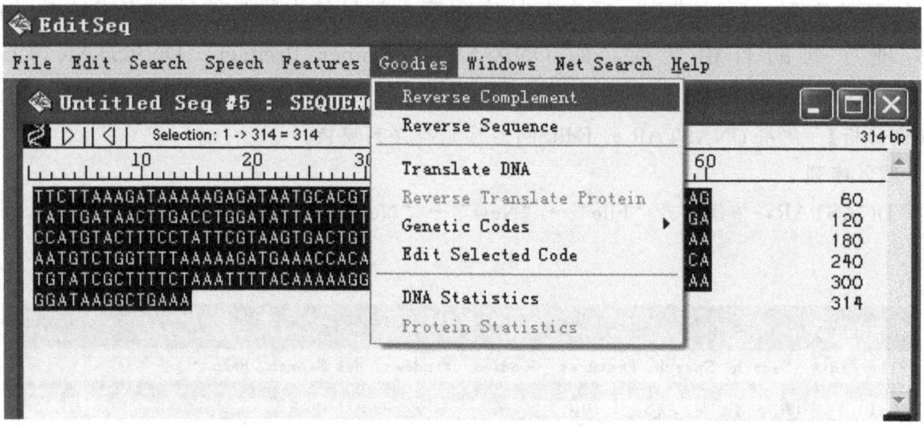

图 4-6　反向互补序列

4.1.4　限制性酶切分析

在克隆和基因工程中，通常要对基因序列的限制性酶切位点进行分析。常用的生物学软件，如 DNAMAN、BioEdit、Vector NTI Advance 等都具有限制性酶切位点分析功能。但值得注意的是，几乎所有软件都没有考虑酶切位点前的保护碱基，因此限制性酶切分析结果，只能作为一种预测和参考。

【实例分析】 使用 DNAMAN 对 RGDV S8 片段编码区序列进行限制性酶切分析。

研究背景：为揭示水稻瘤矮病毒（RGDV）外层衣壳蛋白 P8 在大肠杆菌中的表达特性，需要将 *P8* 基因克隆到 pGEX-4T-1 上，构建 pGP8 融合表达载体。已知载体 pGEX-4T-1 大小为 4969bp，含有由 IPTG 诱导、高效表达的 tac 启动子及 *Bam*H Ⅰ、*Xho* Ⅰ克隆位点。插入的外源基因可以表达成与谷胱甘肽转移酶（glutathione S-transferase，GST）融合的蛋白。设计表达引物时，考虑是否能在 *P8* 基因的两端分别引入 *Bam*H Ⅰ、*Xho* Ⅰ酶切位点，此时需要进行限制性酶切分析，分析 *P8* 基因编码区内的序列是否被 *Bam*H Ⅰ、*Xho* Ⅰ酶剪切。

针对分析目标，操作如下：

[1] 载入序列

打开 DNAMAN，依次打开 "序列" → "载入序列" → "从序列文件"，选择目标序列，如图 4-7 所示。

[2] 参数设置

在 DNAMAN 界面中，选择 "限制性酶切" 菜单，可以根据分析需要，勾选相应的设置参数。这里为更直观地显示限制性酶切位点，可以勾选 "在序列上显示位点" 选项，如图 4-8 所示，其他使用默认参数。

参数设置完毕，点击 "下一步"，选择限制性内切酶。按下 "全选" 按钮，即可将左侧列表中的所有酶添加到右侧列表框中，如图 4-9 所示。

点击 "完成" 按钮，程序开始分析限制性内切酶位点。

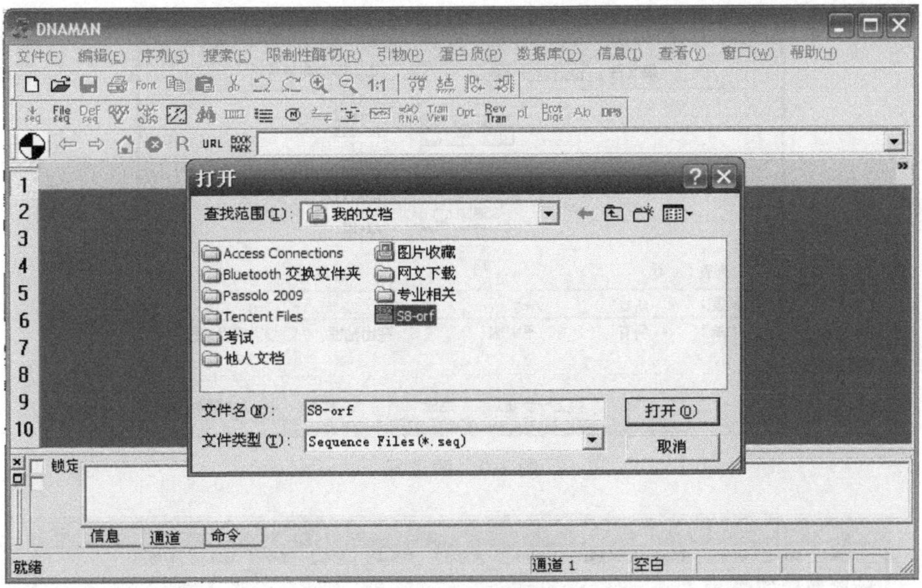

图 4-7 DNAMAN 载入序列界面

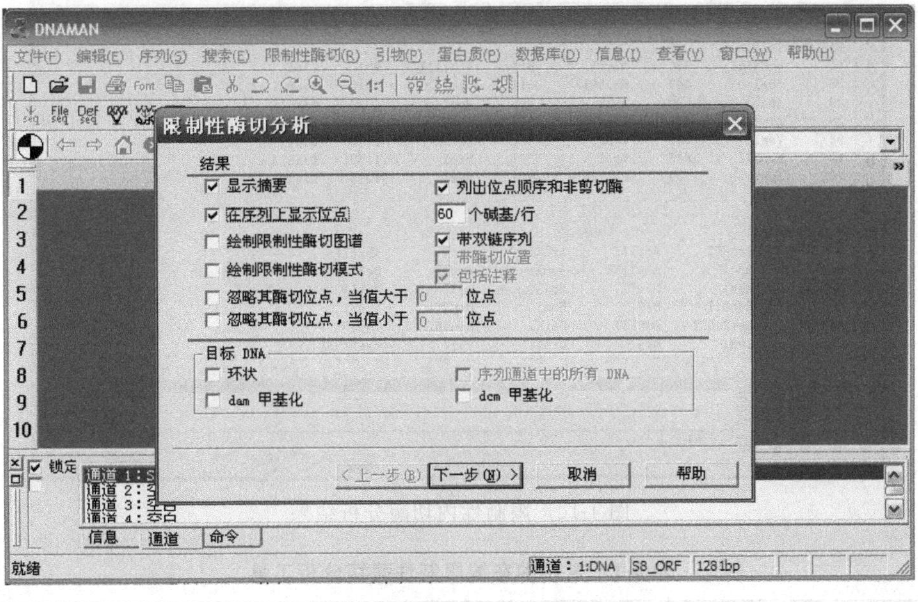

图 4-8 限制性酶切分析结果设置

[3] **结果分析**

限制性酶切分析结果，列出能被剪切的内切酶以及酶切位点在序列中的位置，同时还列出了未被剪切的内切酶。从图 4-10 中，可以看出 *P8* 基因编码区序列不含 *Bam*H Ⅰ、*Xho* Ⅰ 两种酶切位点，故可以选用 *Bam*H Ⅰ、*Xho* Ⅰ 作为双酶切的内切酶。

除了常见的生物学软件外，目前也有一些在线的限制性酶切分析工具，如 NEBcutter（Vincze et al.，2003）等（表 4-1）。NEBcutter 是由限制酶数据库（Restriction Enzyme Database，REBASE）网站开发并维护。REBASE 是专门收集商业、非营利性以及文献中报道的各类限制性内切酶的数据库。

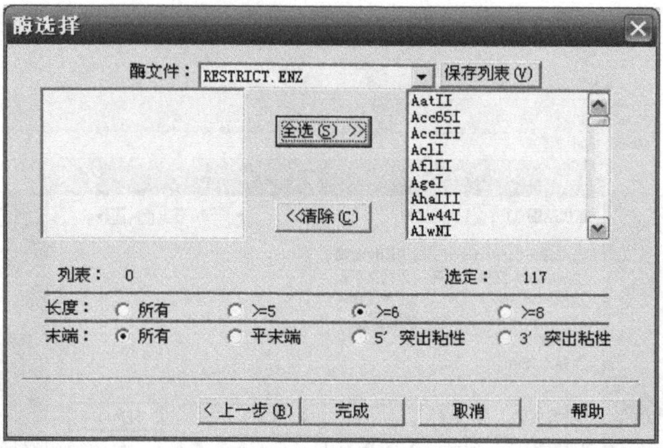

图 4-9　酶选择

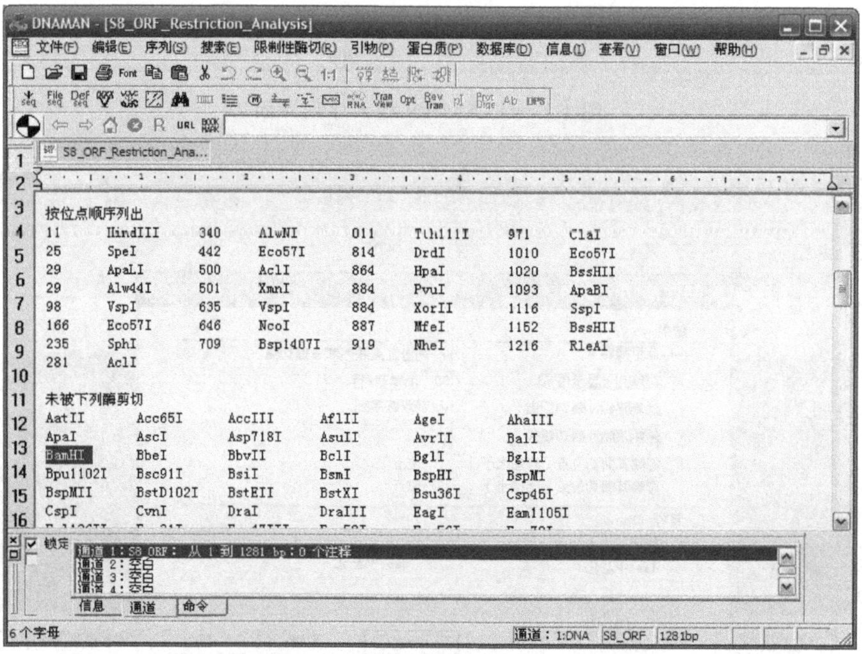

图 4-10　限制性内切酶分析结果

表 4-1　常用的在线限制性酶切分析工具

名　称	网　址
NEBcutter	http://tools.neb.com/NEBcutter2
WebCutter	http://www.firstmarket.com/cutter/cut2.html
Rebase	http://rebase.neb.com/rebase/rebase.htm
Web Map	http://pga.mgh.harvard.edu/web_apps/web_map/star
RestrictionMapper	http://www.restrictionmapper.org/
In Silico Restricion	http://insilico.ehu.es/restriction/

【实例分析】 使用 NEBcutter 2.0 进行序列的限制性内切酶在线分析。

为方便比较，本例仍以前例中的 RGDV S8 片段编码区序列为分析对象，针对分析目的，操作如下。

[1] 提交序列

打开 NEBcutter，粘贴序列或通过“Local sequence file”上传序列文件，或输入“GenBank number”，如图 4-11 所示。注意，序列格式要求为 Plain 或 FASTA 格式。

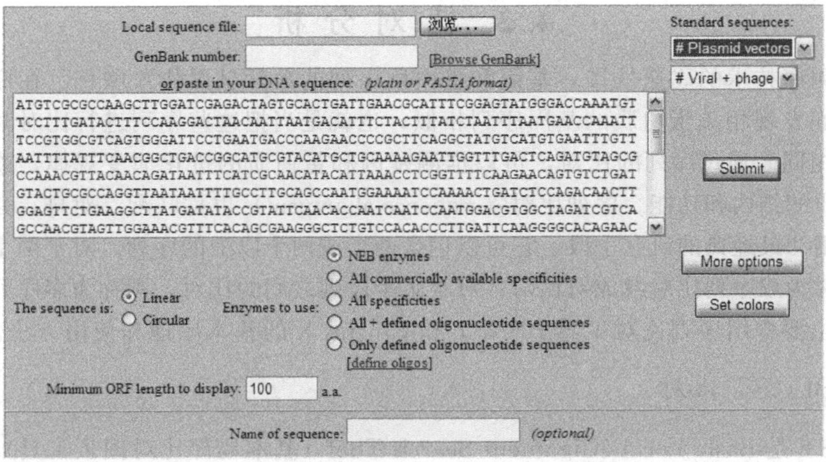

图 4-11 NEBcutter 序列提交界面

[2] 参数设置

先将序列类型选择为“Linear”（线性）；选择内切酶，默认自动选用 NEB 酶，即 NEB 公司（New England Biolabs）的酶，其他可选用的酶分别为“All commercially available specificities”（所有商业产品酶）、“All specificities”（特异性的限制酶）、“All+defined oligonucleotide sequences”（用户自定义的寡核苷酸序列）等。

如果需要可以点击“More option”（更多选项）设置更多参数。如果没有特别要求，建议使用默认参数。

点击“Submit”按钮提交分析。

[3] 结果分析

NEBcutter 分析结果如图 4-12 所示，点击图中各个酶的名称，可以得到该内切酶的详细信息。

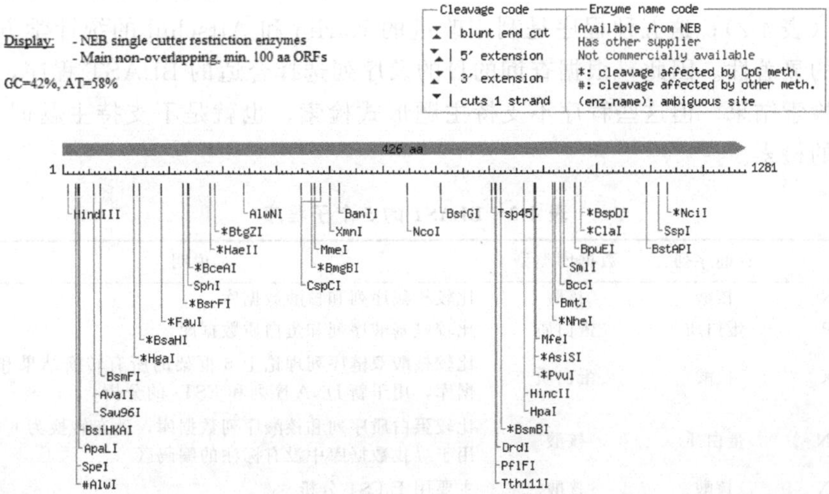

图 4-12 NEBcutter 分析结果

“*”号表示该酶切割位点受到 CpG 甲基化的影响；“#”号则表示该酶的切割效率受到其他甲基化的影响。NEBcutter 分析结果中未出现 *Bam*H Ⅰ、*Xho* Ⅰ酶，表明 *P8* 基因编码区序列不含 *Bam*H Ⅰ、*Xho* Ⅰ两种酶切位点，与前一实例分析结果一致。

4.2 比对分析

随着测序技术的飞速发展，基因和蛋白质序列的数量呈爆炸式增长。在序列分析的早期，人们发现相关蛋白质的基因序列相似，也就是当把这些序列进行比对时，许多对应的碱基相同。通过序列的比对，可以推测基因和蛋白质的进化演变规律，或者推测基因和蛋白质的结构和功能。序列比对（sequence alignment）也称联配、对排，是生物信息学中最常用和最经典的研究手段。它可以包含两个或两个以上的序列，对于两个序列之间的比对，称为双序列比对或成对比对；对于多个序列之间的比对，则称为多序列比对。

本节主要介绍序列比对工具 BLAST 和 Clustal X 的基本原理和使用方法。

4.2.1 BLAST 比对

BLAST 是 Basic Local Alignment Search Tool（基本局部比对搜索工具）的英文缩写，是一种序列类似性检索工具（Altschul et al.，1990）。NCBI 提供了网络版 BLAST 搜索在线服务（http://www.ncbi.nlm.nih.gov/BLAST/），这也是我们最经常用到的 BLAST 服务。网络版本的 BLAST 服务非常方便，容易操作，而且数据库同步更新，其缺点是不利于操作大批量的数据，同时也不能自己定义搜索的数据库。

NCBI 还提供 BLAST 搜索程序和所有 BLAST 序列数据库的下载接口，可以从下载服务器（ftp://ftp.ncbi.nlm.nih.gov/BLAST/）上获得单机版，安装在本地计算机上，包括 Windows 系统和 UNIX 系统的各种版本。对核酸序列数据库而言，不论用哪种方式，都需要很大的磁盘空间；而程序运行时，需要有较大的内存和较快的运算速度，因此必须使用高性能的服务器。

BLAST 作为一种碱基局部对准检索工具，实质上是一种序列类似性检索工具，它运行 BLASTN、BLASTP、BLASTX、tBLASTN、tBLASTX 等五种子程序的启发式检索算法（表 4-2）；这五种程序是利用改进的 Karlin 和 Altschul 的统计学方法来描述检索结果的显著性。因此，根据查询的目的及序列选择合适的 BLAST 程序，有助于获得最佳的检索结果。但这些程序不支持主题形式检索，也就是不支持主题词、自由词、文本词等的检索。

表 4-2　BLAST 的 5 个子程序

程　序	查询序列	数据库类型	说明
BLASTN	核酸	核酸	比较核酸序列和核酸数据库
BLASTP	蛋白质	蛋白质	比较氨基酸序列和蛋白质数据库
BLASTX	核酸	蛋白质	比较核酸双链序列理论上 6 框架的所有转换结果和蛋白质数据库，用于新 DNA 序列和 ESTs 的分析
tBLASTN	蛋白质	核酸	比较蛋白质序列和核酸序列数据库，动态转换为 6 框架结果，用于寻找数据库中没有标注的编码区
tBLASTX	核酸	核酸	主要用于 EST 分析

注：EST 指表达序列标签（expressed sequence tag）

BLAST 相应的数据库也有10余种，其简单的描述见表4-3。

表4-3　BLAST 相关数据库

数据库	说　明
nr	非冗余的 GenBank＋EMBL＋DDBJ＋PDB序列，除了EST、STS、GSS和0、1、2阶段的HTGS
month	nr中最近30天内更新的序列
est	GenBank中的EST记录
dbest	非冗余的 GenBank＋EMBL＋DDBJ＋PDB序列的EST部分
dbsts	非冗余的 GenBank＋EMBL＋DDBJ＋PDB序列的STS部分
gss	基因组勘测序列（Genome Survey Sequences）
htgs	GenBank记录中的高通量基因组序列
pat	GenBank中的有专利权的序列
yeast	酵母的全基因组序列
mito	线粒体的全基因组序列
vector	用于基因克隆的载体序列
alu	灵长类动物的Alu重复序列
Ecoli	大肠杆菌的全基因组序列
Kabat	Kabat的免疫学相关序列
pdb	由三维结构库来的核酸序列

BLAST采用统计学记分系统，能将真正配对的序列同随机产生的干扰序列区别开来；同时采用启发式算法系统，即采用局部比对算法（local alignment algorithm），而不是全局比对算法（global alignment algorithm）（Hernandez et al.，2000）。全局比对算法是在搜索结果中两个被比较序列所有片断均参与比对，并贯穿整个序列长度；而局部比对算法是找出两个被比较序列的"最类似"片断，即优先寻找这些局部区域而不是将对位排列延伸到全序列（图4-13）。

```
LGPSTKQFGKGSSSRIWDN
|      ||||    |  |      全局比对(global alignment)
LNQIERSFGKGAIMRLGDA

--------FGKG---------
        ||||             局部比对(local alignment)
--------FGKG---------
```

图4-13　全局比对和局部比对图示

BLAST算法首先找出代查序列和目标序列间所有匹配程度超过一定阈值的序列片段对，然后对具有一定长度的片段对根据给定的相似性阈值延伸，得到一定长度的相似性片段，称高分值片段对（high-scoring pair，HSP）。这就是无空位的BLAST比对算法的基础，也是BLAST输出结果的特征。首先确定终止值S、步长参数w和阈值T，然后软件会在考虑搜索背景性质的基础上计算出合适的S值，使要比对的序列中包含一个分值不小于S的HSP。BLAST的一项创新就是引入邻近字串的思想，即不需要字串确切地匹配，当有一个字串的分值高于T时，BALST就宣称找到了一个选中的字串。为了提高速度，允许较长的字串长度W。W值很少变化，这样，T值就成为权衡速度和敏感度的参数。一个字串选中后，程序会进行没有空位的局部寻优，比对的最低分值是S，当比对延伸时会遇到一些负的分值，使得比对的分值下降，当下降的分值小

于 S 时，命中的延伸就会终止。这样系统会减少消耗于毫无指望的选中延伸的时间，使系统的性能得以改进。比对的质量用打分（score）来评价，其算法就是打分矩阵(scoring matrix)。如果两序列在同一位置上的残基相同，则给+1.0分，不同则给0分。或者按在同一位置是嘌呤与嘌呤、嘧啶与嘧啶之间的转换（transition），或者嘌呤与嘧啶之间的颠换（transversion）关系来打分。有时序列比对时会产生空位（gap）现象，即所谓序列中断的情况。由于空位的出现并不代表真实的进化事件，因此必须对其做罚分（penalty）。空位罚分的值一般作负值处理。比对结果的统计学显著性以 E 值(Expect value)来衡量。E 值的意义是在选定数据库中搜索目标序列的概率。当 E 值趋向于0时，说明比对结果越显著；E 值趋向于1则表明比对结果很可能来自于其他生物序列，而且是随机产生。有时可以给 E 设定一个阈值（threshold），缺省值是10，意思是发现10个匹配的概率。比特分值（bit score）表明序列比对的得分，数值越高，两序列越相似（Dumontier and Hogue，2002）。

BLAST 算法流程见图 4-14。

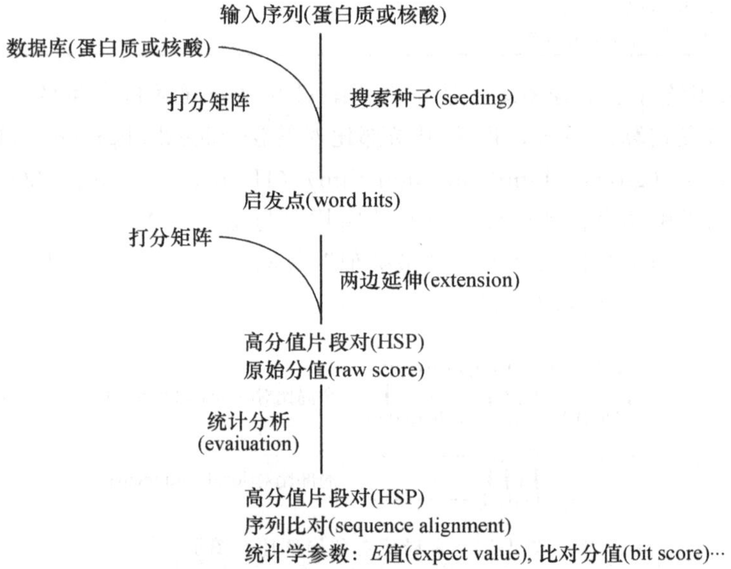

图 4-14 BLSTA 算法流程

为得到满意的结果，可以通过设置参数限制 BLAST 搜索条件。对于 BLAST 基本检索，系统预设置的默认参数可满足需要，不需要重新设置。但是对于 BLAST 高级检索，可以选择下面9个参数进行设置，也可在输入框增加其他参数（Dereeper et al.，2010；Fokkens et al.，2010；McGinnis and Madden，2004；Zhang，2003）。

(1) 直方图（Histogram）：有 yes、no 两种选择，默认值为 yes。

(2) 描述（Descriptions）：限定描述性类似序列的条数，有 default、0、10、50、100、250、500 等七种选择，默认值为100。

(3) 比对（Alignments）：限定检出 HSP 的数据库序列的条数，有 default、0、

10、50、100、250、500 等七种选择，默认值为 50。如果检索到的数据库序列超出设定值，BLAST 仅显示最具统计学意义的配对序列，直到设定值。

(4) 期望值 (Expect value，*E* 值)：它是期望数据库中具有某一统计学意义的配对序列的值。有 default、0.001、0.01、0.1、1、10、100、1000 等选择值，默认值为 10，一般期望值越低，限制越严格，甚至会导致无随机配对序列。

(5) 剪切值 (Cutoff)：设定 HSP 的 Cutoff 值，有 default、60、70、80、90、100、110 等七种选择值，其默认值一般通过期望值来计算得出。通常 Cutoff 值越高，其限制就越严格，甚至会导致无随机配对序列。

(6) 矩阵 (Matrix)：为 BLAST、BLASTX、tBLASTN 和 tBLASTX 程序指定一个交替记分矩阵。其默认值为 BLOSUM62，有 PAM40、PAM120、PAM250 和 IDENTITY等四种有效选择，但交替记分矩阵对 BLASTN 不起作用。

(7) 链 (Strand)：把 BLASTN 检索限定在数据库序列链的首端或末端；或者把 BLASTN、BLASTX、tBLASTX 检索限定在查询序列链的首端或末端的机读部分。

(8) 过滤器 (Filter)：过滤器可以过滤查询序列中低成分复杂性 (low compositional complexity) 片段。它只过滤查询序列及其转录产物中的低成分复杂性片段，而不能过滤数据库序列中的低成分复杂性片段。用户可以在 BLAST 和 BLAST 2.0 的高级检索中选择相应的过滤程序以消除对检索结果的干扰，若不用过滤功能则选择 "NONE"。但是在 BLAST 和 BLAST 2.0 的基本检索中，系统对于不同的 BLAST 程序设定了默认值。例如，对于 BLASTN 程序，其默认值为 "DUST"，对于其他程序，默认值为 "SEG"，所以用户只需选择用不用过滤功能，而不必设定过滤程序。值得注意的是，过滤器中的 SEG 和 XUN 程序不能过滤 Swiss-Prot 数据库中的低复杂性片段，因此，虽然过滤器可以应用于 Swiss-Prot 数据库序列，但并未起作用。

(9) NCBI-GI：在输出结果中除存取号和位点名称 (Locus Name) 外，还可以选择 NCBI-GI 标识号。有 yes 和 no 两种选择，其默认值为 no。

【实例分析】 运用在线 BLAST 进行目标序列的同源性搜索。

[1] 打开 BLAST 主页

打开网址：http://BLAST.ncbi.nlm.nih.gov/BLAST.cgi，点击 "nucleotide BLAST"，如图 4-15 所示。

[2] 输入序列

将 FASTA 格式的序列输入到序列框中，如图 4-16 所示，也可以直接输入序列登录号 (AC)。

[3] 数据库选择

数据库选择 "Human genomic+transcript"，程序选择 "Somewhat similar sequences (BLASTn)"，点击页面下方的 "BLAST" 按钮，出现搜索结果。

[4] 结果解读

(1) 结果总览图 (彩图 2) 中有红、粉、绿、蓝、黑五种颜色，红色同源性最高，排在最上面，其他几种颜色同源性逐渐降低，黑色最低。每条线条代表搜索匹配的一条序列；鼠标指在哪条带上，图最上面的框中就显示该带所代表的基因名词，并显示打分值 (score)；其中上半部是转录产物序列，下半部是基因序列。

彩图 2

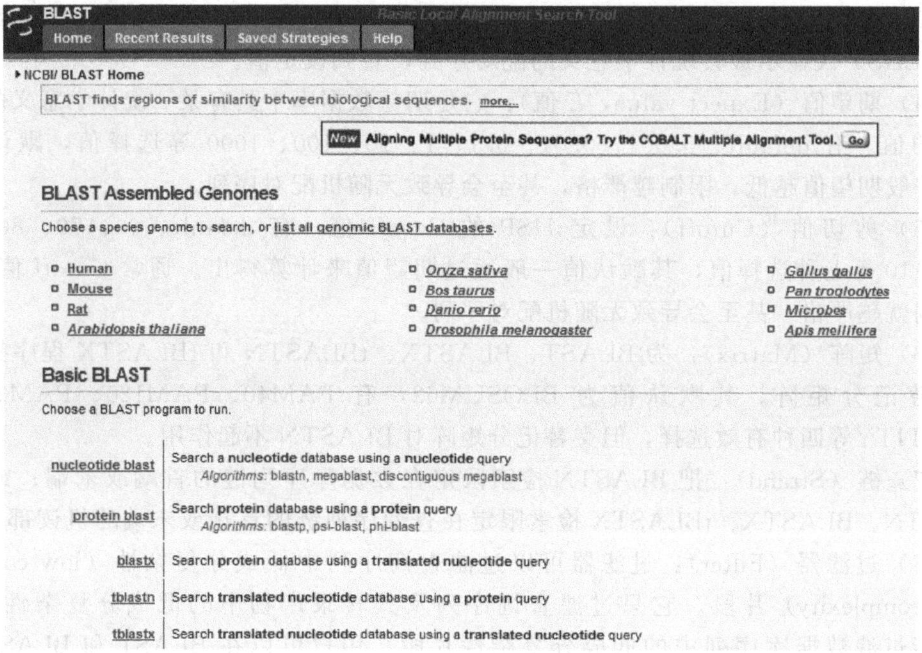

图 4-15　BLAST 主页

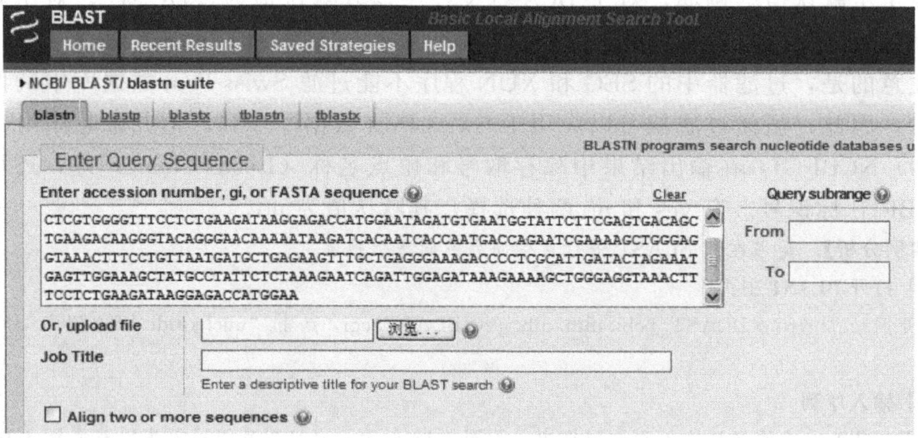

图 4-16　输入查询序列

(2) 序列比对结果的描述（图 4-17）。与目标序列同源性最高的结果（Homo sapiens heat shock 70kDa protein 5）在最上面，其 E 值最低（$2e^{-130}$），最大打分值（score）是 471。点击序列号可以查看详细信息；点击打分值可打开对应的比对详细信息。

(3) 各个序列比对的详情。因申请者提交的要求不同，行列输出有不同的形式，系统默认的是配对行列输出格式，即查询序列与数据库中匹配的序列垂直对应。空位部分代表查询序列与检索匹配序列不一致，如图 4-18 所示。

Sequences producing significant alignments:

Accession	Description	Max score	Total score	Query coverage	E value	Max ident	Links
Transcripts							
NM 005347.3	Homo sapiens heat shock 70kDa protein 5 (glucose-regulated protei	471	471	100%	2e-130	88%	GM
XR 078981.1	PREDICTED: Homo sapiens similar to heat shock 70kDa protein 5 (L	443	443	99%	8e-122	86%	GM
XR 079163.1	PREDICTED: Homo sapiens similar to heat shock 70kDa protein 5 (L	443	443	99%	8e-122	86%	GM
XR 078312.1	PREDICTED: Homo sapiens similar to heat shock 70kDa protein 5 (L	443	443	99%	8e-122	86%	GM
XR 039070.2	PREDICTED: Homo sapiens similar to heat shock 70kDa protein 5 (L	405	405	98%	2e-110	84%	GM
XR 039493.2	PREDICTED: Homo sapiens similar to heat shock 70kDa protein 5 (L	405	405	98%	2e-110	84%	GM
XR 039444.2	PREDICTED: Homo sapiens similar to heat shock 70kDa protein 5 (L	405	405	98%	2e-110	84%	GM
NM 005527.3	Homo sapiens heat shock 70kDa protein 1-like (HSPA1L), mRNA	84.2	84.2	48%	9e-14	71%	GM
NM 002155.3	Homo sapiens heat shock 70kDa protein 6 (HSP70B') (HSPA6), mRN	82.4	82.4	51%	3e-13	70%	GM
XM 002344783.1	PREDICTED: Homo sapiens similar to AGAP002076-PA (LOC1002	75.2	75.2	47%	4e-11	69%	GM
XM 002347462.1	PREDICTED: Homo sapiens similar to AGAP002076-PA (LOC1002	75.2	75.2	47%	4e-11	69%	GM
XM 002343281.1	PREDICTED: Homo sapiens similar to AGAP002076-PA (LOC1002	75.2	75.2	47%	4e-11	69%	GM
NM 021979.3	Homo sapiens heat shock 70kDa protein 2 (HSPA2), mRNA	75.2	75.2	47%	4e-11	69%	GM
Genomic sequences [show first]							
NT 008470.19	Homo sapiens chromosome 9 genomic contig, GRCh37 reference prir	471	511	100%	2e-130	88%	
NW 001839239.1	Homo sapiens chromosome 9 genomic contig, alternate assembly (ba	471	471	100%	2e-130	88%	
NT 016354.19	Homo sapiens chromosome 4 genomic contig, GRCh37 reference prir	443	443	99%	8e-122	86%	
NW 001838921.1	Homo sapiens chromosome 4 genomic contig, alternate assembly (ba	443	443	99%	8e-122	86%	
NT 032977.9	Homo sapiens chromosome 1 genomic contig, GRCh37 reference prir	405	405	98%	2e-110	84%	
NW 001838577.2	Homo sapiens chromosome 1 genomic contig, alternate assembly (ba	405	405	98%	2e-110	84%	
NT 167248.1	Homo sapiens chromosome 6 genomic contig, GRCh37 reference ass	84.2	84.2	48%	9e-14	71%	
NT 167245.1	Homo sapiens chromosome 6 genomic contig, GRCh37 reference ass	84.2	84.2	48%	9e-14	71%	
NT 167244.1	Homo sapiens chromosome 6 genomic contig, GRCh37 reference ass	84.2	84.2	48%	9e-14	71%	
NT 007592.15	Homo sapiens chromosome 6 genomic contig, GRCh37 reference prir	84.2	84.2	48%	9e-14	71%	
NT 113891.2	Homo sapiens chromosome 6 genomic contig, GRCh37 reference ass	84.2	84.2	48%	9e-14	71%	
NW 001838980.1	Homo sapiens chromosome 6 genomic contig, alternate assembly (ba	84.2	84.2	48%	9e-14	71%	
NW 001838532.2	Homo sapiens chromosome 1 genomic contig, alternate assembly (ba	82.4	82.4	51%	3e-13	70%	
NT 004487.19	Homo sapiens chromosome 1 genomic contig, GRCh37 reference prir	77.0	77.0	51%	1e-11	69%	
NT 026437.12	Homo sapiens chromosome 14 genomic contig, GRCh37 reference pr	75.2	75.2	47%	4e-11	69%	

图 4-17　序列比对结果的描述

```
>ref|NM 005347.3| GM Homo sapiens heat shock 70kDa protein 5 (glucose-regulated protein,
78kDa) (HSPA5), mRNA
Length=3965

 GENE ID: 3309 HSPA5 | heat shock 70kDa protein 5 (glucose-regulated protein,
78kDa) [Homo sapiens] (Over 100 PubMed links)

 Score =  471 bits (522),  Expect = 2e-130
 Identities = 342/388 (88%), Gaps = 21/388 (5%)
 Strand=Plus/Plus

Query  1     GTGAAAGACCCCTGACAAAAGACAATCATCTTCTGGGTACATTTGATCTGACTGGAATTC  60
             ||||||||||||||||||||||||||||||||||||||||||||||||||||||||||||
Sbjct  1659  GTGAAAGACCCCTGACAAAAGACAATCATCTTCTGGGTACATTTGATCTGACTGGAATTC  1718

Query  61    CTCCTGCTCCTCGTGGGGTTTCCTCTGAAGATAAGGAGACCATGGA-ATAGATGTGAATG  119
             |||||||||||||||||||  || | ||   | | |  ||| | || |||||||||||||
Sbjct  1719  CTCCTGCTCCTCGTGGGGTC-CCACAGAT--TGAAGTCACCTTTGAGATAGATGTGAATG  1775

Query  120   GTATTCTTCGAGTGACAGCTGAAGACAAGGGTACAGGGAACAAAAATAAGATCACAATCA  179
             ||||||||||||||||||||||||||||||||||||||||||||||||||||||||||||
Sbjct  1776  GTATTCTTCGAGTGACAGCTGAAGACAAGGGTACAGGGAACAAAAATAAGATCACAATCA  1835

Query  180   CCAATGACCAGAATCG---AAAAGCTG-GGAGGT--AAACTTTCCTGTTAATGATGCTGA  233
             ||||||||||||||||    | | |||  ||  |  |||   |   ||||||||||||||
Sbjct  1836  CCAATGACCAGAATCGCCTGACACCTGAAGAAATCGAAAGGAT--GGTTAATGATGCTGA  1893

Query  234   GAAGTTTGCTGAGG----GAAAGACCCC-----TCGCATTGATACTAGAAATGAGTTGGA  284
             ||||||||||||||     ||| | | |      ||||||||||||||||||||||||||
Sbjct  1894  GAAGTTTGCTGAGGAAGACAAAAAGCTCAAGGAGCGCATTGATACTAGAAATGAGTTGGA  1953

Query  285   AAGCTATGCCTATTCTCTAAAGAATCAGATTGGAGATAAAGAAAAGCTGGGAGGTAAACT  344
             ||||||||||||||||||||||||||||||||||||||||||||||||||||||||||||
Sbjct  1954  AAGCTATGCCTATTCTCTAAAGAATCAGATTGGAGATAAAGAAAAGCTGGGAGGTAAACT  2013

Query  345   TTCCTCTGAAGATAAGGAGACCATGGAA  372
             ||||||||||||||||||||||||||||
Sbjct  2014  TTCCTCTGAAGATAAGGAGACCATGGAA  2041
```

图 4-18　各个序列比对的详情

4.2.2　双序列比对

BLAST 比对后，当数据库中搜索到多个显著相似的序列时，目的序列是否与数据库中被检索到的序列真正有关联，这时就需要进行双序列比对（Pairwise Alignment）。通过双序列比对分析，可以找出两序列之间的最大相似性匹配，进而判断两者是否具有同源性。NCBI 和 EMBL 都提供了可用于双序列比对的工具，其中最常使用的是 BLAST2sequences（bl2seq），它是 NCBI 提供的一个双序列比对工具，其使用的算法和参数与 BLAST 基本相同。

【实例分析】 运用 BLAST2sequences 程序进行双序列比对。

研究背景：RGDV 基因组 S8 片段的中国广西分离物（登录号：DQ364683）与泰国分离物（登录号：NC _ 009241）序列之间是否相关？二者之间是否存在内部互补、重复、转座等现象？针对分析目的，我们对这两条序列进行全面的双序列比对和显著性分析。

主要操作流程如下：

[1] 打开 bl2seq 程序

访问 BLAST 主页，在 Specialized BLAST 下方，点击“Align”链接即可打开 bl2seq 程序，如图 4-19 所示。

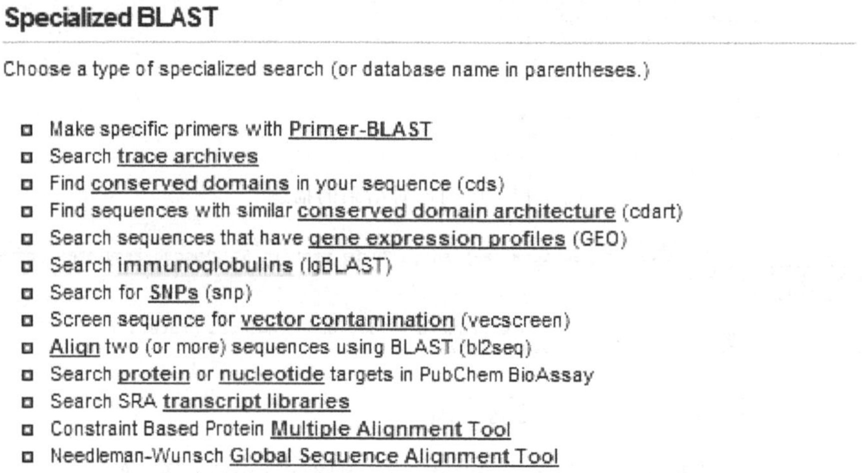

图 4-19　打开 bl2seq 程序

[2] 提交序列

在 bl2seq 检索页面的“Enter Query Sequence”框内可以输入目的序列，也可以输入 GenBank 登录号、GI 号，这里输入登录号 DQ364683；在“Enter Subject Sequence”框中也可以输入参考序列，同上，这里输入登录号 NC _ 009241。

[3] 参数设置

系统会给出三个程序选项，分别是 Highly similar sequences（megaBLAST）（高度相似性序列）、More dissimilar sequences（discontiguous megaBLAST）（更多不相似序列）、Somewhat similar sequences（BLASTn）（某些相似序列），分别适用于高度相似（相似性 95%以上）的长序列片断、差异比较大的序列、某些相似序列。选取程序选项，根据具体情况而定。

这里选择“Highly similar sequences（megaBLAST）（高度相似性序列）”选项，其他使用默认参数，并点击页面下方的“BLAST”按钮提交，如图 4-20 所示。

[4] 比对结果

比对结果分别给出了 Graphic Summary（图示总览）、Dot Matrix View（点矩阵视图）、Descriptions（描述）、Alignments（比对）信息。在点矩阵视图中，横坐标是目的序列，纵坐标是参考序列。连续线表示两序列匹配之处，缺口表明两序列不匹配之处。点矩阵视图可以揭示比对序列中局部形似性之间的复杂关系。从图 4-21 中，我们可以看出两条序列之间高度相似。

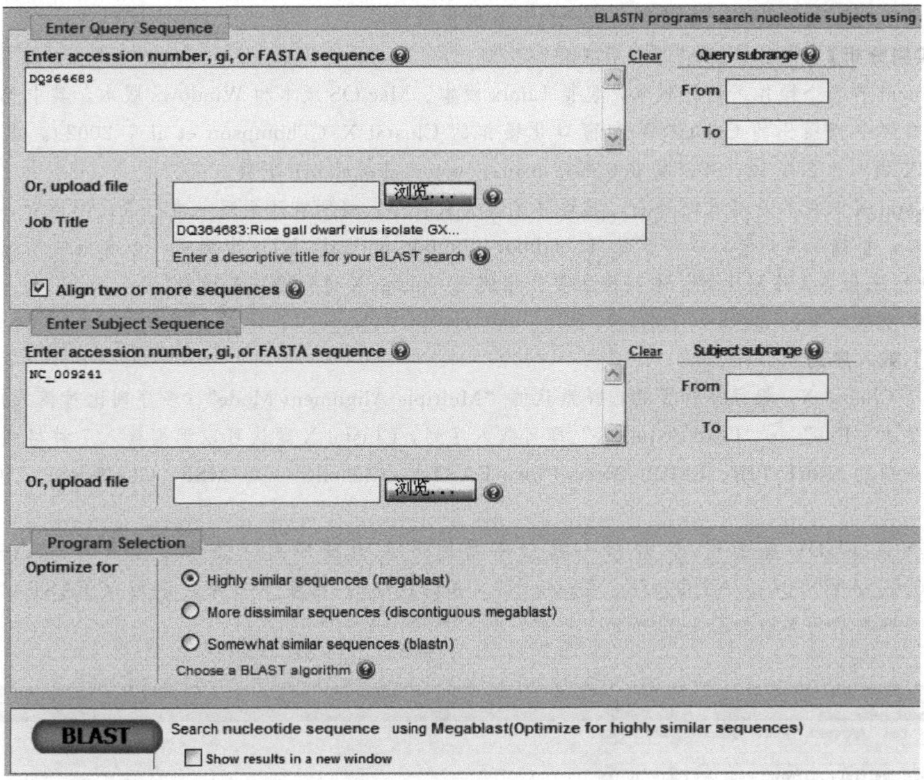

图 4-20 bl2seq 参数设置

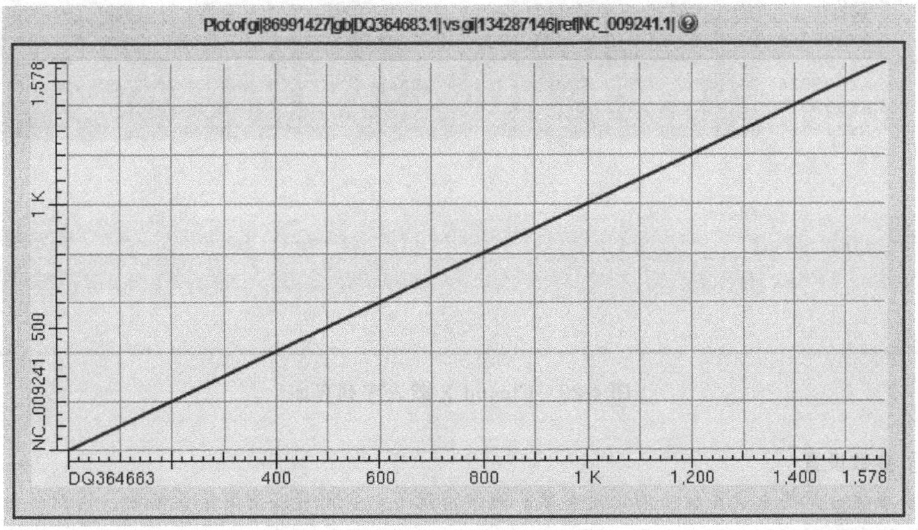

图 4-21 序列比对的点矩阵示意图

4.2.3 多序列比对

多序列比对（Multiple Alignment）是核酸和蛋白质序列分析的重要内容之一，借助多序列比对，可以找出序列的保守区域，可以为分子进化分析提供依据。

【实例分析】 使用 Clustal X 进行多序列比对。

Clustal 有多个操作系统的版本，包括 Linux 版本、Mac OS 版本和 Windows 版本，其中 Windows 平台下有命令行操作的 Clustal W 和窗口化操作的 Clustal X（Thompson et al.，2002）。本例用的 Clustal X 版本为 2.0.12，可以从官方网站 http://www.clustal.org 下载。

Clustal X 采用的是渐进比对法，其运算流程大致如下：将所有序列逐一进行双序列比对，并得到距离矩阵；根据距离矩阵，以邻接法（neighbor-joinning method，NJ）构建成一个有根的系统发育树（向导树）来指导多序列比对。本实例主要介绍使用 Clustal X 进行多序列比对。

主要步骤如下：

[1] 载入序列

运行 Clustal X，根据分析目的选择默认的"Multiple Alignment Mode"（多序列比对模式），依次打开主菜单"File"→"Load Sequence"即可载入序列，Clustal X 默认可以识别输入 7 种格式的序列文件，分别是 NBRF/PIR、EMBL/Swiss-Prot、FASTA，Clustal、GCG/MSF、GCG9 RSF 及 GDE 格式文件。

本例以 RGDV 基因组 S8 片段不同分离物的 6 条核酸序列（登录号分别为：AY999081、AY999080、AY999079、AY999078、AY999077、AY216767）为演示对象，序列以 FASTA 格式保存，载入序列后的界面如图 4-22 所示。

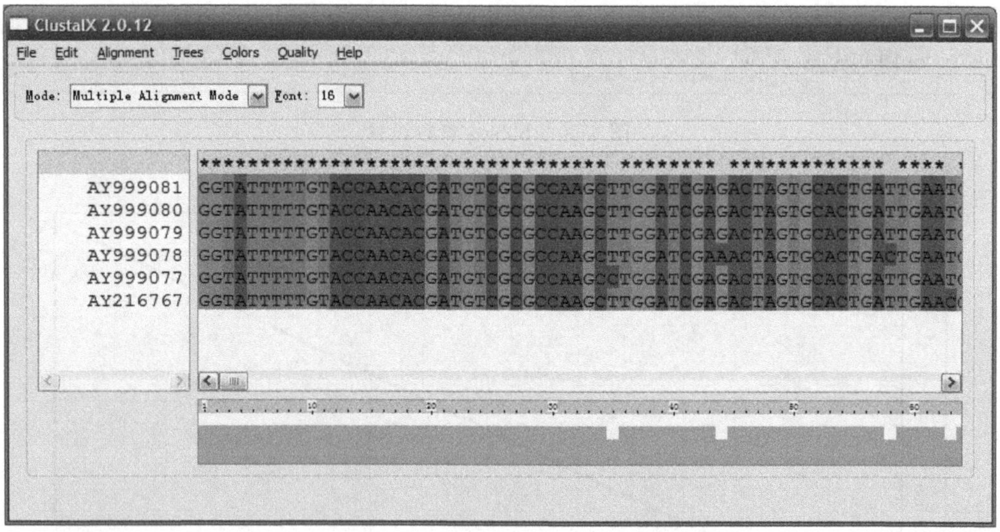

图 4-22 Clustal X 载入序列界面

[2] 参数设置

可以根据分析要求设置相应的比对参数。通常情况下，我们可以使用默认参数。比对参数主要有 6 个，分别是 Reset New Gaps before Alignment（比对前重置新空位）、Reset All Gaps before Alignment（比对前重置所有空位）、Pairwise Alignment Parameters（双序列比对参数）、Multiple Alignment Parameters（多序列比对参数）、Protein Gap Parameters（蛋白空位）、Secondary Structure Parameters（二级结构参数），如图 4-23 所示。

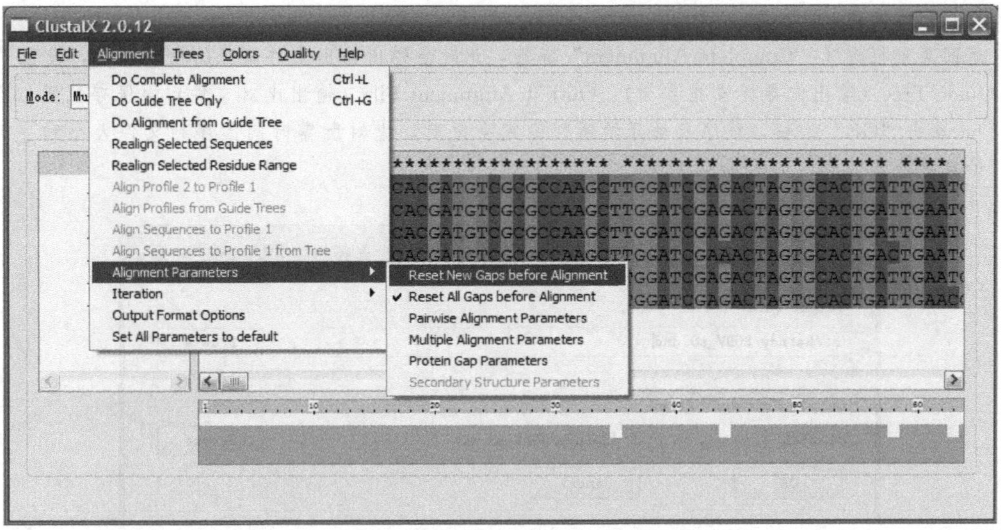

图 4-23　比对参数设置

修改参数只需点击相应标签，这里我们选择“Pairwise Alignment Parameters”进行调整，弹出参数设置窗口，如图 4-24 所示。双序列比对主要有两种模式：一种是基于动态规划算法的“Slow-Accurate”模式，运算速度慢，但结果准确；另一种是基于 K 串法的“Fast-Approximate”模式，运算速度快，但结果较粗略。本例序列条数未超过 100 条且长度小于 1000 个字母，故采用“Slow-Accurate”模式，其他参数设置使用默认值。

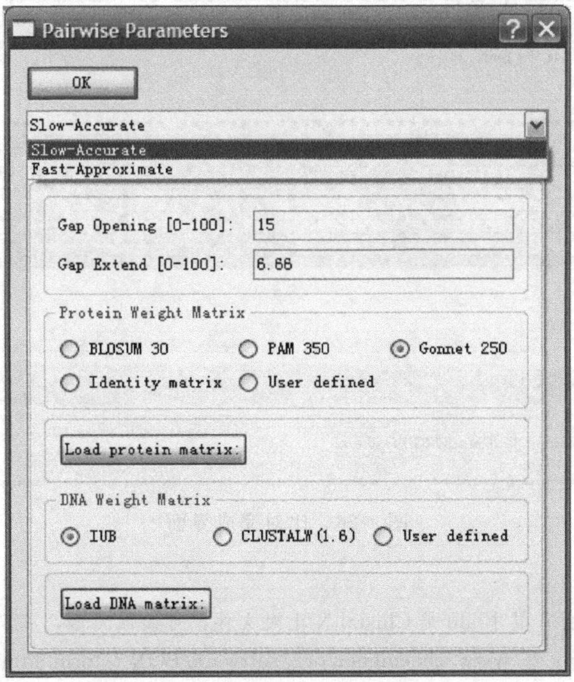

图 4-24　双序列比对参数设置

［3］完全比对

返回菜单栏选择“Complete Alignment”标签，此时会弹出输出文件路径的设置窗口，设置 Output Guide Tree（输出向导树或指导树）、Output Alignment File（输出比对文件）的保存位置（存放路径），点击“OK”按钮，程序自动开始序列的完全比对，比对所需时间因序列文件大小和序列长度、计算机性能而异，如图 4-25 所示。

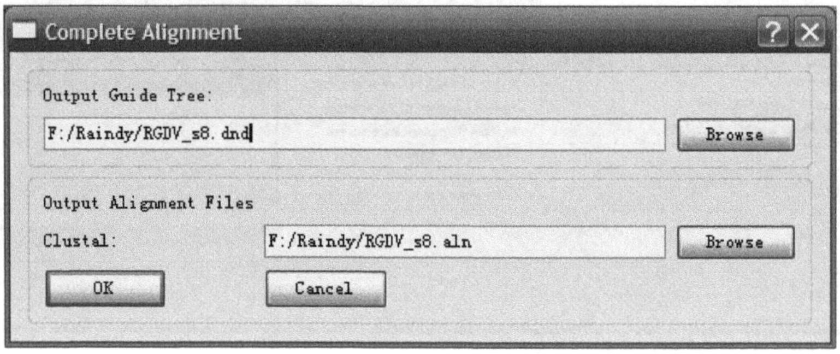

图 4-25　完成比对输出设置

［4］结果输出

当主界面的左下角状态栏出现“CLUSTAL-Alignment File created［*.aln］”的提示时，如图 4-26 所示，说明比对已经完成，这时文件保存位置的目录下会生成两个文件，文件扩展名分别为 aln 和 dnd。

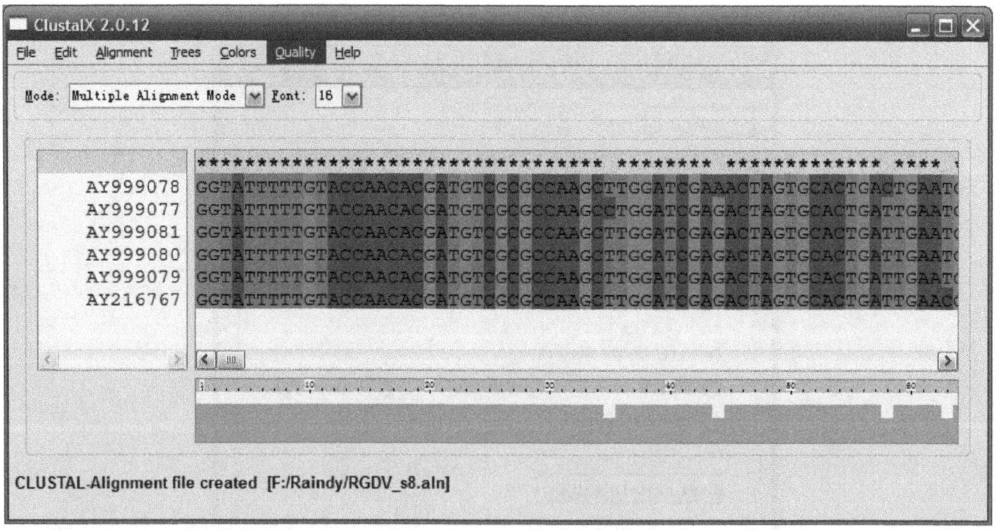

图 4-26　比对完成界面

［5］结果解读

比对生成的两个文件，其中 aln 是 Clustal X 比对文件，可读性欠佳，可以用序列着色软件进行处理，如 Boxshade（http://www.ch.embnet.org/software/BOX_form.html）、ESPript（http://espript.ibcp.fr/ESPript/cgi-bin/ESPript.cgi）。dnd 是向导树（指导树）文件，可以用 TreeViews 软件查看树图。图 4-27 为 Boxshade 着色处理后的比对文件。

```
AY999078   241 CGGCTGACCGGCATGCGTACATGCTGCAAAAGAATTGGTTTGACTCAGATGTAGCGCCAA
AY999077   241 CGGCTGACCGGCATGCGTACATGCTGCAGAAGAATTGGTTTGACTCAGATGTAGCGCCAA
AY999081   241 CGGCTGACCGGCATGCGTACATGCTGCAAAAGAATTGGTTTGACTCAGATGTAGCGCCAA
AY999080   241 CGGCTGACCGGCATGCGTACATGCTGCAAAAGAATTGGTTTGACTCAGATGTAGCGCCAA
AY999079   241 CGGCTGACCGGCATGCATACATGCTGCAAAAGAATTGGTTTGACTCAGATGTAGCGCCAA
AY216767   241 CGGCTGACCGGCATGCGTACATGCTGCAAAAGAATTGGTTTGACTCAGATGTAGCGCCAA
consensus  241 ****************.***********.*******************************

AY999078   301 ACGTTACAACAGATAATTTCATAGCTACATACATTAAACCTCGGTTTTCAAGAACAGTGT
AY999077   301 ACGTTACAACAGATAATTTCATAGCTACATACATTAAACCTCGGTTTTCAAGAACAGTGT
AY999081   301 ACGTTACAACAGATAATTTCATAGCTACATACATTAAACCTCGGTTTTCAAGAACAGTGT
AY999080   301 ACGTTACAACAGATAATTTCATAGCTACATACATTAAACCTCGGTTTTCAAGAACAGTGT
AY999079   301 ACGTCACAACAGATAATTTCATAGCTGCATACATTAAACCTCGGTTTTCGAGAACAGTGT
AY216767   301 ACGTTACAACAGATAATTTCATCGCAACATACATTAAACCTCGGTTTTCAAGAACAGTGT
consensus  301 ****.*****************.**..**********************.**********
```

图 4-27 Boxshade 着色处理后的比对文件

4.3 基因结构识别

4.3.1 ORF 识别及其可靠性验证

mRNA 需要翻译为蛋白质并发挥其生物学功能，因而核酸序列的开放阅读框（open reading frame，ORF）的分析便成为核酸分析一个重要内容。由于一个 ORF 就是一个潜在的蛋白质编码区，确定 DNA 序列的编码区，就需要检测该段序列中有多少个 ORF，并验证所预测 ORF 的可靠性。

目前有三种检验方法可以用来验证所预测 ORF 的可靠性（Staden and Mclachlan，1982；Staden，1990），具体如下：

第一种是基于一种在 ORF 上发现不寻常的序列变异类型，即每个第 3 碱基趋向于相同的概率远大于仅仅由随机产生的概率。GCG 软件包的 TESTCODE 程序可以提供序列中每个第 3 碱基的非随机性标示。

第二种是通过分析确定 ORF 的密码子是否与那些用于同一生物其他基因中的密码子一致，可以使用 GCG 软件包中的 CODONFREQUENCY 程序进行分析。

第三种是比对法，将所预测的 ORF 翻译成氨基酸序列，然后将结果序列与现有数据库进行 BLASTP 比对，如果发现 1 个或多个显著相似的序列，则所预测 ORF 的可信度就比较高（Gish and States，1993）。

对于原核生物来说，编码区只含有一个单独的 ORF；而对于真核生物而言，由于其编码区被内含子分隔成若干个不连续的外显子，因此分析真核基因的编码区时，需要正确识别出内含子和外显子的边界（Mignone et al.，2005）。

ORF 中起始密码子 ATG 前后的碱基具有特定的偏好性，在分析 ORF 过程中，“Kozak 规则”可以为我们提供重要参考。所谓的“Kozak 规则”，即第一个 ATG 侧翼序列的碱基分布所满足的统计规律，若将第一个 ATG 中的碱基 A、T、G 分别标为 1、2、3 位，则 Kozak 规则可描述如下：

（1）第 4 位的偏好碱基为 G。

（2）ATG 的 5′端约 15bp 范围内的侧翼序列内不含碱基 T。

（3）在第 3、6 和 9 位，G 为偏好碱基。

（4）除第 3、6 和 9 位，在整个侧翼序列区中，C 为偏好碱基。

Kozak 规则是基于已知数据的统计结果，以上条件不需要全部满足。一般来说，满足前面两项即可。

ORF 分析工具较多，常见的 ORF 在线预测工具详见表 4-4，其中最为常用的是 NCBI 提供的 ORF Finder（Rombel et al.，2002），它是一个图形化的 ORF 分析工具，可以找到序列中潜在的 ORF，也可以对所预测的 ORF 进行验证。

表 4-4　常见的 ORF 在线预测工具

名　称	网　址	说　明
ORF Finder	http://www.ncbi.nlm.nih.gov/projects/gorf/	适用于任何 DNA 序列
GeneMark. hmm	http://exon.biology.gatech.edu/gmhmm2_prok.cgi http://exon.biology.gatech.edu/eukhmm.cgi	适用于原核生物 适用于真核生物
Glimmer	http://www.ncbi.nlm.nih.gov/genomes/MICROBES/glimmer_3.cgi	适用于细菌、病毒等微生物
GlimmerHMM	http://nbc11.biologie.uni-kl.de/framed/left/menu/auto/right/glimmerhmm	适用于真核生物

【实例分析】 应用 ORF Finder 预测水稻瘤矮病毒（RGDV）S8 片段的 ORF。

研究背景：为构建融合蛋白的表达载体，需要对 RGDV S8 片段的基因序列（GenBank 登录号：AY216767）进行 ORF 分析并确定其位置，为设计表达引物提供信息。

[1] 提交序列

打开 ORF Finder 在线服务器，输入待分析序列的 GI 号或登录号（AC），当然也可以支持直接粘贴 FASTA 格式的序列，如图 4-28 所示。

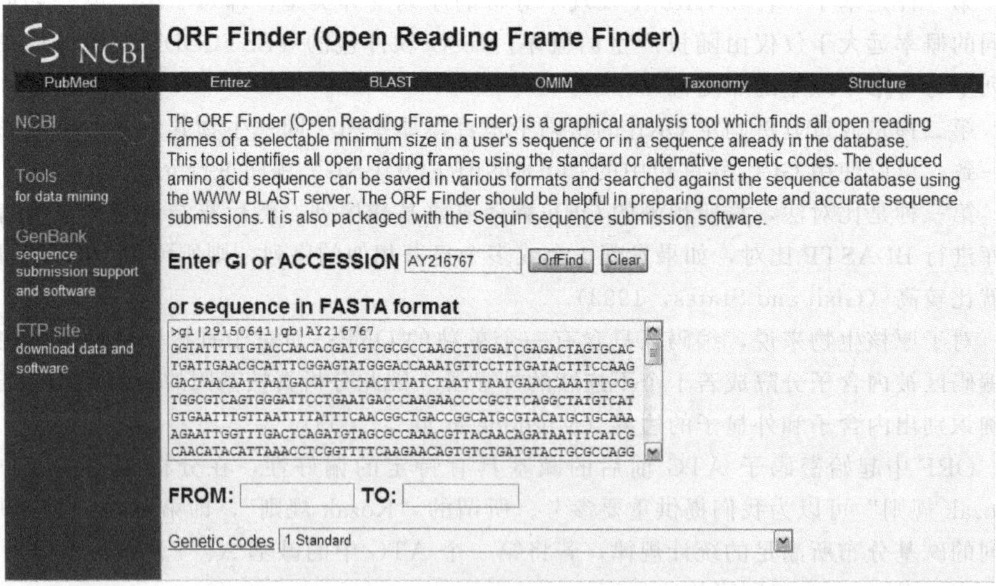

图 4-28　ORF Finder 主界面

[2] 参数设置

ORF Finder 默认分析的是全长序列，可以根据实际分析需要，设置序列的长度，如 21～1301bp；遗传密码默认使用标准密码子，ORF Finder 提供了 22 种遗传密码可供选择，只需在下拉菜单中进行选择即可。这里我们使用默认参数，设置完毕，按下“OrfFind”按钮开始 ORF 预测。

[3] 预测结果

ORF Finder 预测结果（图 4-29）给出 6 个阅读框中可能的 ORF 图示、编码相位、位置及长度。从预测结果可以看出，一个 DNA 序列可能有多个 ORF。相对而言，一段连续较长的 ORF 比较短的 ORF 更有可能是编码序列。当然目前也有某些较短的 ORF 可能独立编码短肽的相关报道（Gonzalez-Pastor et al.，1994）。

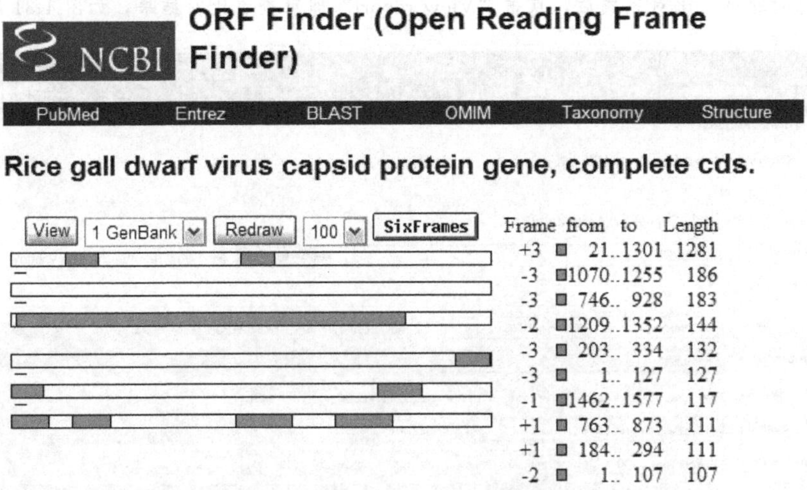

图 4-29 ORF Finder 预测结果

这里选择+3 相位的 ORF，点击阅读框（图 4-30 箭头所指位置），此时选择的 ORF 颜色由原来的绿色变为紫色，图示下方出现核酸序列及对应翻译的氨基酸序列。

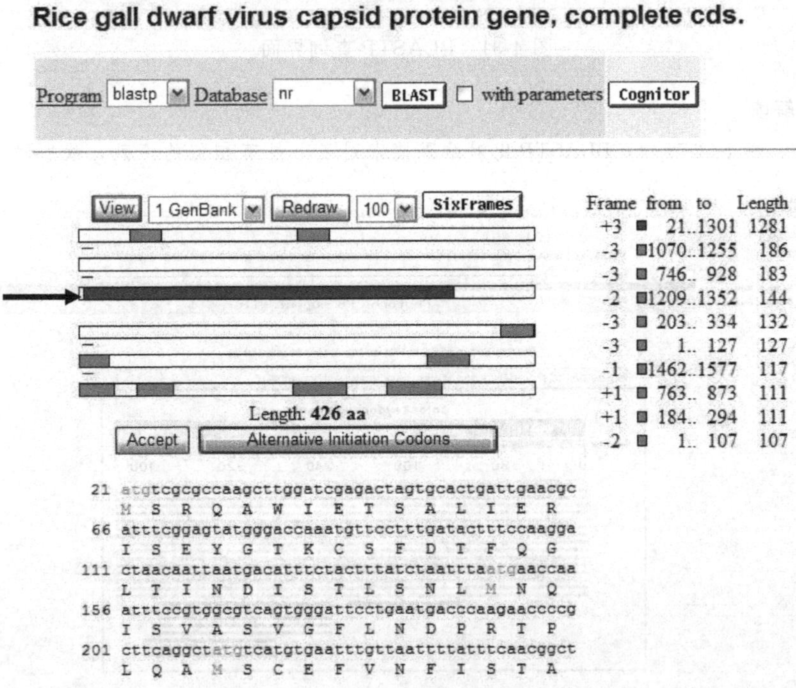

图 4-30 选取预测的 ORF

下面，我们要对选定的ORF进行可靠性验证，ORF Finder中提供一种验证法——比对法，即前文提到的第三种验证方法。

[4] 验证参数设置

在验证前，先设置一下比对参数，这里我们使用默认参数，即“Program”→“BLASTp”，“Database”→“nr”。是否带参数比对，可以根据实际分析需要进行选择。设置完毕，点击“BLAST”按钮即可进行比对验证。比对完成后，点击“View report”即可查看比对结果，如图4-31所示。

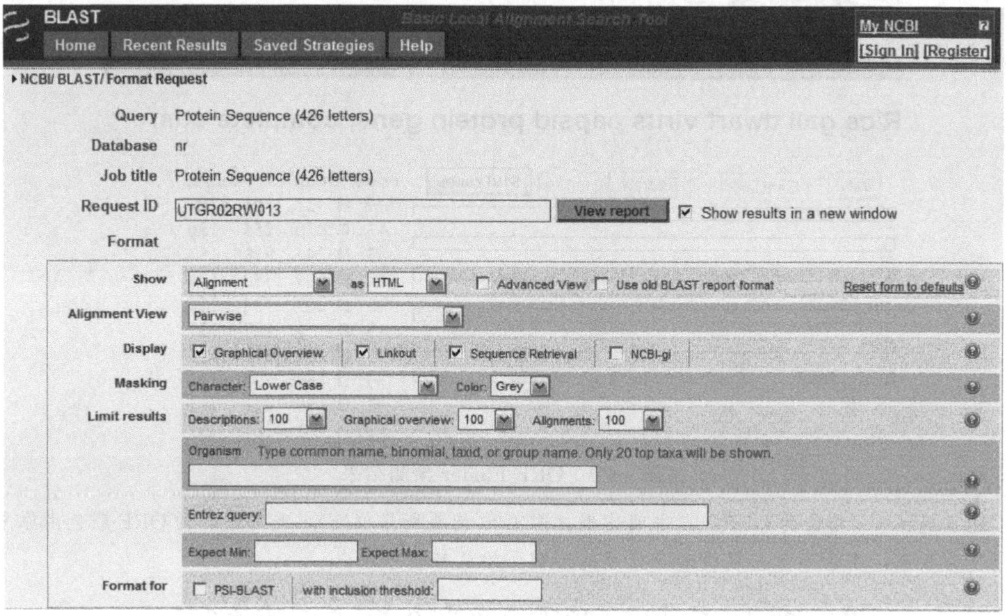

图4-31　BLASTP查询界面

[5] 结果解读

从图4-32、图4-33可知，BLASTP比对结果搜索到多个显著相似的序列，故所预测ORF的可

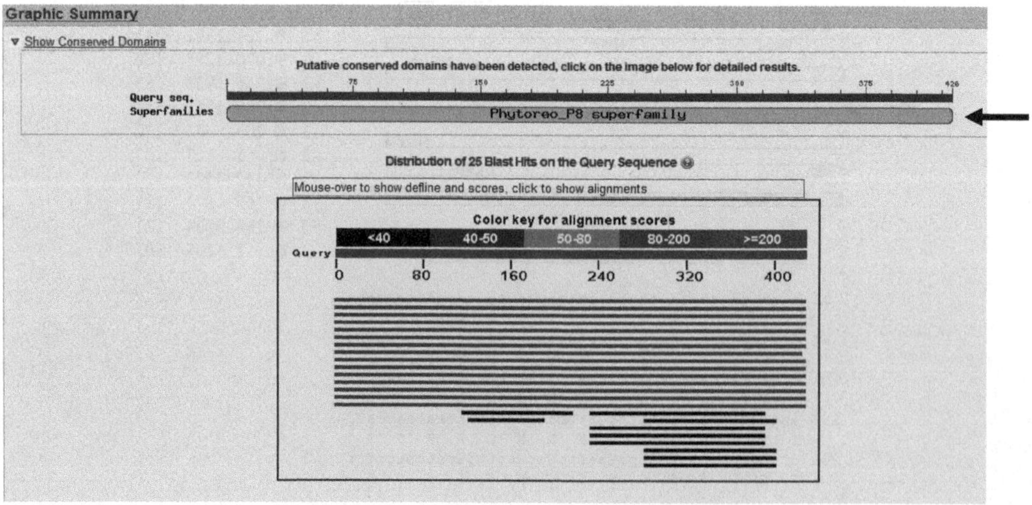

图4-32　BLASTP比对结果总览图

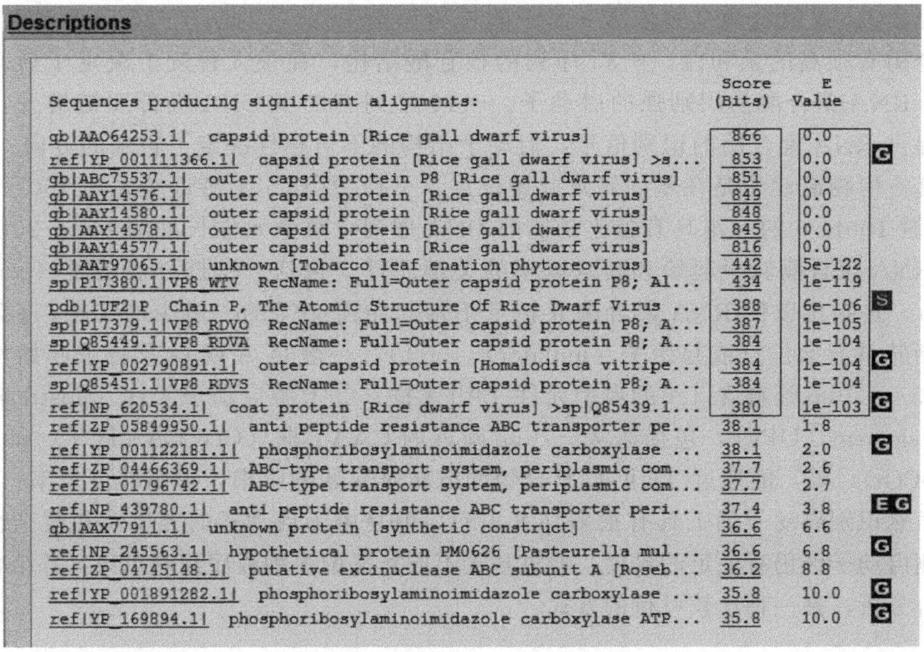

图 4-33　BLASTP 比对结果描述

信度比较高。若要获取该 ORF 所编码的蛋白质序列，可以点击图 4-30 中的“Accept”按钮后，在“1 GenBank”的下拉框选择“3 Fasta”，并点击“View”按钮，即可获取该 ORF 所编码的蛋白质序列。

4.3.2　启动子及转录因子结合位点分析

启动子（promoter）是 RNA 聚合酶识别、结合并开始转录所必需的一段 DNA 序列。原核生物启动子序列包括：CAP 序列（增强聚合酶的结合和转录的起始序列）（－70～－40），识别区（－35），解旋区（－10），转录起始位点（＋1）。不同的启动子都存在保守序列，包括 RNA 聚合酶识别位点和结合位点。

（1）－10 序列。在转录起点上游大约－10 处，有一个 6bp 的保守序列 TATAAT，称 Pribnow 框。此段序列出现在－4 到－13bp 之间，每个位点的保守性在 45%～100%，各碱基出现的频度是：T89 A89 T50 A65 A65 T100。据预测，Pribnow 框中，一开始的 TA 和第 6 位最保守的 T 在结合 RNA 聚合酶时起十分重要的作用。目前认为，Pribnow 框决定转录方向。酶在此部位与 DNA 结合形成稳定的复合物，Pribnow 框中 DNA 序列在转录方向上解开，形成开放型起始结构，它是 RNA 聚合酶牢固的结合位点，是启动子的关键部位。RNA 聚合酶的结合，诱导富含 AT 的 Pribnow 框的双链解开，然后进一步扩大成 17 个核苷酸长度的泡状物，在泡状物中 RNA 聚合酶从模板链开始转录 RNA 产物。

（2）－35 序列。只含－10 序列的 DNA 不能转录，在－10 序列上游还有一个保守序列，其中心约在－35 位置，称为－35 序列，此序列为 RNA 酶的识别区域。各碱基出现频度是：T85 T83 G81 A61 C69 A52，其中 TTG 十分保守。－35 序列的功能是原核 RNA 聚合酶全酶依靠 σ 因子的初始识别位点。因此，−35 序列对 RNA 聚合酶全酶有很高的亲和性。−35 序列的核苷酸结构，在很大程度上决定了启动子的强度，RNA 聚合酶易识别强的启动子。−10 序列有助于 DNA 局部双链解开，−35 序列提供 RNA 聚合酶的识别信号，启动子结构的不对称性决定了转录的方向。

真核生物启动子是在基因转录起始位点（+1）及其 5′上游近端大约 100～200bp（或下游 100bp）的一组具有独立功能的 DNA 序列，每个元件长度约为 7～20bp，是决定 RNA 聚合酶转录起始和转录频率的关键元件。包括：①核心启动子（core promoter），是指足以使 RNA 聚合酶Ⅱ转录正常起始所必需的、最少的 DNA 序列，其中包括转录起始位点或起始子（initiator）（+1），一般是 A 或 G 及转录起始位点上游−25/−30bp 处富含 TA 的典型元件 TATA 框；②上游启动子元件（upstream promoter element，UPE），包括通常−70bp 附近的 CAAT 框（GGCCAATCT）和 GC 框（GGGCGG）等，能通过 TFⅡ-D 复合物调节转录起始的频率，提高转录效率。

虽然识别启动子的工具有很多（表 4-5），但是由于启动子的异质性和复杂性，正确预测启动子区仍有一定的难度。通过基于不同算法的多种程序预测对比，并结合序列的综合分析，是一种比较可行的方式。

表 4-5　常见的启动子与转录因子结合位点分析工具

名　称	网　址	说　明
Promoter 2.0	http://www.cbs.dtu.dk/services/Promoter/	
Promoter Scan Ⅱ	http://www-bimas.cit.nih.gov/molbio/proscan	启动子预测分析
PromoterInspector	http://www.genomatix.de/promoterinspector.html	
TF2 SEARCH	http://www.cbrc.jp/research/db/TFSEARCH.html	转录因子结合位点
SIGNAL SCAN	http://thr.cit.nih.gov/molbio/signal/	

下面以真核基因 *GRP 78* 为例，预测启动子及转录因子结合位点。

【实例分析】 应用 Promoter Scan 识别启动子区并预测与该区可能结合的转录因子。

［1］提交序列

打开 Promoter Scan 主页，粘贴目标序列，点击“submit”按钮提交，如图 4-34 所示。

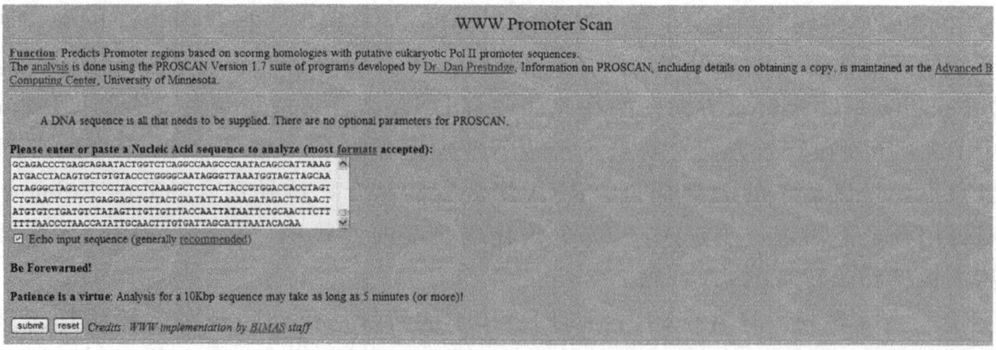

图 4-34　Promoter Scan 界面

[2] 结果分析

从图 4-34 的结果中可知，预测的启动子区在 352 至 602 之间（序列全长 7124 bp），启动子阈值系统默认为 53.00，预测的启动子分值为 78.69，远高于阈值。分值越高，说明预测的准确性越大。

与该启动子区域可能结合的转录因子如图 4-35 所示。

```
Promoter region predicted on reverse strand in 602 to 352
Promoter Score: 78.69 (Promoter Cutoff = 53.000000)


Significant Signals:
 Name                    Strand  Location  Weight
UCE.2                      -        602      1.278000
GCF                        -        598      2.361000
TTR_inverted_repeat        +        593      3.442000
GCF                        +        592      2.284000
element_II_rs-4            +        571      25.816999
CBF                        -        560      4.303000
AP-2                       -        494      1.355000
AP-2                       -        492      1.108000
H4TF1                      +        489      2.099000
UCE.2                      -        474      1.278000
CTF                        -        467      1.704000
junB-US2                   +        427      1.510000
GCF                        -        394      2.361000
AP-2                       -        389      1.108000
UCE.2                      +        389      1.216000
E4F1                       -        375      3.764000
E4F1                       -        375      3.824000
ATF/CREB                   -        375      1.564000
CREB                       +        370      3.331000
ATF                        +        370      1.591000
EivF/CREB                  +        369      1.564000
EivF                       +        369      3.227000
c-fos_US5                  +        369      3.824000
E4TF1                      +        369      1.750000
EARLY-SEQ1                 -        366      6.322000
Sp1                        -        364      3.292000
AP-2                       -        364      1.355000
Sp1                        +        359      3.361000
JCV_repeated_sequenc       +        359      1.658000
Sp1                        +        359      7.086000
Sp1                        +        358      3.608000
Sp1                        +        358      5.934000
Sp1                        +        358      17.211000
(Sp1)                      +        357      4.876000
```

图 4-35 Promoter Scan 预测结果

4.3.3 重复序列分析

原核基因组中除 rRNA、tRNA 基因有多个拷贝外，重复序列（repetitive sequences）不多。哺乳动物基因组中则存在大量重复序列（Xing et al.，2009）。复性动力学等实验表明有 3 类重复序列。

（1）高度重复序列（highly repetitive sequences）。这类序列一般较短，长 10～300bp，在哺乳类基因组中重复 10^6 次左右，占基因组 DNA 序列总量的 10%～60%，人的基因组中这类序列约占 20%，功能还不明确。

（2）中度重复序列（moderately repetitive sequences）。这类序列多数长 100～500bp，重复 10～10^5 次，占基因组 10%～40%。例如，哺乳类中含量最多的一种称为 Alu 的序列，长约 300bp，在哺乳类动物不同种属间相似，在基因组中重复 3×10^5 次，在人的基因组中约占7%，功能还不是很清楚。在人的基因组中18S/28S rRNA基因重复280次，5S rRNA基因重复2000次，tRNA基因重复1300次，5种组蛋白的基因串连成簇重复30～40次，这些基因都可归入中度重复序列范围。

（3）单拷贝序列（single copy sequences）。这类序列基本上不重复，占哺乳类基因组的50%～80%，在人基因组中约占65%。绝大多数真核生物中蛋白质编码的基因在单倍体基因组中都不重复。

由于重复序列的大量存在常会影响序列的正确分析，如影响数据库的搜索和同源性分析，或导致错误的功能注释等，因此在对真核基因进行分析前，最好能把重复序列找出来，并从序列中屏蔽掉。

【实例分析】 使用RepeatMasker在线服务器屏蔽重复序列。

RepeatMasker（Chen，2004；Tarailo-Graovac and Chen，2009）是常见的重复序列屏蔽软件之一，其网址为http：// www. repeatmasker. org/cgi-bin/WEBRepeatMasker。本例以拟南芥（*Arabidopsis thaliana*）的一段富含重复序列的片段为例，对其序列中的重复序列进行屏蔽。

主要操作步骤如下：

[1] 提交序列

打开RepeatMasker主页，上传或粘贴待分析的基因序列，选择“wu-BLAST”作为搜索引擎，如图4-36所示，其他参数使用默认值，并点击“Submit Sequence”按钮。

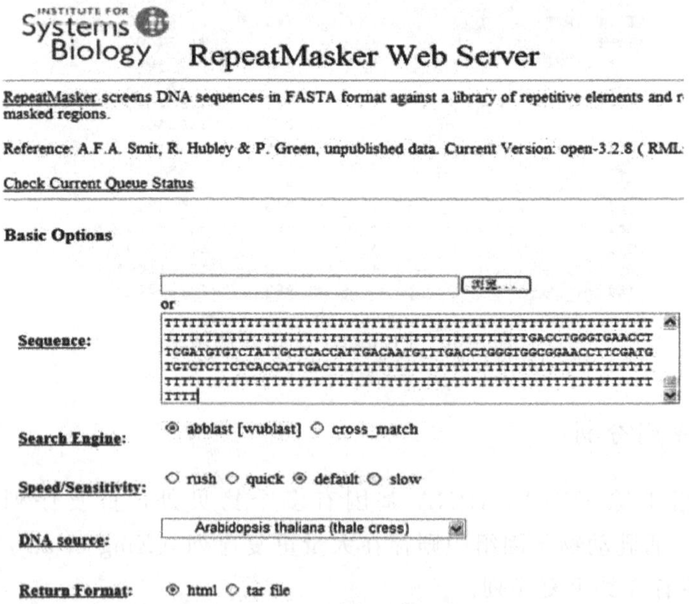

图4-36 RepeatMasker主界面

[2] 基本参数设置

（1）Search Engine（搜索引擎）：这里选择abBLAST [wuBLAST]，cross _ match主要应用于去载体后的比对。

（2）Speed/Sensitivity（速度/灵敏度）：选用“default”（默认）。其他还有“rush”（极快）、“quick”（快速）、“slow”（慢速）3个选项，可根据分析需要进行相应选择。

(3) DNA source（DNA 物种）：根据目的序列选择物种，这里选择“Arabidopsis thaliana”。

(4) Return Method（返回结果方式）：选择“html”（网页）方式，即可分析，结果以网页形式返回；当然也可以选择“email”（电子邮件）方式，填写邮件地址即可。

[3] 结果分析

在输出序列中，被屏蔽的重复序列用“N”表示，如图 4-37 所示。

```
>UnnamedSequence
CAGTTAAGTATTGATAACTTGACCTGGATATTATTTTTGGCATTTAATGT
TCAGCAAGCTAGTTTTGACCATGTACTTTCCTATTCGTAAGTGACTGTGC
TTTGGAATATACTAGAAAATGTATGTAAAATGTCTGGTTTTAAAAAGATG
AAACCACAATATATTCAATTCCCTTTGGAAGTTAGCCATGTATCGCTTTT
CTAAATTTTACAAAAAGGAGAGTTACAAAACGTTACTCTGTTAATCAAGG
ATAAGGCTGAAATGGAGAGTTTTTTTTTTTAATGGAAATGGACTGCACTA
TAAAAACATTTGATTGAAATGAAAGAAGCTGTAATGTGGTCAAATGATGA
TTTCTATCTTAATGCTGGACTGATGCAAGCCAAAGAAGGGTCAATGTTGC
CGCAGGATTACAAGCCCTGCTGAAAGAGATGCATGATGCAACCTCTGTAG
TGAACAGAGTCAACTCTTGAGTCACCAGTCTAACCTTTGAGAAGCACTAA
GGAAAAAGAAAATTCTTGAGTACTGAGTCACAGGCTCAACATCTTAATAA
AGTGTGTTTAGGATGTTTTAGTGGTATCTGGACACAGTATACCCATGAAT
CTCAAATATTTCATATCAGAGCTTTGCCCTTTCCATAGTAGGTCCTCCAA
AAACATTCCTCAAACAAATGAANNNNNNNNNNNNNNNNNNNNNNNNNNNN
NNNNNNNNNNNNNNNNNNNNNNNNNNNNNNNNNNNNNNNNNNNNNNNNNN
NNNNNNNNNNNNNNNNNNNNNNNNNNNNNNNNNNNNNNNNNNNNNNNNNN
NNNNNNNNNNNNNNNNNNNNNNNNNNNNNNNNNNNNNNNNNNNNNNNNNN
NNNNNNNNNNNNNNNNNNNNNNNNNNNNNNNNNNNNNNNNNNNNNNNNNN
ATGTGTCTGATGTCTATAGTTTGTTGTTTACCAATTATAATTCTGCAACT
TCTTTTTTAACCCTAACCATATTGCAACTTTGTGATTAGCATTTAATACA
CAAATCACACCTACCTAGGTTTGTATTGTTGGCAAAACCTTTNNNNNNNN
NNNNNNNNNNNNNNNNNNNNNNNNNNNNNNNNNNNNNNNNNNNNNNNNNN
NNNNNNNNNNNNNNNNNNNNNNNNNNNNNNNNNNNNNNNNNNNNNNNNNN
NNNNNNNNNNNNNNNNNNNNNNNNNNNNNNNNNNGTTTGACCTGGGTGGC
GGAACCTTCGATGTGTCTCTTCTCACCATTGACAATANNNNNNNNNNNNN
NNNNNNNNNNNNNNNNNNNNNNNNNNNNNNNNNNNNNNNNNNNNNNNNNN
NNNNNNNNNNNNNNNNNNNNNNNNNNNNNNNNNNNNNNNNNNGACCTGGG
TGAACCTTCGATGTGTCTATTGCTCACCATTGACAATGTTTGACCTGGGT
GGCGGAACCTTCGATGTGTCTCTTCTCACCATTGACNNNNNNNNNNNNNN
NNNNNNNNNNNNNNNNNNNNNNNNNNNNNNNNNNNNNNNNNNNNNNNNNN
NNNNNNNNNNNNNNNNNNNNNNNNNNNNNNNNNNNNNN
```

图 4-37 屏蔽重复序列后的输出序列

从结果中还可以下载到“Annotation file”和与 Repbase 数据库自动比对的“Alignment File”，限于篇幅，此处从略。

4.3.4 CpG island

CpG island 又称为 HTF island，是 DNA 上的一个区域，此区域富含 GC，两者以磷酸酯键（p）相连。CpG island 定义为一个至少含有 200bp 的区域，其中 CpG 的观察值/预测值比例（Obs/Exp，*Y* 值）大于 0.6 且 GC 含量大于 50%，长度约几百到几千 bp 不等。CpG island 经常出现在管家基因（housekeeping gene）或频繁表达的基因的启动子附近，在这些部位，CpG island 具有阻止序列甲基化的作用（Larsen et al.，1992）。因此，搜索 CpG island 可以为基因及其启动子的预测提供重要的线索。

【实例分析】 使用 CpGPlot/CpGReport/Isochore 预测 CpG island。

EMBL 开发的在线工具 CpGPlot/CpGReport/Isochore（Liu et al.，2008）是预测 CpG island 最为常用的工具之一，其网址为 http://www.ebi.ac.uk/Tools/emboss/cpgplot/index.html。

本实例以人类 *GRP78* 基因启动子区为分析对象演示 CpG island 的预测。

主要操作流程：

[1] 提交序列

进入 CpGPlot/CpGReport/Isochore 主页面，输入基因启动子区序列，点击“Run”按钮，如图 4-38 所示。

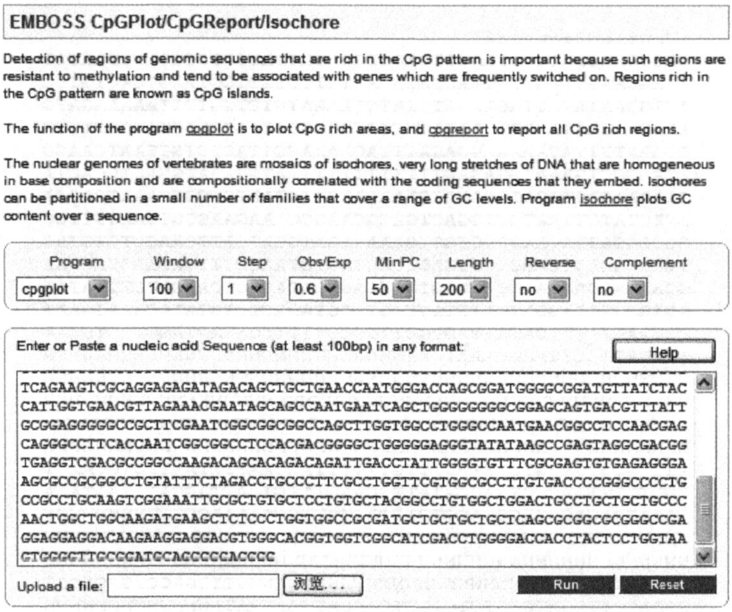

图 4-38 CpGPlot/CpGReport/Isochore 界面

[2] 参数设置

(1) Program：含有三个分析 CpG island 程序。CpGPlot 以直方图的形式显示 Obs/Exp、GC 含量和 CpG island 的位置；CpGreport 以报表的形式反映 CpG island；isochore 展示整个序列的 CpG island。

(2) Window：是计算 CG 含量和 CpG island 的窗口范围，其取值有 100、200、300 和 400 四种。

(3) Step：设值 1、2、5 和 10，是每次窗口移动的碱基数。

(4) Obs/Exp：是每 10 个移动窗口中，最小的平均观察值与期望值之比，即计算结果的信噪比。可取值 0.6、0.7、0.8、0.9 和 1.0，本例选 0.6。

(5) MinPC：每 10 个移动窗口中，最小的平均 GC 含量。

(6) Length：设定 CpG island 的最小长度，本例设为 200。

(7) Reverse：用于是否选择计算目标序列的反向序列。

(8) Complement：用于选择是否计算目标序列的互补序列。这里选用默认参数。

[3] 结果分析

从图 4-39 中可以明显看到该启动子区有一个 CpG island，长度大约是 510 bp。

4.3.5 3′UTR 区

基因的转录需要转录终止信号，真核生物的转录终止信号是在 3′非翻译区（untranslated region，UTR）的多聚 A 尾巴（AATAAA），简称 polyA。转录终止信号和转录起始信号一样对于划分基因序列具有重要意义。

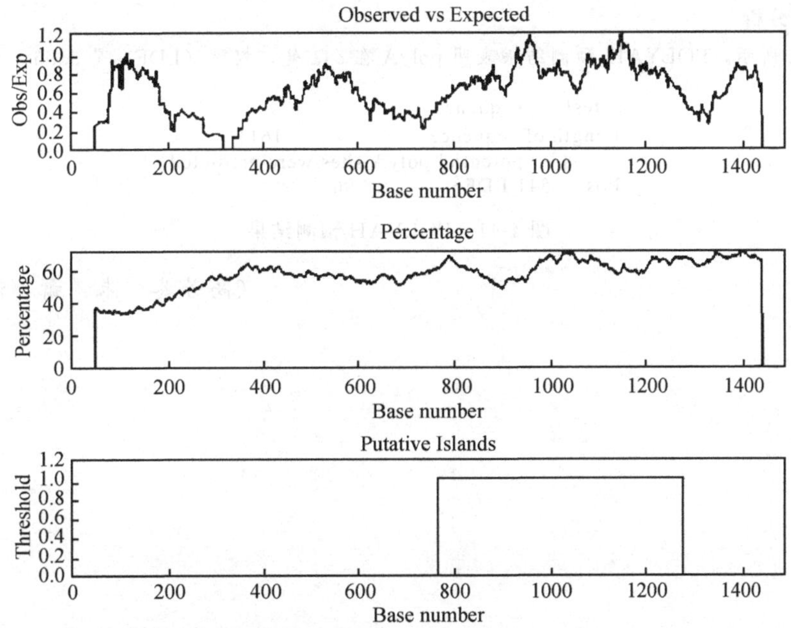

CPGPLOT islands of unusual CG composition
EMBOSS_001 from 1 to 1497

Observed/Expected ratio > 0.60
Percent C+Percent G > 50.00
Length > 200

Length 510 (770..1279)

图 4-39 分析结果

【实例分析】 使用 POLYAH 程序（Salamov and Solovyev，1997）预测基因的 polyA 信号。本例选用人类 *GRP78* 基因 3′UTR 区为分析对象，简要介绍 polyA 的预测。

[1] 提交序列

打开 POLYAH 主页（http://linux1.softberry.com/berry.phtml? topic = polyah&group = programs & subgroup=promoter），粘贴入基因序列，点击“PROCESS”按钮，如图 4-40 所示。

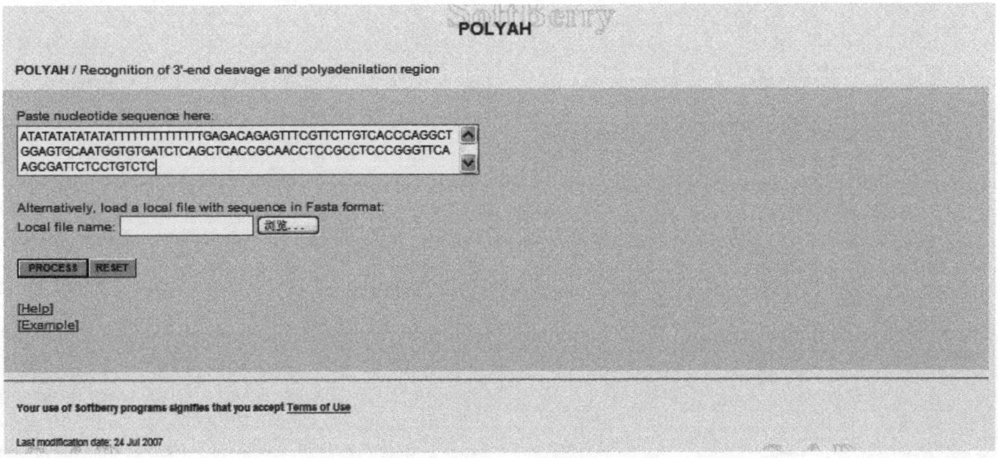

图 4-40 POLYAH 程序界面

[2] 结果分析

如图 4-41 所示，POLYAH 预测结果表明 polyA 在 541 处，权重（LDF）是 3.96。

```
> test      sequence
Length of sequence-              1611
      1    potential polyA sites were predicted
Pos.:  541 LDF-          3.96
```

图 4-41　POLYAH 预测结果

（高芳銮　朱　萧　沈建国）

第五章　蛋白质序列分析

5.1　蛋白质序列的基本性质分析

蛋白质序列的基本性质分析是蛋白质序列分析的基本方面，一般包括蛋白质的理化性质、亲水性/疏水性、跨膜区、信号肽、Coil 区分析及结构功能域等方面的分析。蛋白质的功能特征大都可以通过直接分析其序列而获得。

5.1.1　理化性质分析

蛋白质的理化性质分析是蛋白质序列分析的基本内容之一。根据组成蛋白质的 20 多种氨基酸的物理和化学性质，可以对其基本特征（参数）进行分析，一般包括分子质量、分子式、理论等电点（pI）、氨基酸组成、消光系数、稳定性等理化特征。

通过利用氨基酸的理化性质开发的计算工具可以分析电泳等实验中的未知蛋白质，也可以反过来分析已知蛋白质的理化特征。目前对蛋白质理化性质的预测分析是了解未知蛋白质的一个重要手段，这对相关的实验工作具有一定的指导意义，尤其在色谱和 2D-电泳中具有重要的参考价值。

【实例分析】 利用 ProtParam 工具分析水稻瘤病毒 P8 蛋白质的理化性质。

计算分析未知蛋白质理化性质的工具非常多，其中最为出名的是 Geneva 大学的 ExPASy 服务器（http://us.expasy.org/tools/protparam.html）。该服务器主要提供的服务有：鉴定 2-D 凝胶电泳中分离得到的未知蛋白质及进行相关分析，同时也可以为层析、沉降等实验提供参考数据。

此处以水稻瘤矮病毒（RGDV）的外层衣壳蛋白 P8 为例，通过 ProtParam 工具数据分析的结果为 P8 蛋白质的表达、分离、纯化提供参考依据。操作如下：

(1) 打开 ExPASy 服务器上的 ProtParam 工具，将目的序列以 FASTA 格式粘贴入表单中，也可以直接输入 Swiss-Prot/TrEMBL 的序列登录号或标识符（AC/ID）后，点击“Compute parameters”即可提交，如图 5-1 所示。

(2) 程序运行结果如图 5-2 所示，依次给出了 P8 蛋白的氨基酸数（number of amino acids）、分子质量（molecular weight）、理论等电点（theoretical pI）、氨基酸组分（amino acid composition）、正/负电荷残基总数（total number of positively/negatively charged residues）、原子组成（atomic composition）、分子式（formula）、原子总数（total number of atoms）、消光系数（extinction coefficients）、不稳定指数（instability index）、脂肪指数（aliphatic index）、总平均亲水性（grand average of hydropathicity，GRAVY）。从分析结果中，我们可知 P8 的分子质量约为 47kDa、理论等电点 pI 为 7.62，总共包括 6663 个原子，分子式为 $C_{2129}H_{3320}N_{568}O_{631}S_{15}$；在组成 P8 蛋白的 20 种氨基酸中，丝氨酸（Ser）所占的比例最高，达到 9.86%，而组氨酸（His）所占的比例最低，为 0.47%；P8 蛋白的不稳定指数为 42.19，脂肪指数为 92.68，根据 Guruprasad 方法表明 P8 蛋白不稳定。

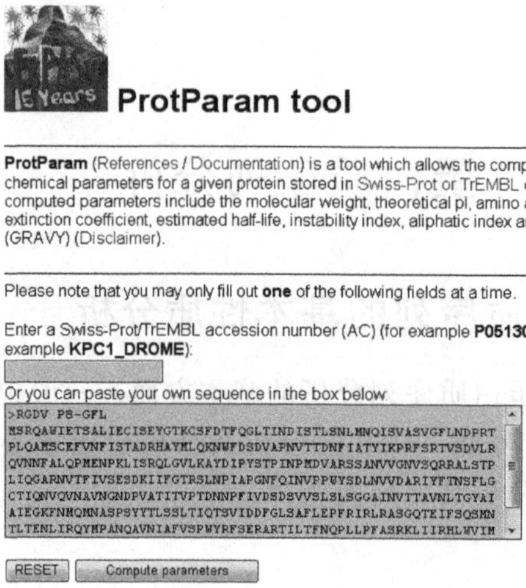

图 5-1　ProtParam 工具的提交界面

Number of amino acids: 426

Molecular weight: 47450.1

Theoretical pI: 7.62

Amino acid composition:

Ala	(A)	31	7.3%
Arg	(R)	23	5.4%
Asn	(N)	36	8.5%
Asp	(D)	19	4.5%
Cys	(C)	4	0.9%
Gln	(Q)	20	4.7%
Glu	(E)	11	2.6%
Gly	(G)	17	4.0%
His	(H)	2	0.5%
Ile	(I)	36	8.5%
Leu	(L)	32	7.5%
Lys	(K)	8	1.9%
Met	(M)	11	2.6%
Phe	(F)	26	6.1%
Pro	(P)	23	5.4%
Ser	(S)	42	9.9%
Thr	(T)	32	7.5%
Trp	(W)	5	1.2%
Tyr	(Y)	14	3.3%
Val	(V)	34	8.0%
Asx	(B)	0	0.0%
Glx	(Z)	0	0.0%
Xaa	(X)	0	0.0%

Total number of negatively charged residues (Asp + Glu): 30
Total number of positively charged residues (Arg + Lys): 31

Atomic composition:

Carbon	C	2129
Hydrogen	H	3320
Nitrogen	N	568
Oxygen	O	631
Sulfur	S	15

Formula: $C_{2129}H_{3320}N_{568}O_{631}S_{15}$
Total number of atoms: 6663

Extinction coefficients:

Conditions: 6.0 M guanidium hydrochloride
0.02 M phosphate buffer
pH 6.5

图 5-2　ProtParam 预测结果

5.1.2 疏水性分析

组成蛋白质的20种氨基酸各自带有不同极性的侧链基团。氨基酸侧链的疏水性，用从各氨基酸的疏水性减去甘氨酸疏水性之值来表示（Tanford C，1978）。疏水性氨基酸在蛋白质内部，由于其疏水的相互作用，在保持蛋白质三级结构的形成和稳定中起着重要作用。

表5-1（阎隆飞和孙之荣，1999）列举了20种氨基酸疏水特性的参数，较高正值的氨基酸具有较强的疏水性，而较低负值的氨基酸则具有较强的亲水性。由于不同方法采用的标准不同，所得到的参数也相差较大，但大体上还是一致的，目前使用较多是Kyte & Doolittle法（K-D法）。

表5-1 20种氨基酸残基的疏水参数

氨基酸	K-D法	埃氏法	米氏法	F-P法	沃氏法
Ile (I)	4.5	0.73	0.74	1.80	2.15
Val (V)	4.2	0.54	0.61	1.22	1.99
Leu (L)	3.8	0.53	0.65	1.70	2.28
Phe (F)	2.8	0.61	0.67	1.79	−0.76
Cys (C)	2.5	0.04	0.67	1.54	−1.24
Met (M)	1.9	0.26	0.71	1.23	−1.48
Ala (A)	1.8	0.25	0.20	0.31	1.94
Gly (G)	0.4	0.16	0.06	0	2.39
Thr (T)	−0.7	−0.18	−0.26	0.26	−4.88
Ser (S)	−0.8	−0.26	−0.34	−0.04	−5.06
Trp (W)	−0.9	0.37	0.45	2.25	−5.88
Tyr (Y)	−1.3	−0.02	−0.22	0.96	−6.11
Pro (P)	−1.6	−0.07	−0.44	0.72	未测
His (H)	−3.2	−0.40	0.04	0.13	−10.27
Glu (E)	−3.5	−0.62	−1.09	−0.64	−10.20
Asn (N)	−3.5	−0.64	−0.69	−0.60	−9.368
Gln (Q)	−3.5	−0.69	−0.74	−0.22	−9.38
Asp (D)	−3.5	−0.72	−0.72	−0.77	−10.95
Lys (K)	−3.9	−1.1	−2.00	−0.99	−9.52
Arg (R)	−4.0	−1.8	−1.34	−1.01	−19.92

【实例分析】 使用ProtScale程序在线分析RGDV P8蛋白质的疏水性。

分析蛋白质疏水性有ExPASy服务器的ProtScale程序，如图5-3所示，该站点提供蛋白质的50多种不同属性供用户选择使用，并为每一种氨基酸输出相应的分值。

本例仍以RGDV P8蛋白为研究对象，进一步分析P8蛋白的疏水性。

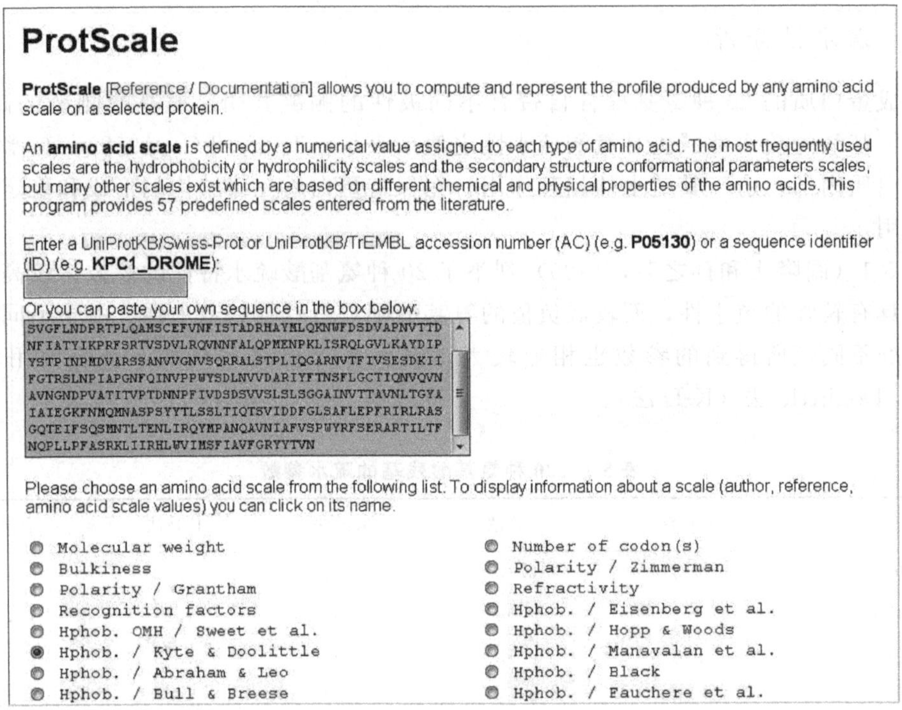

图 5-3　ProtScale 程序主界面

[1] 提交序列

访问 ExPASy 服务器（http://www.expasy.org/cgi-bin/protscale.pl），提交数据可以是 Swiss-Prot 数据库的序列登录号（AC）或文本格式的蛋白质序列。

[2] 参数设置

默认分析内容是"Hphob. /Kyte & Doolittle"，即计算基于 K-D 法的蛋白质疏水性，如图 5-3 所示。使用 ProtScale 程序分析蛋白质的疏水性时，需要对窗口参数（windows size）进行调整，该参数用于估算每种氨基酸残基的平均显示尺度，默认值为 9，为使亲水性/疏水性区域更加明显，可以适当根据分析目的调整该参数。

[3] 结果解读

如图 5-4 所示，P8 蛋白 C 端位置有一个典型的疏水性区域。

【实例分析】 使用生物学软件 BioEdit 分析蛋白质的疏水性。

BioEdit 是 Tom Hall 公司开发的一款非常不错的分子生物学应用软件，可对核酸序列和蛋白质序列进行一系列的分析操作，该软件的分析内容非常丰富，如多序列比对、引物设计、BLAST 搜索、限制性酶切分析等，而且提供了很多网络程序的分析界面和接口。该软件是免费软件，可从官方网站下载，网址为：http://www.mbio.ncsu.edu/BioEdit/BioEdit.html。

为方便比较，仍以 RGDV P8 蛋白为分析对象，使用 BioEdit 软件对其进行疏水性分析。

针对分析目的，主要操作如下：

[1] 载入序列

运行 BioEdit，依次打开"File"→"Open"，选择待分析的目的序列（FASTA 格式），打开序列的界面如图 5-5 所示。

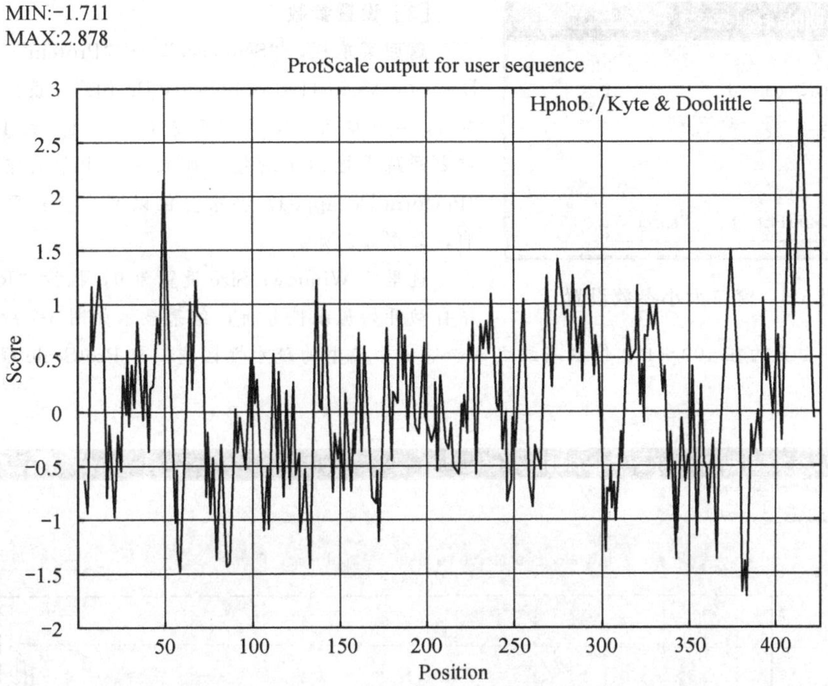

图 5-4 使用 ProtScale 程序分析 RGDV P8 蛋白的疏水性

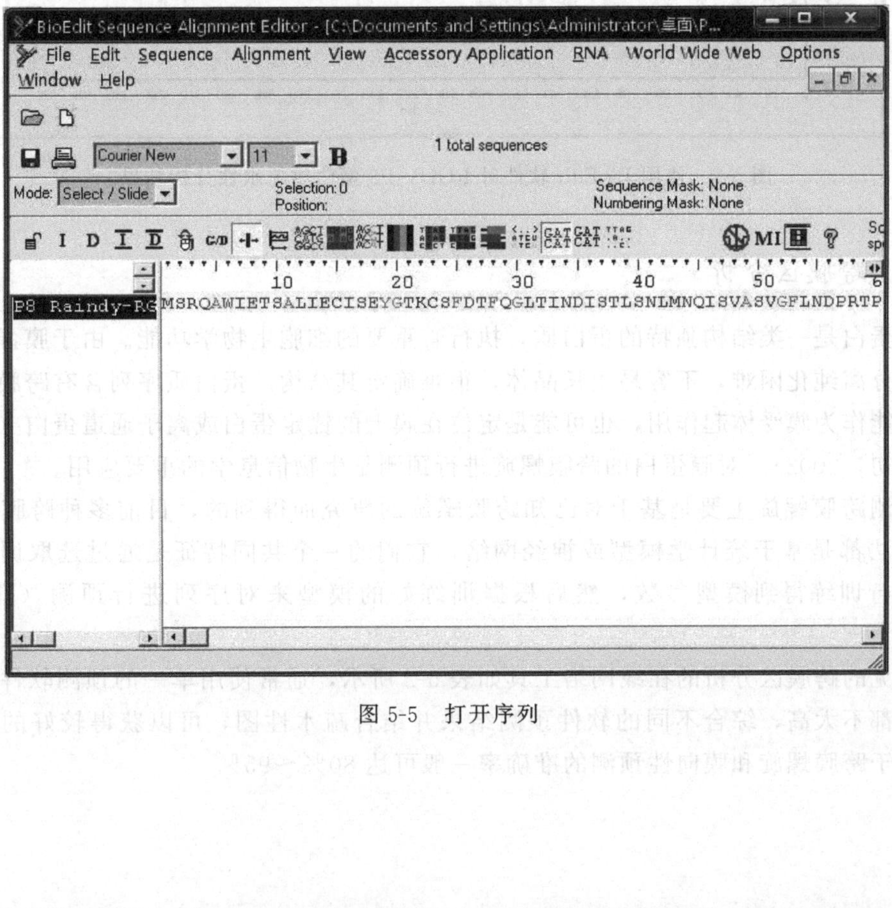

图 5-5 打开序列

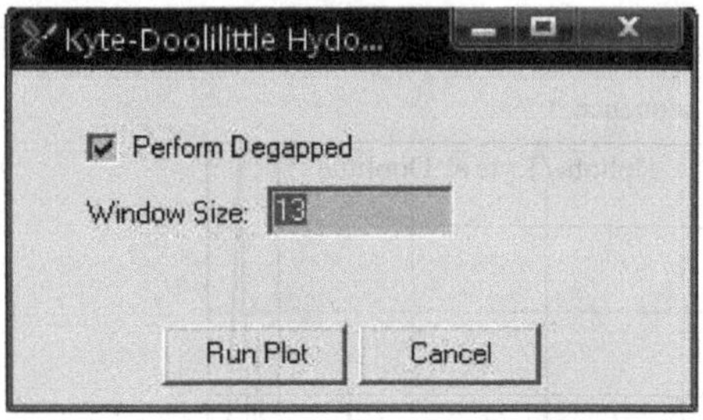

图 5-6 窗口大小参数设置

[2] 设置参数

返回菜单栏，"Sequence" → "Protein" → "Kyte & Doolittle Mean Hydrophobicity Profile"，设置窗口大小参数 n，默认值为 13，即显示 9（$=n-4$）到 17（$=n+4$）位之间疏水性的平均值。如果序列中带有空位，可选中"Perform Degapped"去除空位以减少空位罚分造成的影响，如图 5-6 所示。

这里将 Windows Size 设置为 9，执行"Run Plot"程序自动开始疏水性分析，结果显示如图 5-7 所示。从结果可知，P8 蛋白大约在 400～420 位氨基酸之间含有一个典型的疏水性区域，与 ProtScale 程序分析结果一致。

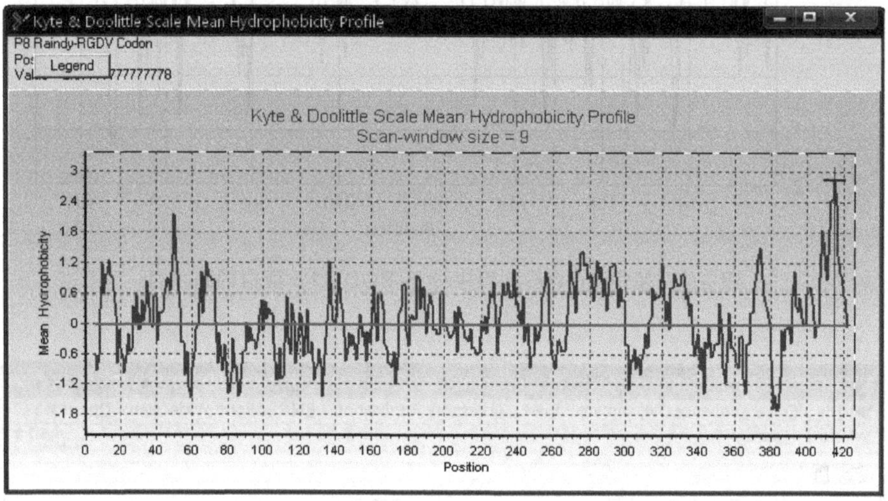

图 5-7 使用 BioEdit 软件对 RGDV P8 蛋白质疏水性分析结果

5.1.3 跨膜区分析

膜蛋白是一类结构独特的蛋白质，执行着重要的细胞生物学功能。由于膜蛋白不溶于水，分离纯化困难，不容易生长晶体，很难确定其结构。蛋白质序列含有跨膜区，提示它可能作为膜受体起作用，也可能是定位在膜上的锚定蛋白或离子通道蛋白（张成岗和贺福初，2002）。对膜蛋白的跨膜螺旋进行预测是生物信息学的重要应用。

预测跨膜螺旋主要是基于对已知跨膜螺旋的研究而得到的，目前多种跨膜蛋白预测的算法都是基于统计学模型或神经网络，它们的一个共同特征是通过选取训练集对模型进行训练得到模型参数，然后根据训练好的模型来对序列进行预测（邓勇等，2004）。

常见的跨膜区分析的在线网络工具如表 5-2 所示，通常使用单一的预测软件分析的准确性都不太高，综合不同的软件预测结果并结合疏水性图，可以获得较好的预测结果，对于跨膜螺旋和膜向性预测的准确率一般可达 80%～95%。

表 5-2 常见的跨膜区分析在线网络工具

名 称	网 址	说 明
TMHMM	http://www.cbs.dtu.dk/services/TMHMM/	判定某蛋白是否为膜蛋白
TMpred	http://ch.embnet.org/software/TMPRED_form.html	准确预测跨膜蛋白的跨膜片段
TMP	http://www.mbb.ki.se/tmap/	采用多序列比对方式预测跨膜区

自然存在的跨膜蛋白数据库 Tmbase（Hofmann K and Stoffel W，1993）来源于 Swiss-Prot 数据库，并提供给每个序列一些附加信息，如跨膜结构区的数量、位置及其侧翼序列情况。该数据库可通过匿名 FTP 方式获得（http://www.isrec.isb-sib.ch/ftp-server/tmbase）。

【实例分析】 使用 TMHMM Server v.2.0 对 RGDV P8 蛋白进行跨膜区分析。

TMHMM 是一个基于隐马尔可夫模型（Hidden Markov Models，HMM）预测跨膜螺旋的程序，它综合了跨膜区疏水性、电荷偏倚、螺旋长度和膜蛋白拓扑学限制等性质，可对跨膜区及膜内外区进行整体预测。由于其在区分可溶性蛋白和膜蛋白方面尤为见长，故常用于判定一个蛋白是否为膜蛋白。

研究背景：上节使用 K-D TGREASE 算法能有效地检测出 RGDV P8 蛋白高疏水性的区域，但不能据此说明 P8 蛋白含有跨膜区，因为水溶性球状蛋白的内埋区也是基本为疏水性的。故可以使用 TMHMM 软件分析 P8 蛋白以确定其是否为跨膜蛋白。

针对分析目的，主要操作流程如下：

[1] 打开在线工具

打开 TMHMM 在线网址，其主界面如图 5-8 所示。

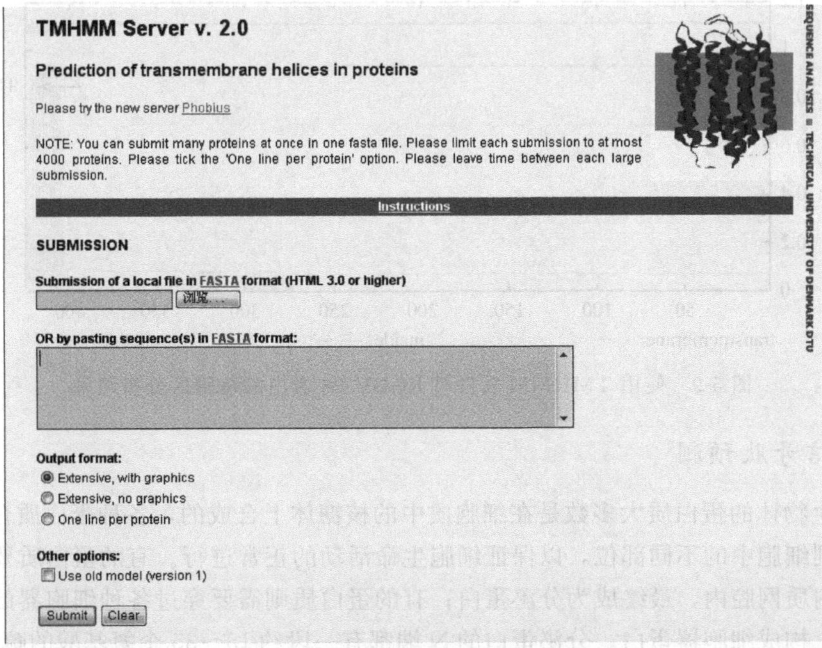

图 5-8 TMHMM 主页面

[2] 提交数据

在主页面中的“Submission”标签下方，上传 FASTA 格式的序列文件或在文本框中直接粘贴入序列文本。

[3] 参数设置

输出格式有三个选项，分别是：①Extensive，With graphics（图形化显示）；②Extensive，No graphics（不以图形显示）；③One line per protein（每个蛋白逐行显示）。若进行大批量的跨膜区预测，可以选择③选项输出结果。本例选择默认使用选项①。

[4] 结果解读

TMHMM 服务器返回的结果如下：

```
TMHMM                                                                  result
#RGDV Length:426
#RGDV Number of predicted TMHs: 1
#RGDV Exp number of AAs in TMHs: 21.03271
#RGDV Exp number,first 60 AAs: 0.00996
#RGDV Total prob of N-in:        0.06925
RGDV     TMHMM2.0     outside        1   405
RGDV     TMHMM2.0     TMhelix      406   425
RGDV     TMHMM2.0     inside       426   426
```

TMHMM2.0 预测结果显示，P8 蛋白的 1～405 位氨基酸位于细胞膜表面，406～426 位氨基酸之间形成一个典型的跨膜螺旋区，如图 5-9 所示，与该蛋白质的疏水性区域分析结果基本一致，表明 P8 蛋白可能是一个与细胞信号传导有关的膜受体蛋白。

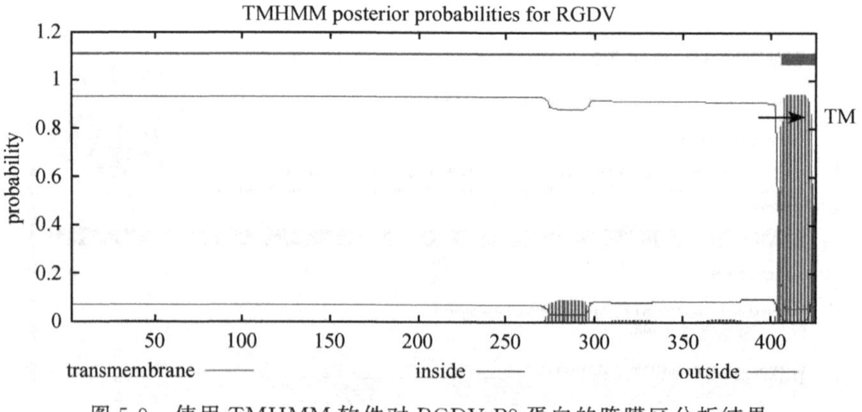

图 5-9 使用 TMHMM 软件对 RGDV P8 蛋白的跨膜区分析结果

5.1.4 信号肽预测

组成生物体的蛋白质大多数是在细胞质中的核糖体上合成的，各种蛋白质合成之后要分别运送到细胞中的不同部位，以保证细胞生命活动的正常进行。有的蛋白质要通过内质网膜进入内质网腔内，最终成为分泌蛋白；有的蛋白质则需要穿过各种细胞器的膜，进入细胞器内，构成细胞器蛋白。分泌蛋白的 N 端都有一段约 15～35 个氨基酸的疏水性肽段，其功能是引导蛋白质多肽链穿过内质网膜进入腔内，称为信号肽（signal peptide）。

为了解释动物细胞的分泌蛋白质通过细胞膜的机理，美国科学家 Gunter Blobel 于

1975 年提出蛋白质跨膜运输的信号肽学说。该学说认为：在细胞中先由游离核糖体和分泌蛋白质，mRNA 形成翻译复合体。当内质网结合核糖体仍处于游离状态时，即已开始翻译多肽链，并在分泌蛋白 N 端产生信号肽（15～35 个氨基酸），这个信号肽被识别后将游离核糖体引导至内质网膜。这个过程包括：核糖体上的一种信号识别蛋白（即 SRP 受体），一方面识别分泌蛋白的信号肽，另一方面又与内质网上的受体识别颗粒结合，从而使游离核糖体固着于内质网；分泌蛋白进而依靠信号肽穿过内质网膜并继续合成，延长肽链；合成终止后，分泌蛋白进入内质网腔内，信号肽在穿膜后就被腔内的信号肽酶水解切除（刘雅婷和李正跃，2005）。

根据氨基酸组成及其位置特征，可以将信号肽划分为 4 大类：①分泌信号肽（含 RR-motif 信号肽）；②脂蛋白信号肽；③Pilin-like 信号肽；④细菌素和信息素信号肽。

不同的信号肽组成的氨基酸有所不同，但基本长度约为 15～35 个氨基酸，主要由三个 domain 组成：N-region、H-region 和 C-region。N-region 为正电荷区域，至少含有 1 个精氨酸（R）或赖氨酸（K）；H-region 为疏水核，一般长度约为 12～14 个氨基酸；C-region包含信号肽酶（SPase）的剪切位点，在信号肽酶剪切位点－1 位和－3 位上多为中性的丙氨酸，故该区域也称为富含丙氨酸区域。信号肽大致结构示意图如图 5-10 所示。

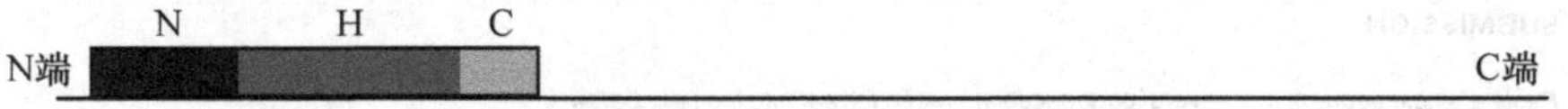

图 5-10　信号肽特征示意图

N. N-region；H. H-region；C. C-region

常见的信号肽预测工具详见表 5-3。

表 5-3　信号肽预测的在线工具

工　具	网　址	说　明
ChloroP	http://www.cbs.dtu.dk/services/ChloroP/	预测植物中叶绿体转运肽
LipoP	http://www.cbs.dtu.dk/services/LipoP/	预测革兰氏菌中的信号肽酶Ⅰ、Ⅱ的剪切位点
NetNES	http://www.cbs.dtu.dk/services/NetNES/	预测富含亮氨酸的核输出信号
SecretomeP	http://www.cbs.dtu.dk/services/SecretomeP/	预测真核生物中非经典类型的和无导肽的分泌蛋白
SignalP	http://www.cbs.dtu.dk/services/SignalP/	预测革兰氏阳性菌（G^+）、革兰氏阴性菌（G^-）、真核生物中信号肽
MITOPROT	http://ihg.gsf.de/ihg/mitoprot.html	预测线粒体、叶绿体信号肽
PlasMit	http://gecco.org.chemie.uni-frankfurt.de/plasmit	线粒体转运肽

【实例分析】 使用 SignalP 3.0 server 对水稻条纹病毒 NSVc2 蛋白进行信号肽预测。

SignalP 是一款由丹麦技术大学生物序列分析中心开发的强大的信号肽检测工具，主要采用人工神经网络和 HMM 模型两种算法，预测蛋白质 N 端信号肽的有无及其剪切位点。

研究背景：NSvc2 蛋白是由水稻条纹病毒（*rice stripe virus*，RSV）RNA 的毒义互补链（virus complementary sense RNA，vcRNA）2 编码的蛋白，Ramirez 和 Haenni（1994）根据纤细病毒属 vcRNA2 编码的 NSvc2 蛋白与白岭热病毒属（*Phlebovirus*）相应蛋白之间氨基酸序列的相似性，推断这个蛋白为膜结合糖蛋白。NSvc2 蛋白可以在灰飞虱唾液腺、中肠内腔和上皮细胞中检测到，且可以和病害特异性蛋白（disease-specific protein，SP）在中肠积累，形成纤维质状的电子质不透明内含体（fibrillar electron-opaque，FEO），NSvc2 蛋白和 SP 都有可能在病毒与昆虫介体的识别过程中起作用。

本例使用 SignalP 3.0 server 对 RSV 的 NSvc2 蛋白进行信号肽预测。主要操作流程如下：

[1] 提交数据

联网至 SignalP 3.0 server 服务器，SignalP 3.0 server 主界面如图 5-11 所示，以 FASTA 格式在文本框位置粘贴入待分析的目的序列或直接上传 FASTA 格式的序列文件。

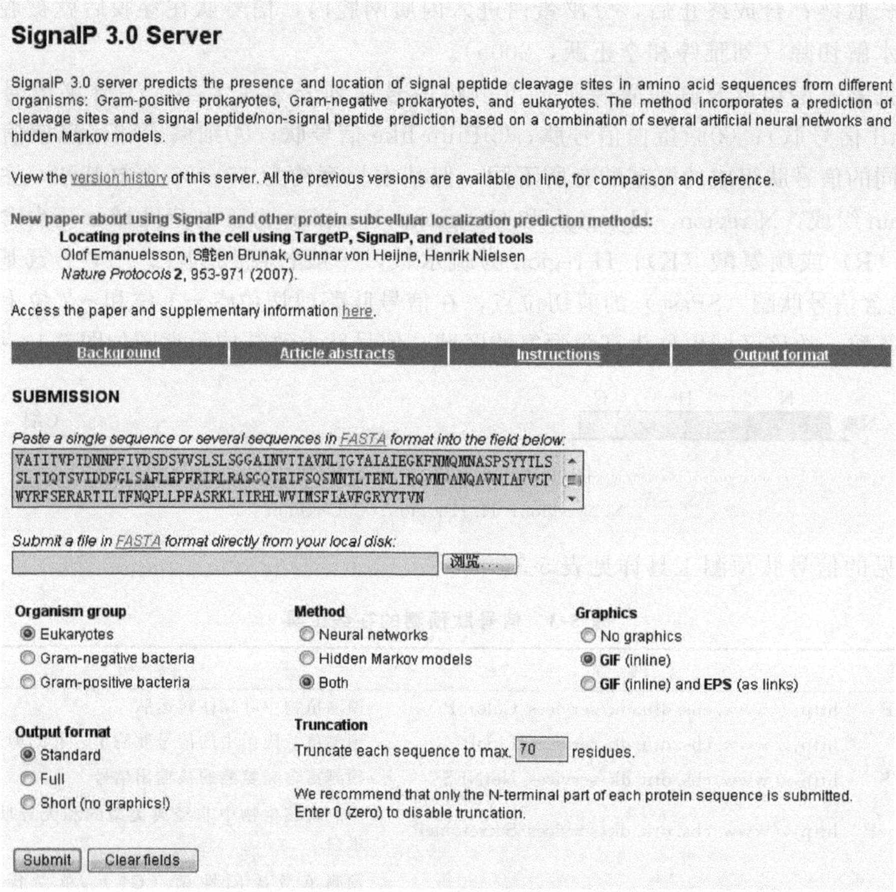

图 5-11　SignalP 3.0 server 预测信号肽的主界面

[2] 参数设置

根据分析对象的物种特性及目的要求，参数设置如下：

(1) Organism group（类别）：病毒的寄主是植物，故此处选择真核训练集。

(2) Method（算法）：选择“Both”，同时使用“神经网络”和“HMM”两种算法预测。

(3) Graphics（图形）：选择默认值“GIF (inline)”。

(4) Out format（输出格式）：选用默认值“Standard”以标准方式输出。

参数设置完毕，直接按下“Submit”按钮初始化 SignalP 3.0 进行预测。预测结果分为两大部分，分别是基于人工神经网络算法的预测结果和基于 HMM 算法的预测结果，如图 5-12 所示。

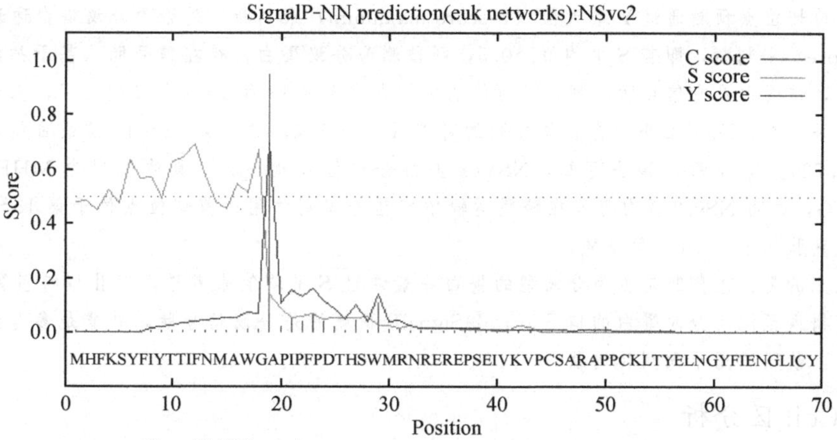

SignalP-NN result：
\# data
＞NSVc2　　　　　　length＝70

# Measure	Position	Value	Cutoff	Signal peptide?
max. C	19	0.945	0.32	YES
max. Y	19	0.695	0.33	YES
max. S	12	0.692	0.87	NO
mean S	1-18	0.549	0.48	YES
D	1-18	0.622	0.43	YES

\# Most likely cleavage site between pos. 18 and 19：AWG-AP

图 5-12　SignalP 基于神经网络算法预测结果

[3] 结果解读

图 5-12 中的 C score 表示剪切位点分值（*C* 值），S score 表示信号肽分值（*S* 值），Y score 表示综合剪切点分值（*Y* 值）。图 5-13 中的 n-region prob. 表示 N-region 的分值，h-region prob. 表示 H-region 的分值，c-region prob. 表示 C-region 的分值。

SignalP-HMM result：

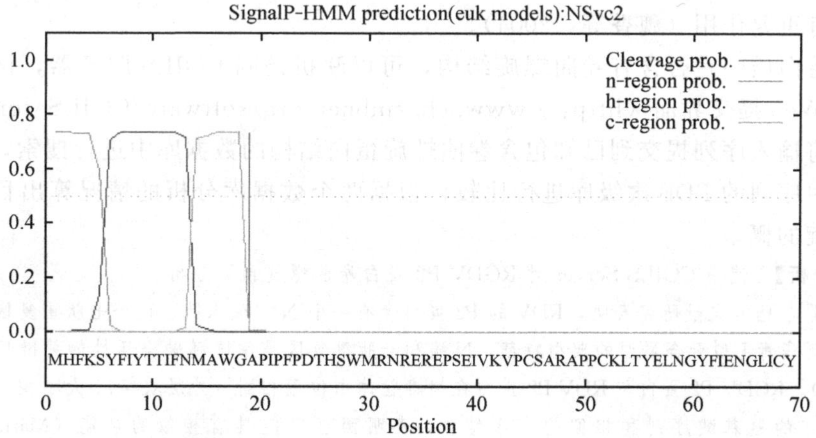

\# data
＞NSVc2
Prediction：Signal peptide
Signal peptide probability：0.734
Signal anchor probability：0.001
Max cleavage site probability：0.729 between pos. 18 and 19

图 5-13　SignalP 基于 HMM 算法的预测结果

信号肽剪切位点预测通过 Y 最大值（Y-score maximum）来判断，是否为分泌蛋白通过 S 平均值（mean S-score）来判断，即若 S 平均值>0.5，则预测为分泌蛋白，存在信号肽。基于神经网络算法的结果表明，该蛋白具有信号肽序列，最可能的剪切点位于第 18 和 19 位氨基酸之间；基于 HMM 算法的预测结果可知，NSVc2 蛋白存在信号肽的可能性为 0.734，位于第 18～19 位最可能剪切位点的可能性为 0.729。综合两种算法可知，NSVc2 蛋白含有信号肽序列，具体序列为 MHFKSYFIYTTIFNMAWG，说明 NSvc2 蛋白可能在跨膜运输中起信号识别作用；剪切位点位于第 18～19 位氨基酸，表明成熟肽始于第 18 位氨基酸。

需要注意的是：①判断是否为分泌型的蛋白一般通过 S 平均值来考量，但Ⅱ型跨膜蛋白的 N 端序列可能被错误预测为分泌蛋白的信号肽；②SignalP 预测的是分泌信号肽，并非是参与细胞内信号传递的蛋白，故不适用于预测转运肽。

5.1.5 Coil 区分析

卷曲螺旋（coiled coil）是蛋白质中由 2～7 条 α 螺旋链互相缠绕形成类似麻花状结构的总称。目前已发现的天然卷曲螺旋的主要存在形式为由 2～5 条 α 螺旋链相互缠绕而形成的平行或反平行同寡聚体或异寡聚体。卷曲螺旋是控制蛋白质寡聚化的元件，含有卷曲螺旋结构的蛋白质主要是一些转录因子、骨架蛋白、动力蛋白、膜蛋白、酶等，在机体内执行着分子识别、代谢调控、细胞分化、肌肉收缩、膜通道等生物学功能。

七肽重复区（heptad repeat，HR）是典型的卷曲螺旋结构类型之一，HR 是由多个七肽单元连接而成的重复序列。不同蛋白质或多肽链中组成卷曲螺旋的七肽单元的数量不同，每个重复序列中的 7 个氨基酸残基依次用 a-b-c-d-e-f-g 表示。a、d 位多为非极性疏水氨基酸残基，如亮氨酸（L）、异亮氨酸（I）、缬氨酸（V），这些位置的氨基酸残基特异性地位于卷曲螺旋结构的内侧。e、g 位多为极性带电荷氨基酸，如赖氨酸（K）和谷氨酸（E）等，这些氨基酸残基位于 a、d 位氨基酸残基相互作用所形成的疏水核心的外侧。这 4 个位置上的氨基酸残基对于整个卷曲螺旋结构的稳定性及特异性的维持均具有重要作用（魏香等，2004）。

预测蛋白质中是否含有卷曲螺旋结构，可以联机访问 COILS 服务器，该服务器提供简单的 Web 提交界面（http://www.ch.embnet.org/software/COILS_form.html）。其原理是将输入序列提交到已知包含卷曲螺旋蛋白结构的数据库中进行搜索，同时与包含球状蛋白序列的 PDB 次级库进行比较，根据两个数据库分析的情况算出目的序列形成卷曲螺旋的概率。

【实例分析】 使用 COILS Server 对 RGDV P2 蛋白卷曲螺旋预测分析。

研究背景：已有文献研究表明，RDV 的 P2 蛋白含有一个 N 端疏水肽、两个七肽重复区和一个跨膜区，具有胞膜病毒Ⅰ型融合蛋白的典型特征，N 端和七肽重复区是细胞膜融合活性的关键位点（Zhou F et al.，2007）。RGDV P2 蛋白与 RDV P2 蛋白在病毒粒体中位置相同（外层衣壳）、大小相似（127kDa），具有高度保守的氨基酸序列和相似的一级结构，表明两者可能具有相似的功能（Maruyama et al.，1997）。本例使用 COILS Server 对 RGDV P2 蛋白卷曲螺旋预测，分析其是否也含有与 RDV P2 蛋白类似的七肽重复区。

针对分析目的，大致流程如下：

[1] 提交序列

联机访问 COILS Server，主界面如图 5-14 所示。程序支持多种序列输入格式，如 FASTA 格式的序列文本、Swiss-Prot ID 或序列登录号（AC），一次可以提交一条或多条序列。

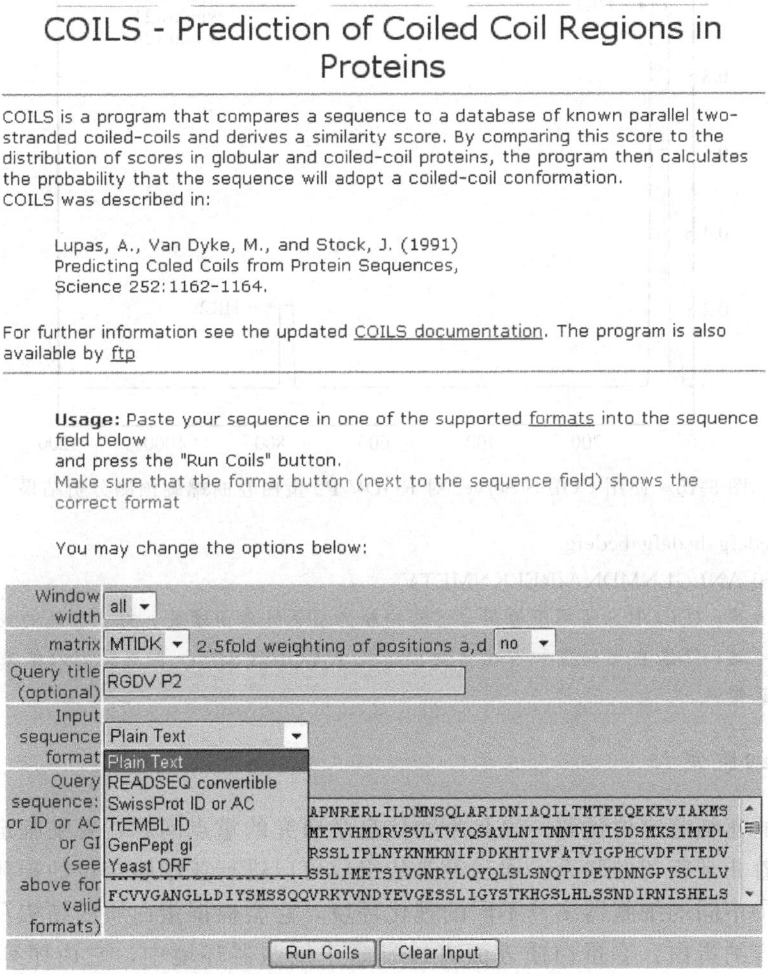

图 5-14　COILS Server 卷曲螺旋分析界面

[2] 参数设置

(1) Matrix（矩阵）：MTK 是根据肌球蛋白、原肌球蛋白和角蛋白序列得到的打分矩阵；MTIDK 是根据肌球蛋白、原肌球蛋白、中间纤维类蛋白（Ⅰ～Ⅴ）、桥粒蛋白和角蛋白得到的打分矩阵。MTK 适合检测双链 α 螺旋结构，而 MTIDK 适合其他情形，这里使用默认矩阵 MTIDK。

(2) Weight（权重）：“yes” 即赋予每个卷曲 a 和 d 位置上残基相同的权重，即 weights：a，d=2.5；no 即不启用该选项。

参数设置完毕，粘贴入目的序列，点击 “Run Coils”，服务器最后返回一张预测结果图，显示沿着序列各个部分形成卷曲螺旋的倾向性，结果如图 5-15 所示。

[3] 结果解读

从图 5-15 可知，使用 COILS Server 在三种不同的窗口宽度下均检测到 RGDV P2 蛋白含有两个典型的卷曲螺旋结构（如图 5-15 中的 HR1 和 HR2），其中 HR1 的置信值非常高，经分析是七肽重复区，具体序列如下：

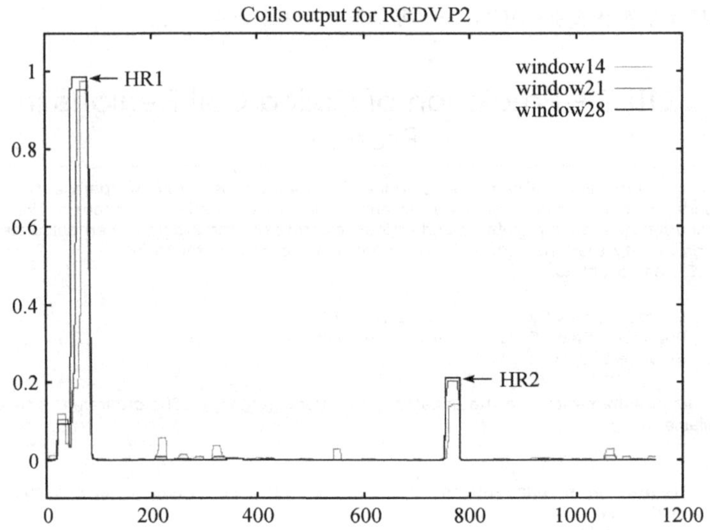

图 5-15 使用 COILS Server 对 RGDV P2 蛋白卷曲螺旋预测分析结果

abcdefgabcdefgabcdefgabcdefg

IAKMSASLANLGLNMDNAIRELKNMETV

需要注意的是：①COILS 适用于检测与溶液接触的左手性卷曲螺旋，对于包埋的或右手性卷曲螺旋则可能检测不到；②若在无权重和有权重两种情况下 COILS Server 预测得到的结果相差很大，则表明可能存在正错误。

5.1.6 亚细胞定位

蛋白质的亚细胞定位预测一直是生物信息学研究的重点问题，亚细胞定位与蛋白质的功能存在着非常密切的联系。通过氨基酸组成可以进行亚细胞定位的预测，主要基于如下原理：①不同的细胞器多具不同的理化环境，它会根据蛋白质的结构及表面理化特征，选择性容纳蛋白；②蛋白质表面直接暴露于细胞器环境中，它由序列折叠过程决定，而后者取决于氨基酸组成。

一般来说，亚细胞定位预测的过程包括如下几个步骤：①建立数据集，抽取出一个高质量的亚细胞定位数据集并分为训练集和测试集；②从这些蛋白质数据中抽取出特征信息向量；③选择合适的算法，根据前面的特征信息向量做出预测；④用检验数据集对预测结果进行评价（张松等，2007）。

常用的亚细胞定位在线工具如表 5-4 所示。

表 5-4 常用的亚细胞定位在线工具

工具	网址
TargetP	http://www.cbs.dtu.dk/services/TargetP/
PSORT Ⅱ	http://psort.nibb.ac.jp
SubLoc	http://www.bioinfo.tsinghua.edu.cn/SubLoc/
MultiLoc	http://www-bs.informatik.uni-tuebingen.de/Services/MultiLoc/
GNBSL	http://166.111.24.5/webtools/GNBSL/index.htm

【实例分析】 使用 TargetP 对 RSV NSvc2 蛋白的亚细胞定位进行预测。

TargetP 1.1 是一款用于预测真核蛋白亚细胞定位的软件，主要基于叶绿体转运肽（chloroplast transit peptide，cTP）、线粒体导肽（mitochondrial targeting peptide，mTP）及分泌通路信号肽（secretory pathway signal peptide，SP）的 N 端序列进行预测。

这里使用 TargetP 对 RSV NSVc2 蛋白进行亚细胞定位分析。

针对分析目的，大体操作流程如下：

[1] 提交序列

连接 TargetP 1.1 服务器，以 FASTA 格式在输入框粘贴目的序列，如图 5-16 所示，需要注意的是：输入的序列至少需要包含前 130 个 N 端残基，否则预测的准确度将受影响。

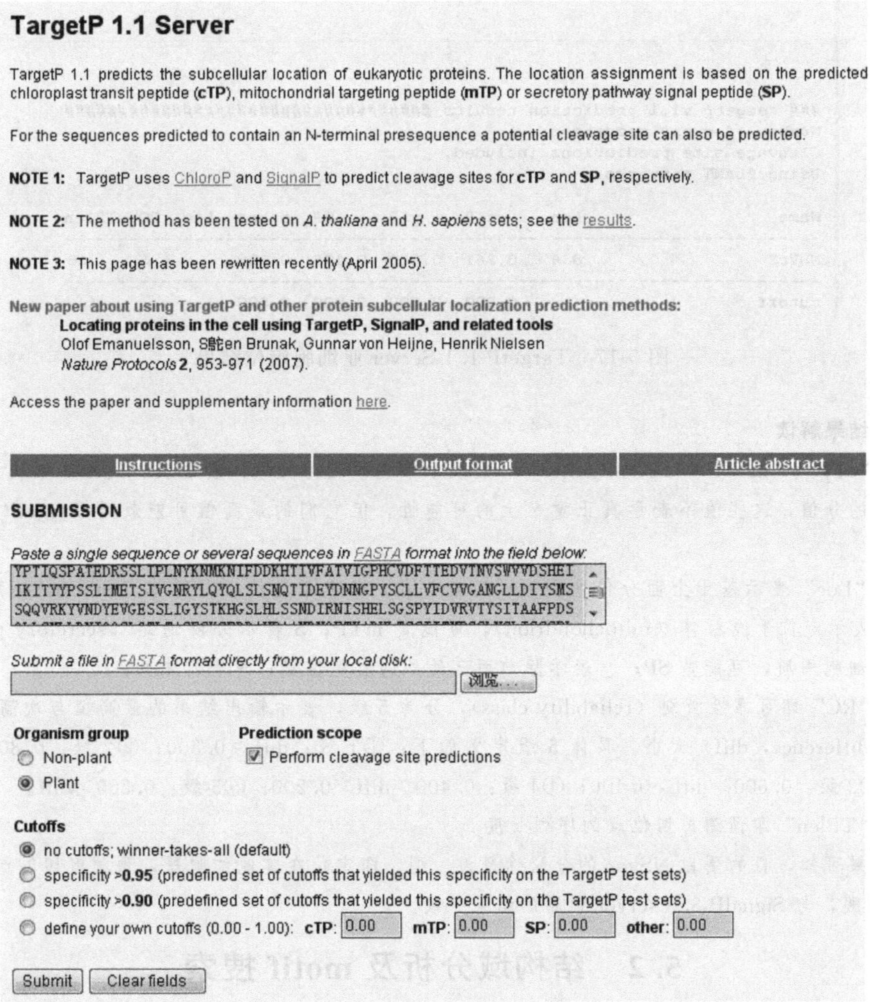

图 5-16　TargetP Server 亚细胞定位预测的主界面

[2] 参数设置

根据目的序列特点，设置参数如下：

(1) Organism group（生物类别）：由于 RSV 的寄主是水稻，故此处选择“Plant”。

(2) Prediction scope（预测范围）：钩选“Perform cleavage site predictions”选项表示亚细胞定位

分析的同时进行剪切位点预测。

(3) Cutoffs（阀值）：①no cutoffs，即默认值，不设置阀值；②specificity＞0.95，即预置“特异性（specificity）＞0.95”；③specificity＞0.90，即预置“特异性（specificity）＞0.90”；④define your own cutoffs，即自定义设置 cTP、mTP、SP 等的阀值。

此处使用默认值，点击“Submit”初始化 TargetP 预测，预测结果如图 5-17 所示。

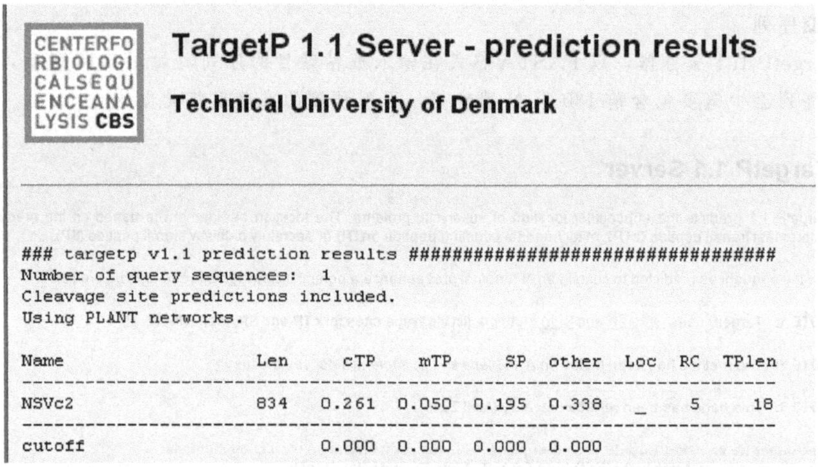

图 5-17　TargetP 1.1 Server 亚细胞定位结果

[3] 结果解读

(1)“cTP”、“mTP”、“SP”、“other”分别表示最终预测为叶绿体转运肽、线粒体导肽、信号肽、其他类型的分值，这些值不表示真正意义上的可能性，但它们的最高值可能就是 TargetP 所预测的定位。

(2)“Loc”表示基于上面分值所预测的可能定位，C 表示定位于叶绿体（chloroplast），可能是 cTP；M 表示定位于线粒体（mitochondrion），可能是 mTP；S 表示分泌通路（secretory pathway），即分泌到细胞周质，可能是 SP；_ 表示除前面三处外的其他位置；* 表示未知。

(3)“RC”即可靠性级别（reliability class），分为 5 级，表示输出结果的最高值与次高值之间的差异值（difference，diff）大小。具体 5 级定义如下：①1 级：diff＞0.800；②2 级：0.800＞diff＞0.600；③3 级：0.600＞diff＞0.400；④4 级：0.400＞diff＞0.200；⑤5 级：0.200＞diff。

(4)“TPlen”即预测剪切位点的序列长度。

从结果可知，目的蛋白 NSvc2 的分泌途径为 _ 型，即定位在其他细胞器，预测剪切位点的序列为 18 个氨基酸，与 SignalP 3.0 server 预测的结果一致。

5.2　结构域分析及 motif 搜索

5.2.1　结构域分析

结构域（structure domain）是在蛋白质三级结构中介于二级和三级结构之间的可以明显区分但又相对独立的折叠单元，每个结构域自身形成紧实的三维结构，可以独立存在或折叠，但结构域与结构域之间关系较为松散。

结构功能域通常由 25～300 个氨基酸残基组成，不同蛋白质分子中结构域的数目不同，同一蛋白质分子中的几个结构域彼此相似或不尽相同。常见的结构功能域主要有 5 种基本类型，分别是：全平行结构域、反平行结构域、α＋β 结构域、α/β 结构域及其他折叠类型。

结构域是蛋白质的功能、结构和进化单元，结构功能域分析对于蛋白质结构的分类和预测有着重要作用。常见的结构功能域分析在线工具及数据库见表 5-5。

表 5-5 常见的结构功能域分析在线工具及数据库

工具及数据库	网 址	说 明
InterProScan	http://www.ebi.ac.uk/InterProScan/	蛋白质结构域和功能位点分析
SMART	http://smart.embl－heidelberg.de/	蛋白质结构功能域分析
工具及数据库	网 址	说 明
Pfam	http://pfam.sanger.ac.uk/	蛋白质结构域数据库
ProDom	http://prodom.prabi.fr/prodom/current/html/form.php	蛋白质结构域数据库

【实例分析】 使用 SMART 服务器分析 RGDV P8 蛋白的结构功能域。

简单模块构架搜索工具（Simple Modular Architecture Research Tool，SMART）是由 EMBL 建立的蛋白质结构功能域分析工具，该数据库集成了大部分目前已知的蛋白质结构功能域信息，并提供了蛋白质结构功能域的资源链接，如结构域的功能注释等。

此例对 RGDV P8 蛋白的结构功能域进行分析，主要操作流程如下：

[1] 连接 SMART 服务器

网站提供两种搜索模式：常规模式（Normal）和基因组模式（Genomic），分别适用于常规结构域及基因组结构域分析，其主界面如图5-18 所示。

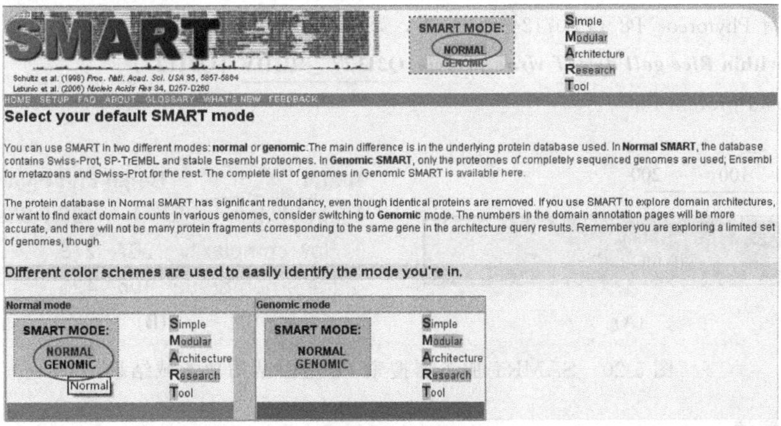

图 5-18 SMART 服务器分析主界面

[2] 模式选择

在主界面右上方或主界面左下方选择“Normal”模式，直接输入待分析的蛋白质序列或序列登录号（AC）。如果提交大批量序列，可以点击下方的“Batch access”进行批量搜索，此处不再赘述。这里我们直接粘贴目的序列，在运行“Sequence SMART”建议前钩选“PFAM domain”（图 5-19）设置完毕，SMART 服务器每隔 10 秒刷新页面，直至生成结果。

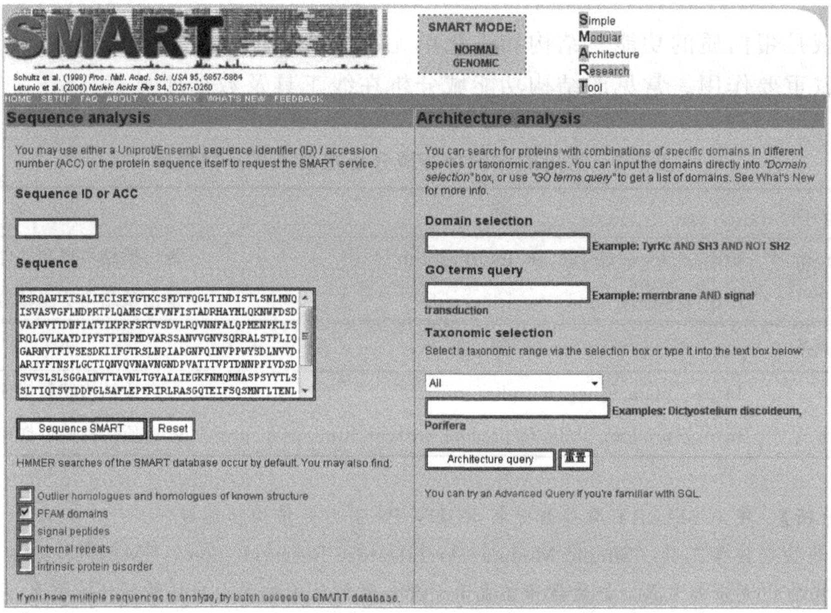

图 5-19　SMART 服务器主页面

此例中 RGDV P8 蛋白 SMART 搜索结果如图 5-20 所示，分别给出了目的蛋白的结构功能域示意图［图 5-20（A）］及结构功能域信息［图 5-20（B）］。点击图 5-20（B）的“Pfam：Phytoreo _ P8”即可打开 Phytoreo _ P8 相关资源的链接（图 5-21），如 Interpro 摘要信息、GO 注释以及 PFAM 结构功能域访问入口等，可以根据目的进行查看，这里点击最下方的“PFAM entry Phytoreo _ P8”查看 PFAM 数据库对 Phytoreo _ P8（PF07124）的注释，如图 5-22 所示。

Domains within *Rice gall dwarf virus protein* Q2I127 _ RGDV（Q2I127）

Outer capsid protein P8

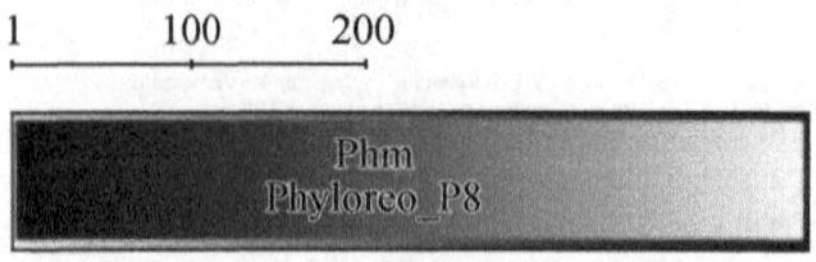

(A)

Name	Begin	End	E-value
Pfam:Phytoreo_P8	1	426	0.00e+00
low complexity	267	278	-
transmembrane	406	425	-

(B)

图 5-20　SAMRT 服务器搜索 P8 蛋白结构功能域结果

［3］结果解读

综合上述结果可知，RGDV P8 蛋白第 1～426 位之间是个高度保守的结构功能域——Phytoero _ P8，即 Phytoreo _ P8 家族成员共有的典型结构域，该结构功能域由多个植物呼肠孤病毒属（*Phytoreovirus*）外层衣壳蛋白 P8 序列组成，具有结构分子活性（structural molecule activity）。

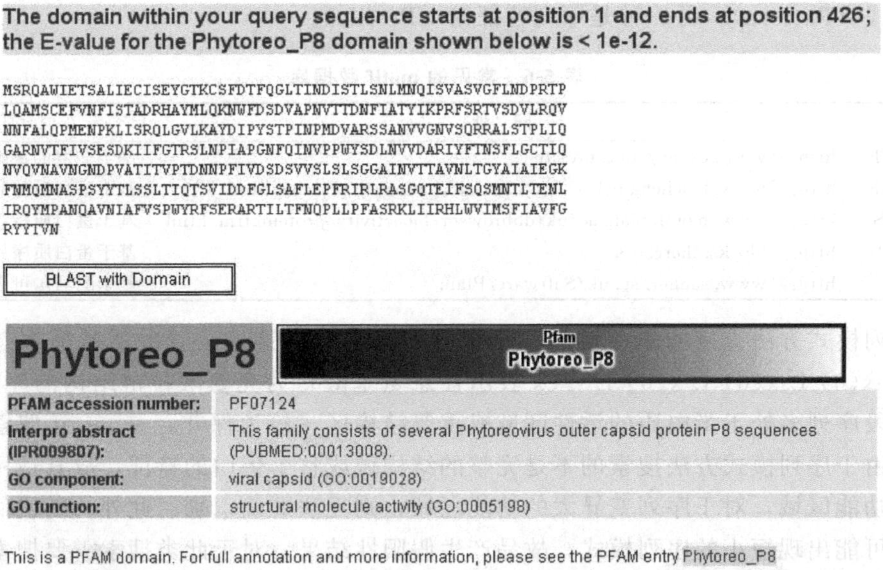

图 5-21　Phytoreo _ P8 相关资源的链接

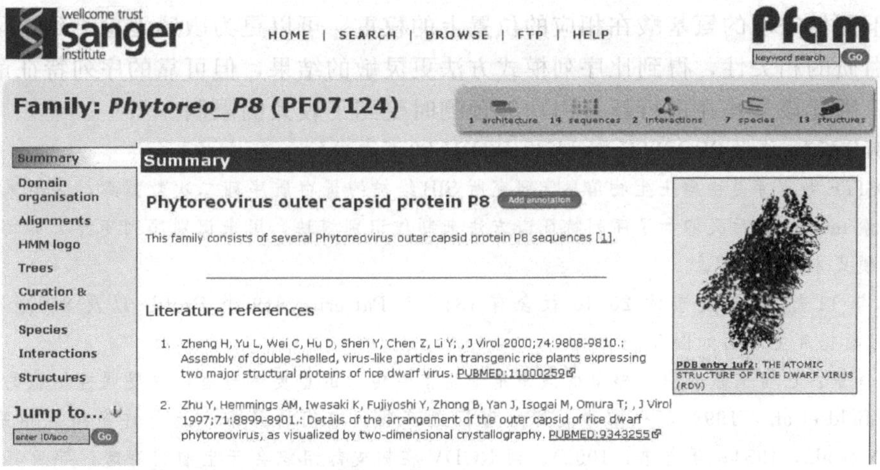

图 5-22　PFAM 数据库对 Phytoreo _ P8（PF07124）的注释

5.2.2　motif 搜索

motif 又称为模体，是序列中局部的保守区域，或者是一组序列中共有的一小段序列模式。一般指构成任何一种特征序列的基本结构，但多数情况下是指可能具有分子功能、结构性质或家族成员相关的任何序列模式。在蛋白、DNA、RNA 序列中都存在，通常由 2、3 个二级结构单位组成，一般为 α 螺旋、β 折叠和环（loop）。motif 作为结构域中的亚单元，表现结构域的各种生物学功能。

常见的蛋白结构 motif，如彩图 3 所示，motif 种类超过 28 类，详见：http://en.wikipedia.org/wiki/Category:Protein_structural_motifs。

彩图 3

常见的 motif 数据库如表 5-6 所示。常见的 motif 搜索方法主要基于两种：一种是序列模式（Pattern），另一种是序列特征谱（Profile）。

表 5-6 常见的 motif 数据库

数据库	网 址	说 明
PROSITE	http://www.expasy.org/prosite	基于一般的正则表达式
PROFILE	http://www.biochem.ucl.ac.uk/bsm/dbbrowser/jj/pfscan2.html	基于序列谱的数据库
PRINTS	http://www.bioinf.man.ac.uk/dbbrowser/bioactivity/protein2frm.html	基于蛋白质指纹技术
BLOCKS	http://blocks.fhcrc.org/	基于蛋白质序列模块
Pfam	http://www.sanger.ac.uk/Software/Pfam/	基于隐马尔可夫模型

序列模式方法直接搜索关键的几个保守残基，忽略其他位置的氨基酸多态性。例如，“L-x(6)-L-x(6)-L-x(6)-L”（x 表示任意氨基酸）为亮氨酸拉链结构的序列模式，这样一段序列多处于蛋白质的活性区域或重要结构区，较为保守，是 motif 搜索的目标之一。由于序列模式方法搜索的不是完整的结构域或整个蛋白的特征，故其适用于识别保守的功能区域，对于序列变异大的功能区域，则无法准确识别。此外，随机的氨基酸序列也可能出现短小的序列模式，故易产生假阳性结果。对于此类搜索需要搜索多个不同的数据库，得到尽可能多的同源序列，从而才能更好地说明序列中所包含的信息。

序列特征谱搜索是基于蛋白质序列多重比对结果中的保守序列区域进行搜索，由于考虑了不同保守度的氨基酸在相应的位置上的权重，可以更为敏感地检测到进化距离较远的蛋白质的相关性，得到比序列模式方法更灵敏的结果，但可靠的序列特征谱数目往往有限，因此该方法在进行新基因功能预测时受到了较大的限制。

【实例分析】 使用 PROSITE 数据库对 RGDV P2 蛋白进行 motif 搜索。

PROSITE 数据库是由瑞士生物信息学研究所 SIB 维护的蛋白质序列二次数据库，主要采用序列模式方法搜索 motif，随后又增加了序列特征谱方法来制作识别模块，用来识别序列变异大的功能区域以弥补序列模式方法的不足。

2008 年 11 月 26 日发布的 20.40 版含有 1315 个 Pattern，819 个 Profile 以及 819 个 ProRule。PROSITE 数据库主界面如图 5-23 所示。

研究背景：已有文献表明，酪氨酸激酶是细胞信号传导的重要参与者，主要调控细胞的生长与分裂（Litchfield et al.，1993），也常常是原癌基因的产物，它们的异常表达与许多癌症相关（Libermann T A et al.，1984；乐志培，1992）。而 RGDV 在韧皮部组织会产生瘤状突起，导致其他组织增生，RGDV 的外层衣壳蛋白 P8 是 RGDV 非常重要的结构蛋白之一。该蛋白是否包含相关的酪氨酸激酶磷酸化位点（tyrosine kinase phosphorylation site），可借助 PROSITE 数据库进行 motif 搜索分析。

主要操作流程如下：

[1] 提交序列

联网访问 PORSITE 数据库，该网站提供两种 motif 搜索模式：快速搜索（Quick scan）和高级搜索（Advance scan）。针对分析目的，这里点击“PROSITE tools”标签下方的“ScanProsite”链接进行高级搜索，在输入框粘贴待搜索的目的序列，如图5-24 所示。

[2] 参数设置

主要设置下面四个选项，其他采用默认值。

(1) Exclude motif with a high probability of occurrence（排除高频率出现的 motif）：选中该选项后，*N*-糖基化位点、酪蛋白激酶Ⅱ磷酸化位点等 33 种常见 motif 序列模式将被排除在外，不进行搜索以减少产生假阳性结果的概率。

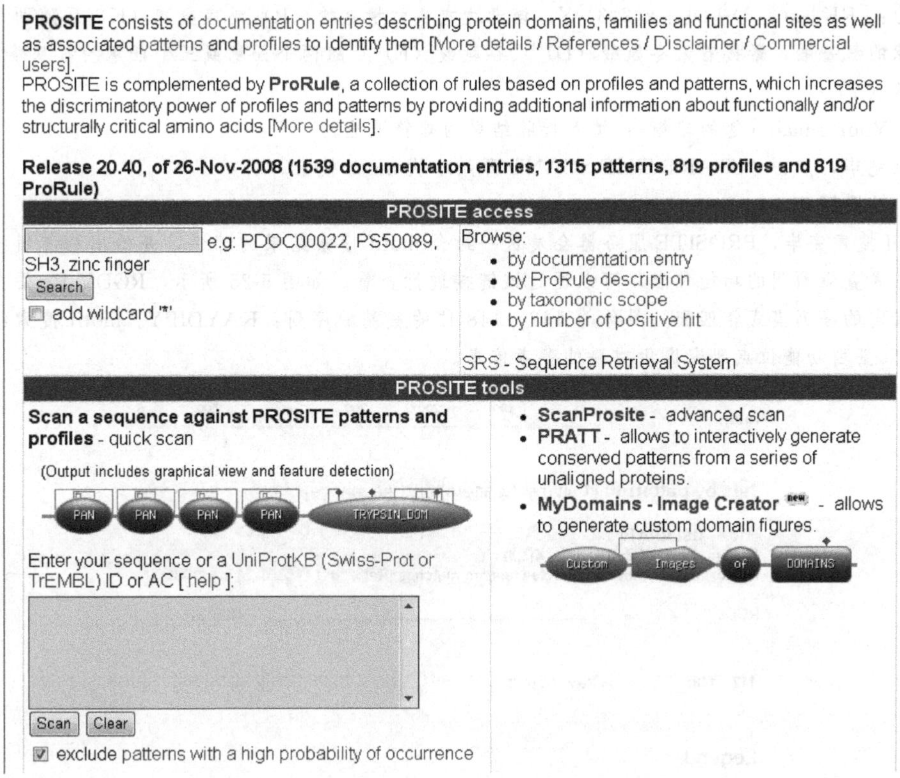

图 5-23　PROSITE 数据库主界面

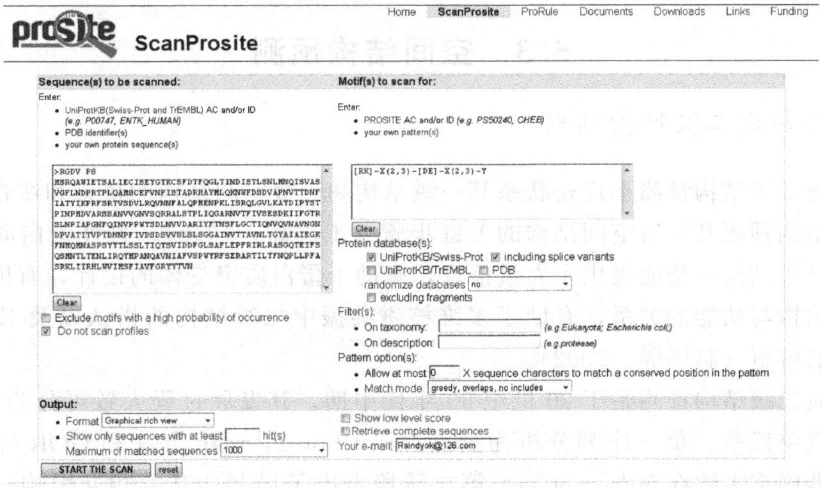

图 5-24　PROSITE 高级搜索及参数设置

(2) Do not scan profiles（不进行序列特征谱搜索）：选择该选项即不采用序列特征谱方法搜索 motif。

(3) Motif(s) to scan for（搜索自定义的 motif）：针对酪氨酸激酶磷酸化位点特征，设置序列模式为：[RK]-x(2,3)-[DE]-x(2,3)-Y，该表达式表示精氨酸（R）或赖氨酸（K）后随两个任意或三个任意的氨基酸，紧接着天冬氨酸（D）或谷氨酸（E）后随两个任意或三个任意的氨基酸，再最后是酪氨酸（Y）。

(4) Your e-mail（您的邮箱）：填入接收结果的邮箱地址。

设置完毕，点击"START THE SCAN"开始本次 motif 搜索。

[3] 结果解读

motif 搜索完毕，PROSITE 服务器会发送一封含 motif 搜索结果的邮件，并给出相关链接，即以图形化方式查看预测的功能位点，可以通过该链接进行查看。如图 5-25 所示，RGDV P8 蛋白中 1 处位置与指定的序列模式相匹配，具体为 142～148 位的氨基酸序列：KAYDIPY。motif 搜索结果可为 RGDV P8 蛋白功能位点研究提供重要的参考信息。

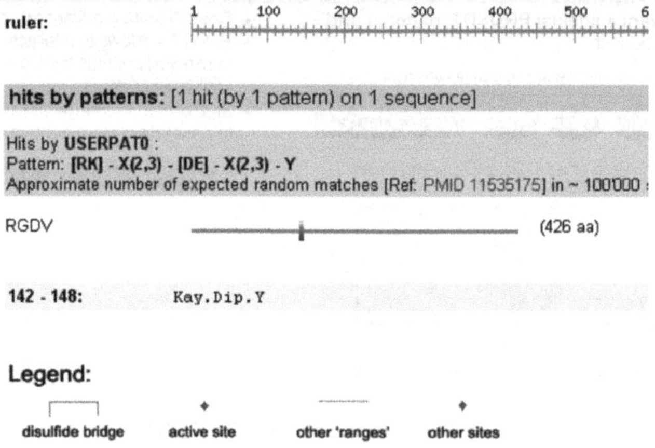

图 5-25　motif 搜索结果

5.3　空间结构预测

5.3.1　蛋白质二级结构预测

蛋白质二级结构预测不仅是联系其一级结构和三级空间结构的桥梁和纽带，而且也是从一级结构预测其三级空间结构的关键步骤（王志新，1998）。另外蛋白质二级结构为蛋白质三级结构和功能提供了大量信息，有助于蛋白质突变体的设计，有助于确定蛋白质空间结构与功能的关系，有助于多维核磁共振中二级结构的指认以及 X 射线衍射晶体结构的解析（赵国屏，2002）。

蛋白质二级结构预测始于 20 世纪 60 年代中期，其发展过程大致可分为三个阶段。第一阶段以单残基、单一序列分析为重点，以 Chou-Fasman 方法和 GOR 等方法为代表，预测准确率大致在 50%～60%。第二阶段考虑了局部残基的相互影响，人工神经网络方法得到应用，以 PHDsec 为代表，预测正确率提高到 70%左右。第三阶段，提出了多重序列比对的思想，尤其在近年使用蛋白质结构数据库（PDB）搜索比对，使预测正确率有了明显提高。

表 5-7 列出了当前具有代表性的二级结构预测方法的网络资源。

表 5-7　蛋白质二级结构预测的网络资源

程序名称	网　址
APSSP	http://imtech.res.in/raghava/apssp/
CDM	http://gor.bb.iastate.edu/cdm/
PSIPRED	http://bioinf.cs.ucl.ac.uk/psipred/psiform.html
PORTER	http://distill.ucd.ie/porter/
Jpred3	http://www.compbio.dundee.ac.uk/~www-jpred/
predator	http://npsa-pbil.ibcp.fr/cgi-bin/npsa_automat.pl?page=/NPSA/npsa_preda.html
NNPREDICT	http://www.biochem.ucl.ac.uk/bsm/dbbrowser/jj/nnpredict.html
Predictprotein	http://www.predictprotein.org/
PROF	http://www.aber.ac.uk/~phiwww/prof/
PSA	http://bmerc-www.bu.edu/psa/request.htm
PsiCSI	http://protinfo.compbio.washington.edu/psicsi/
SECPRED	http://gpcr.biocomp.unibo.it/cgi/predictors/sec/pred_seccgi.cgi
SSpro	http://scratch.proteomics.ics.uci.edu/
YASPIN	http://zeus.cs.vu.nl/programs/yaspinwww/
SOPMA	http://npsa-pbil.ibcp.fr/cgi-bin/npsa_automat.pl?page=npsa_sopma.html

【实例分析】 使用 SSPro 4.0 服务器预测 RGDV Pns10 蛋白质二级结构。

SSPro 4.0 是第一个使用神经网络（ab initio）与同源分析混合进行蛋白质二级结构预测的服务器，参与了 CASP、CAFASP、EVA 等在世界范围内具有权威性的评测，预测结果比较准确，可以作为蛋白质二级结构预测的首选之一。

研究背景：目前获得蛋白质三维结构的实验方法主要是 X 射线和多维核磁共振，本例的 Pns10 蛋白是 RGDV 的非结构蛋白之一，对其进行二级结构预测，可以为该蛋白后续的功能研究提供一些参考信息。

针对分析目的，主要操作流程如下：

[1] 提交序列

在 SSPro 4.0 服务器主界面的相关输入框分别输入接收结果的 E-mail 邮箱、目的蛋白名称、目的序列后，按下“Predict”按钮开始预测，如图 5-26 所示。

SSPro 4.0 服务器每隔 10 秒刷新页面，直至完成预测。

[2] 结果解读

预测完毕，SSPro 4.0 服务器会发送一封主题为“SSPro 4.0 response to RGDV_Pns10”的邮件，打开其附件 message.txt 文件，具体如下：

Query_name：RGDV_Pns10

Query_length：320

Prediction：

MAGKLQDGVAIAKIKETINLFCEYSFGDLVNNRREIVGRVHDARKNAALAWPDLIMNCFL

CCCCCCCHHHHHHHHHHHHHHHHHHCCHHHHCCCCEEHCCHHHHHHHHHHHHHHHHHHHH

HSASHYGVVKFLLDIALSTRFGDFTLLGVSSQNYPFYDLHVVMTKAFCNLDFAKDEYLMI

HHHHHHHHHHHHHHHHHHHHCCCCEEEEEECCCCCCCCCCCEEEEHHHCCCCCCCCCCCC

NDSFSSMMSAFLDEEGVHSAMSMELGIHDIEDRFVLRTKRLFYIIHEYHMSLDEIEPWLE

CHHHHHHHHHHHHCCCCEEEECCCCCCHHHHHHHHHHHHHHHHHHHHHCHHHHHHHHHHH

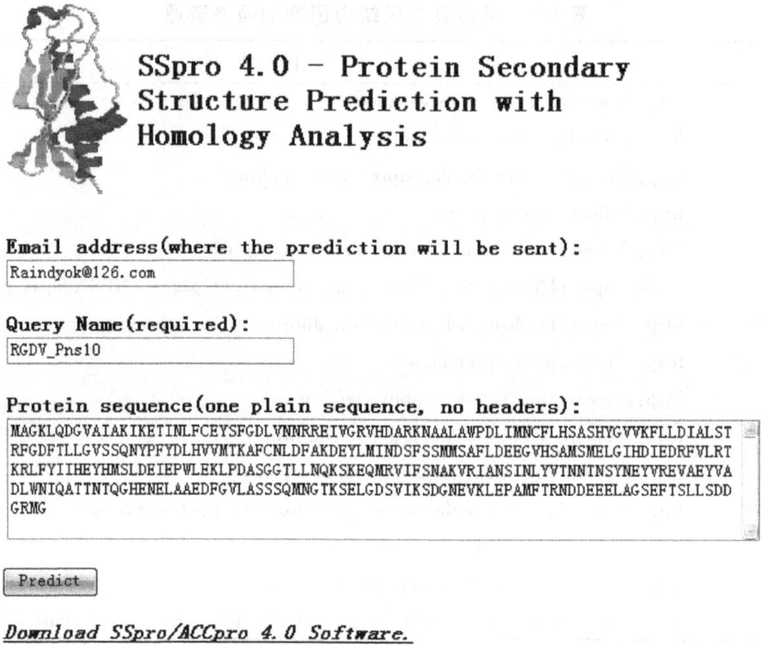

图 5-26　SSPro 4.0 服务器主界面

KLPDASGGTLLNQKSKEQMRVIFSNAKVRIANSINLYVTNNTNSYNEYVREVAEYVADLW
CCCCCCCCCEHCHHHHHHHHHHHHHHHHHHHHHHHHHEEHHCCCCHHHHHHHHHHHHHHHH
NIQATTNTQGHENELAAEDFGVLASSSQMNGTKSELGDSVIKSDGNEVKLEPAMFTRNDD
HHHHHCCCCCCCHHHHHHHCCEEEECCCCCCCCCCCCCCCEEECCCCCCEECCCEECCCCC
EEELAGSEFTSLLSDDGRMG
HHHHCCCHHHHCCCCCCCCC

Prediction 后即可预测结果，双行显示，上行为目的序列，下行为对应的二级结构，其中 C 表示 coil（无规则卷曲），H 表示 helix（α-螺旋），E 表示 extended（β-折叠），从预测结果可知，RGDV Pns10 蛋白二级结构组分中，α-螺旋（H）占 58.12%＞45%，且 β-折叠（E）占 4.69%＜5%，故 Pns10 属于全 α 型蛋白。

【实例分析】 使用 PORTER 服务器预测 HCV E 蛋白的二级结构。

PORTER 是都柏林大学开发的一种综合应用了双向神经网络和多序列匹配的新型蛋白质二级结构的预测方法，使蛋白质二级结构预测的准确率有了较大的提高（Pollastri and McLysaght, 2005）。

研究背景：由于膜蛋白难以分离纯化，丙型肝炎病毒膜蛋白的三维结构至今仍未获得，预测其膜蛋白的二级结构有利于三级结构的模建和功能研究。在 B 淋巴细胞抗原表位预测分析时，我们采用了 PORTER 预测二级结构，从而排除位于 α-螺旋和 β-折叠处的待选抗原表位，本例演示使用 PORTER 服务器预测丙型肝炎病毒中国湖北株（GI：149389442）膜蛋白的二级结构。

[1] 提交序列

联机 PORTER 服务器（图 5-27），输入邮箱地址、序列名称及待分析的序列，按下“Predict”按钮开始预测，预测结果会发送到指定的 E-mail 里。

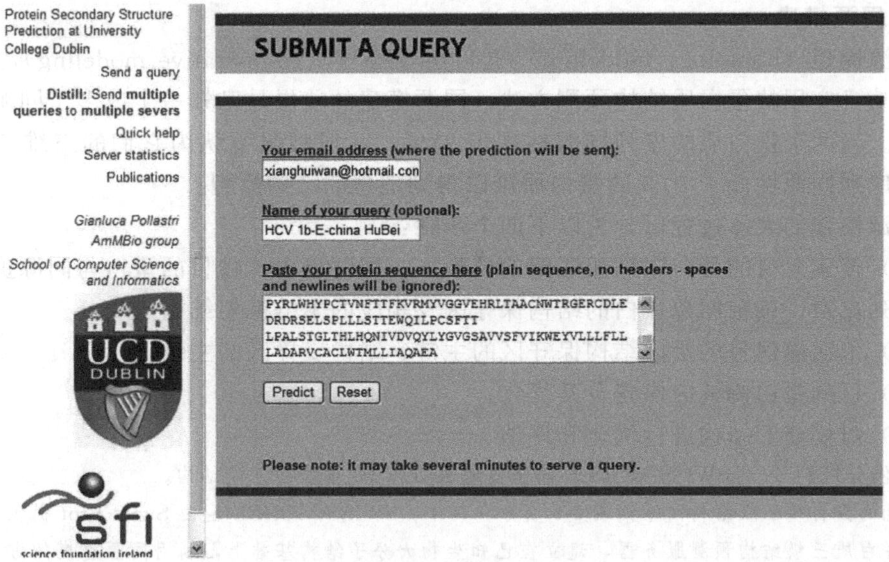

图 5-27 PORTER 的分析界面

[2] 结果解读

PORTER 返回结果的格式与 SSPro 4.0 服务器结果类似，双行显示，上一行为目的序列，下行为对应的二级结构，每行 60 个氨基酸，其中 C 表示 coil（无规则卷曲），H 表示 helix（α-螺旋），E 表示 extended（β-折叠）。

预测的结果如下：

CEEECCCCEEEEECCCCCCCEEEEECCEEEECCCCCCCEECCCCCEEEEEECCCEEECCCCCCHH
HHHHHHHHHHHHHHHHHHHHHHHCCCCHHHHHHHHHHEEECCCCCCEECCCCCCCCCCCCCH
HHHHHHHHHCCCHHHHHHHHHHHHHCHHHHHHHHHHHHHHHHHHHHHHHHHHHHHHHH
HHHHHHHHHHHCCCCCCEECCHHHHHHHHHHHHHHCCCCCCCCEEEEECCCCEEEECCCCCC
CCCCCHHHHHHHHHHHHCCCCCCCCHHHHCCCCHHHHHCCCCCEEECCCCCCCCCCCEEECCCC
CCCCEECCCCCCCCCEEEECCCCEEEECCCCCCCCEEECCCCCCEEEEECCCCCCCCCEEEEEEECCCCC
EECCCCCCCCCCCCCCCCECCCCCCCCCCCCCCEEEECCCCCCCCCCCEEECCCCEEECCCCCEEEEEEEE
EEEECCCEEEEEEEECCCCCCCCCCCCCCCCCCCCCCCCCCCEEEECCCCCCCCCHHHHHHHHHHHH
HHHHHHHHHCCCHHHHHHHHHHHHHHHHHHHHHHHHHHHHHHHHHHHHHHHHHHHHHHHHCC。

5.3.2 蛋白质三级结构预测

蛋白质的生物学功能在很大程度上取决于蛋白质的空间结构，三级结构是蛋白质结构预测的最终目的。弄清蛋白质的结构进而理解结构与功能的关系具有重要的意义，但通过 X 射线晶体衍射、NMR 核磁共振等物理方法测定蛋白质的三级结构以及通过生化方法研究蛋白质的功能，成本高、速度慢、效率低，无法满足蛋白质序列飞速增长的需要。生物信息学发展到现在，完全有能力对一个未知结构的蛋白质序列做出一系列分析，并最终得到较为精确的三级结构模型，特别对于预测可信度较高的同源模建法。

目前蛋白质三级结构预测的主要方法包括同源模建、折叠识别和从头预测。

1. 同源模建

同源模建（homology modeling）也叫比较模建（compatative modeling），是目前最为成功且实用的蛋白质结构预测方法，同源模建的前提是已知一个或多个同源蛋白质的结构。当两个蛋白质的序列同源性高于35%，一般情况下认为它们的三维结构基本相同；序列同源性低于30%的蛋白质难以得到理想的结构模型。

同源模建的大体过程可分为以下四个步骤：

（1）搜索与目的蛋白序列相匹配的模板——同源蛋白，将目的蛋白与同源蛋白进行多重序列比对，确定同源蛋白的结构保守区及相应的主链框架结构。

（2）依次模建目的蛋白结构保守区的主链、结构变异区的主链。

（3）目的蛋白侧链的模建及其优化。

（4）对模建的结构进行优化和评估。

【实例分析】 通过SWISS-MODEL同源模建RGDV P8蛋白的三级结构。

常见的蛋白质三级结构网站如表5-8所示。其中，SWISS-MODEL是由Swiss-Prot提供的目前最著名的蛋白质三级结构预测服务器，建立在已知生物大分子结构基础上，利用同源建模的方法对未知序列的蛋白质三级结构进行预测。该服务器创建于1993年，面向全世界的生物化学与分子生物学研究工作者，提供免费的自动模建服务。SWISS-MODEL服务器提供的同源模建有两种工作模式：首选模式（First Approach mode）和项目模式（Project mode）。

表5-8 蛋白质三级结构预测相关网站

工 具	网 址	说 明
SWISS-MODEL	http://www.expasy.ch/swissmod/SWISS-MODEL.html	同源模建
CPHmodels	http://www.cbs.dtu.dk/services/CPHmodels/	基于神经网络算法的同源模建
PHYRE	http://www.sbg.bio.ic.ac.uk/～phyre/index.cgi	折叠识别
CASP	http://predictioncenter.gc.ucdavis.edu	预测方法评价
EVA	http://cubic.bioc.columbia.edu/eva/	预测方法评价

本例以RGDV P8蛋白为研究对象采用首选模式进行同源模建。主要操作流程如下：

[1] 选择模式

单击左侧的“MENU”菜单下方的“First Approach mode”，右侧窗口自动弹出SWISS-MODEL工作窗口，如图5-28所示。在相应文本框中分别输入的E-mail、项目标题、待模建的蛋白质序列。SWISS-MODEL支持以FASTA格式直接输入或提交UniProt的登录号，如图5-29所示。

[2] 参数设置

当前版本只有一个选项可设置，如果用户需要使用指定的模板，可在“Use a specific template”后的输入框填入ExPDB晶体图像数据库中的模板代码，其格式为“PDBCODE＋ChainID”，如“1uf2P”。本例不使用指定模板，默认留空。点击“Submit Modeling Request”提交模建请求，服务器返回提交成功的提示，如图5-30所示。

SWISS-MODEL WORKSPACEW页面会自动刷新，直至模建完成，如图5-31所示，同时模建结果也会发送到指定的邮箱。

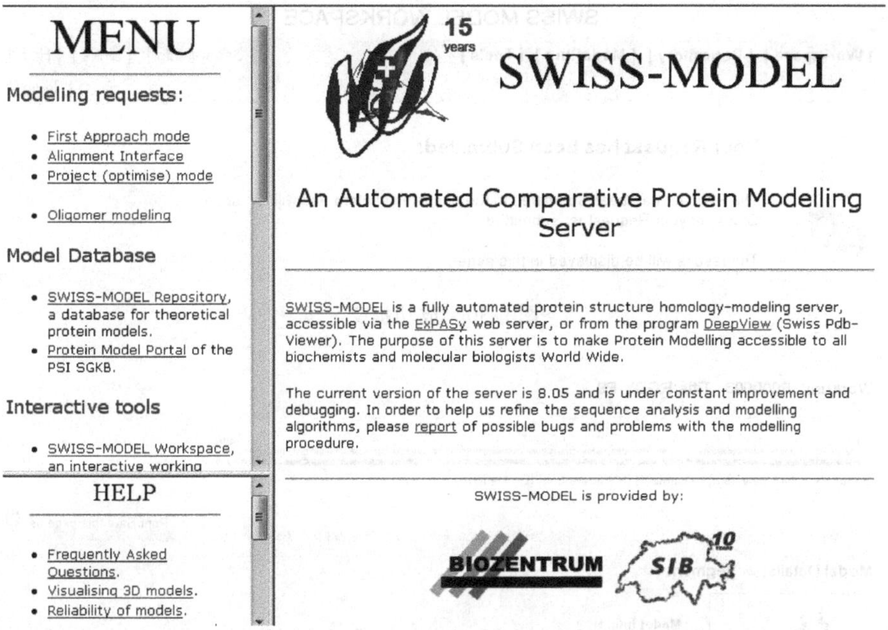

图 5-28 SWISS-MODEL 的主界面

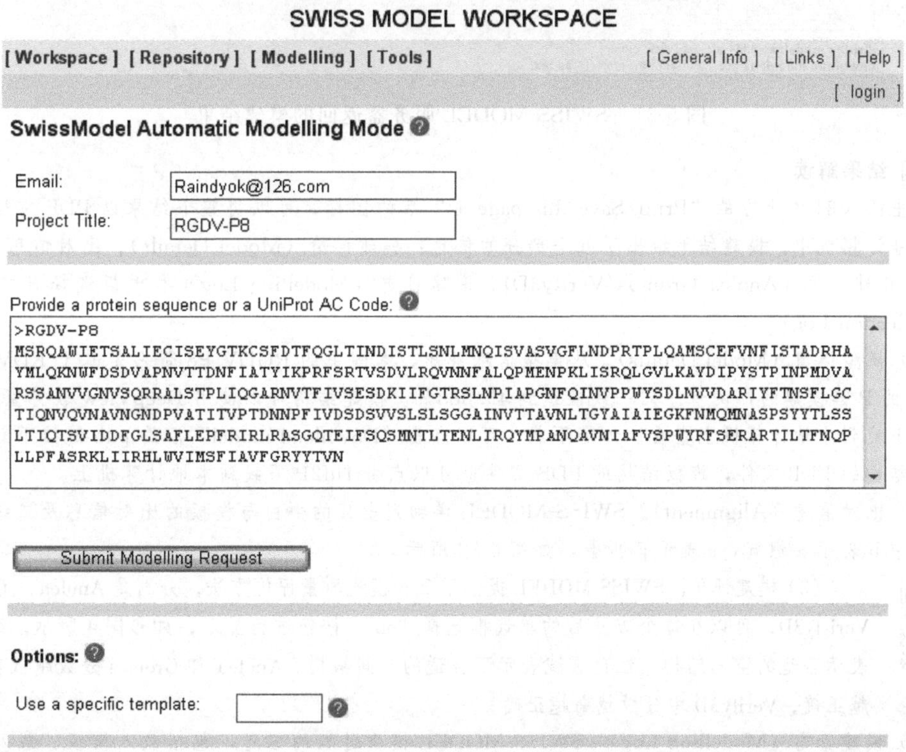

图 5-29 SWISS-MODEL 的序列提交页面

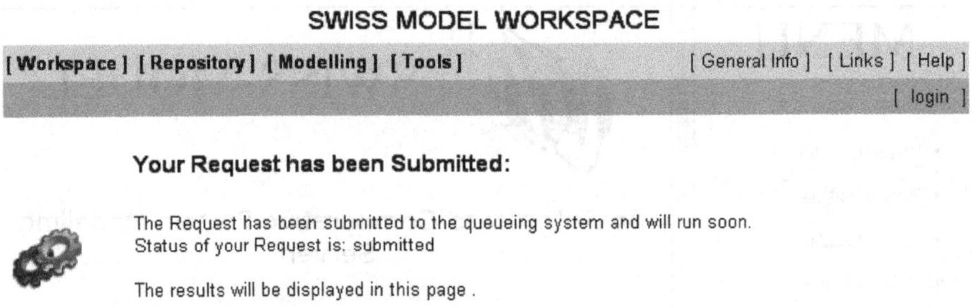

图 5-30　成功提交

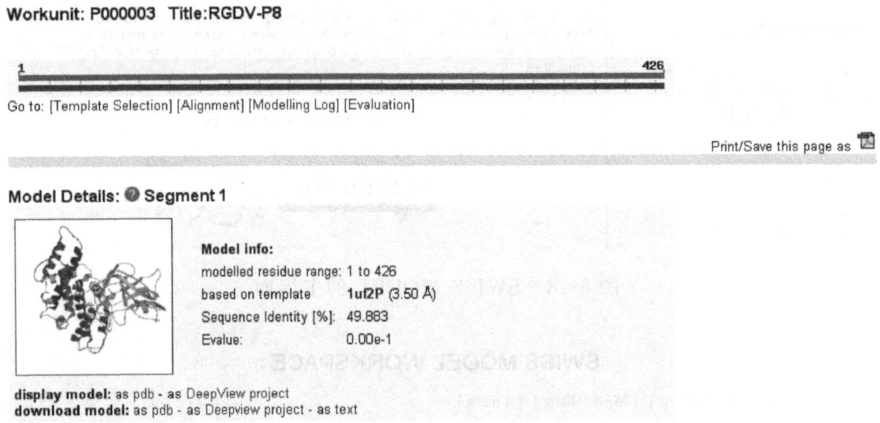

图 5-31　SWISS-MODEL 服务器返回的模建结果

[3] 结果解读

点击图 5-31 右上方的"Print/Save this page as"后的图标，可以将整个结果以 PDF 文档格式保存到本地计算机中。模建结果给出了五个部分的信息：模建详情（Model Details）、比对信息（Alignment）、模建评价（Anolea/Gromos/Verify3D）、模建日志（Modelling Log）和模板选择日志（Template Selection Log）。

（1）模型详情（Model Details）。从模型信息可知，本例中的 RGDV P8 蛋白是基于 RDV 原子结构 1fu2 的 P 链模建的，两者序列一致性达到 49.883%。模建结构可以使用 DeepView 软件直接查看，也可以下载到本地计算机上查看。如需下载，可以点击"Download model"后的 pdb 链接下载目的蛋白模建结构的 PDB 文件，模板结构的 PDB 文件也可以点击 1uf2P 下载到本地计算机上。

（2）比对信息（Alignment）。SWISS-MODEL 详细列出目的蛋白与模板的比对信息及二级结构信息，其中 h 表示 α-螺旋，s 表示 β-折叠，如图 5-32 所示。

彩图 4

（3）模建评价。SWISS MODEL 提供了三种模建质量评价方法，分别是 Anolea、Gromos、Veri-fy3D，可以在每个方法后的单选框选择"on"按钮进行显示，如彩图 4 所示，绿色区域表示合适的空间结构，红色区域表示不合适的空间结构。Anolea 和 Gromos 分数越低表示模建越正确，Verify3D 中分数越高越正确。

（4）模建日志（Modelling Log）。SWISS-MODEL 模建过程的信息，包括载入模板、载入序列和序列比对等。

（5）模板选择日志（Template Selection Log）。显示模板搜索的范围及其过程等相关信息。

Alignment

```
TARGET     1          MSRQAWIE TSALIECISE YGTKCSFDTF QGLTINDIST LSNLMNQISV
1uf2P      1          msrqmwld tsalleaise yvvrcngdtf sglttgdfna lsnmftqls-

TARGET                   hhhhhh hhhhhhhhhh hhhh             hhhhh hhhhhh
1uf2P                      hhhhh hhhh    hhh hhhh             hhhhh hhhhhh

TARGET     49       ASVGFLNDPR TPLQAMSCEF VNFISTADRH AYMLQKNWFD SDVAPNVTTD
1uf2P      55       ------sdpr vplqtmsnmf vsfitstdrc gymlrktwfn sdtkptv-sd

TARGET                      h hhhhhhhhhh hh    hhh     hh    hhhh
1uf2P                       h hhhhhhhhhh hh    hhh     hh    hhhh
```

图 5-32　SWISS-MODE 的比对信息

[4] 模型输出

根据 SWISS-MODEL 返回的结果信息，可使用 SWISS-PDB Viewer 软件分析目的蛋白与模板结构，并根据模建质量评价，对目的蛋白结构进行优化调整。最后，使用 PyMOL 软件渲染后输出，效果如彩图 5 所示。

彩图 5

【实例分析】 通过 CPHmodels 同源模建 RGDV P8 蛋白的三级结构。

CPHmodels 是丹麦理工大学生物序列分析中心提供的蛋白质三级结构预测服务器，也是利用神经网络进行同源模建预测蛋白质结构的方法。与 SWISS-MODEL 相比较，CPHmodels 更为简单易学，其预测的结果会将目的序列与模板序列比对的空位以断裂的方式表示在三维结构中。

为了方便比较，本例仍使用 RGDV P8 蛋白进行同源模建，如图 5-33 所示。主要操作流程如下。

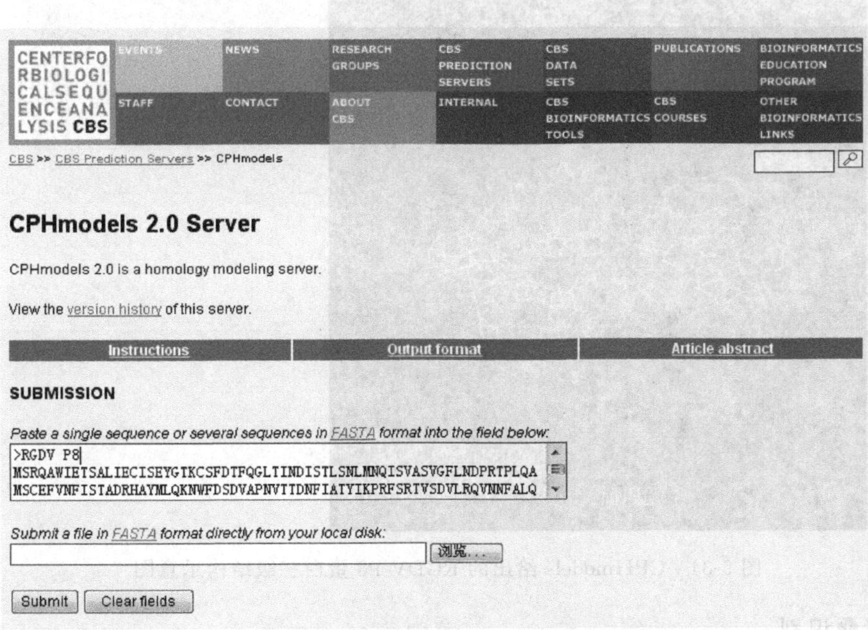

图 5-33　CPHmodels 主界面

[1] 提交序列

直接在输入框位置粘贴目的序列或上传 FASTA 格式的序列文件，按下“Submit”提交，CPH-models 服务器会自动刷新页面，直至结果出来。

［2］ **设置提醒**

由于同源模建需要耗费大量时间，我们可以设置 E-mail 提醒，模建完毕后以 E-mail 告知，只需将地址栏中的网址最后的“&opt=wait”字符串删除，回车确定即可取消等待状态，输入接收通知的 E-mail地址后点击“Notify me via email”按钮。

［3］ **模建结果**

彩图 6

预测结果给出提交的目的序列、模板搜索选择、序列比对、模建结构并以 Javascript 显示完整三级结构示意图（线条模式），如图 5-34 所示。通过鼠标左右键可以进行分子的旋转、缩放操作。同时我们可以下载 model. pdb 文件到本地计算机进行查看分析，该结构文件是含有空位的三级结构，在查看时需要注意。彩图 6 为 CPHmodels 同源模建的 RGDV P8 蛋白三级结构。

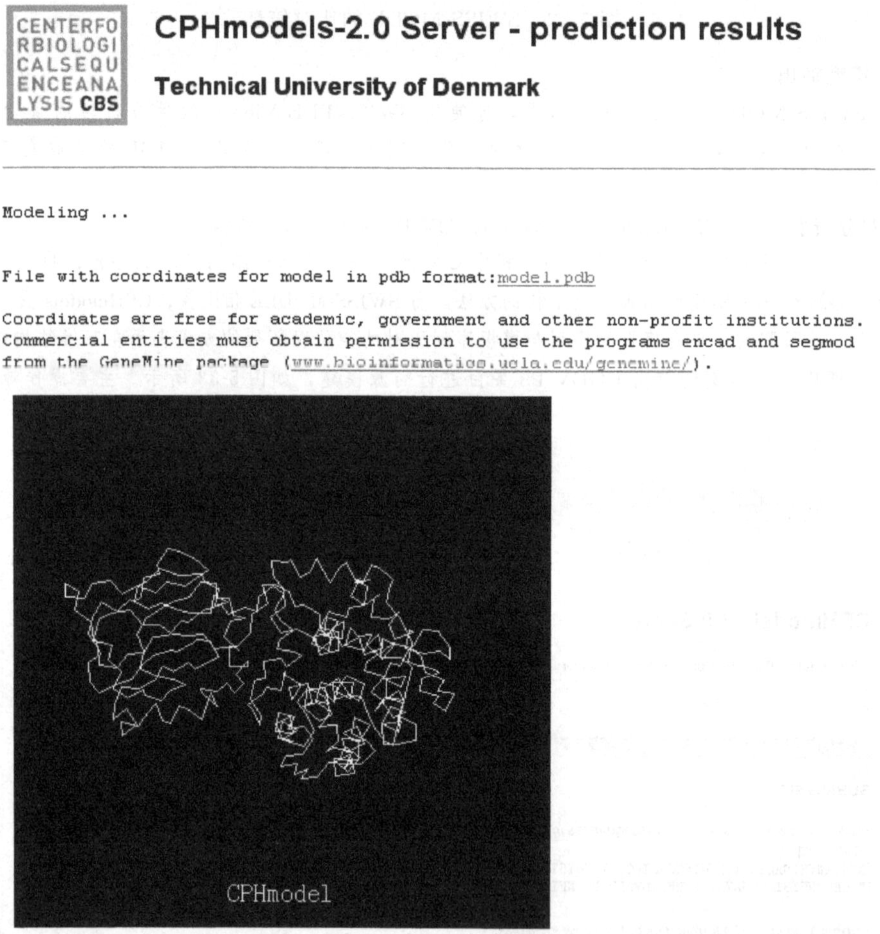

图 5-34 CPHmodels 给出的 RGDV P8 蛋白三级结构示意图

2. 折叠识别

折叠识别（folds recognition）也称反射折叠（inverse fold）或串线（threading），主要原理是将序列“穿”入已知的各种蛋白质折叠子（fold）骨架内，通过目的蛋白序列与已知折叠子的逐一比对，计算出未知结构序列折叠成各种已知折叠子的可能性，根据计分函数（scoring function）找出最适合目的序列的折叠子结构。

折叠子一般包含一个或多个蛋白质超家族，这些蛋白质超家族中的蛋白质核心结构相同。每个折叠子的结构内核有确定的结构特征，具有相同折叠子的不同蛋白具有相同的内核结构特征。折叠识别就是基于序列同源性很低的蛋白质都可能存在结构相同的折叠子进行预测。

对蛋白质折叠子的研究为启发式搜索蛋白质三级结构提供了有用的信息，具有重要的生物学意义（张阳德，2004）。

【实例分析】 使用 PHYRE 系统进行 RGDV P2 蛋白的折叠识别预测。

PHYRE（Protein Homology/analogY Recognition Engine）是英国伦敦大学帝国理工学院生物信息学小组维护的蛋白质折叠识别预测的网上服务器，该服务器提供了分别针对免费的学术用户和收费的商业用户两种版本。

本例使用的 P2 蛋白是水稻瘤矮病毒的次要外层衣壳蛋白，由于 ExPDB 晶体图像数据库搜索不到同源蛋白，故采用折叠识别法预测 P2 蛋白的三级结构。

针对实验目的，主要操作流程如下：

[1] 提交序列

联机访问 PHYRE 服务器，在主页的相应输入框填入 E-mail、任务名称及目的蛋白序列（图 5-35），然后按下“Quick Phyre Search”按钮开始折叠识别，成功提交后 Phyre 系统给出提交任务的相关信息及运行状态，系统页面每隔 30s 自动刷新，直到完成任务。

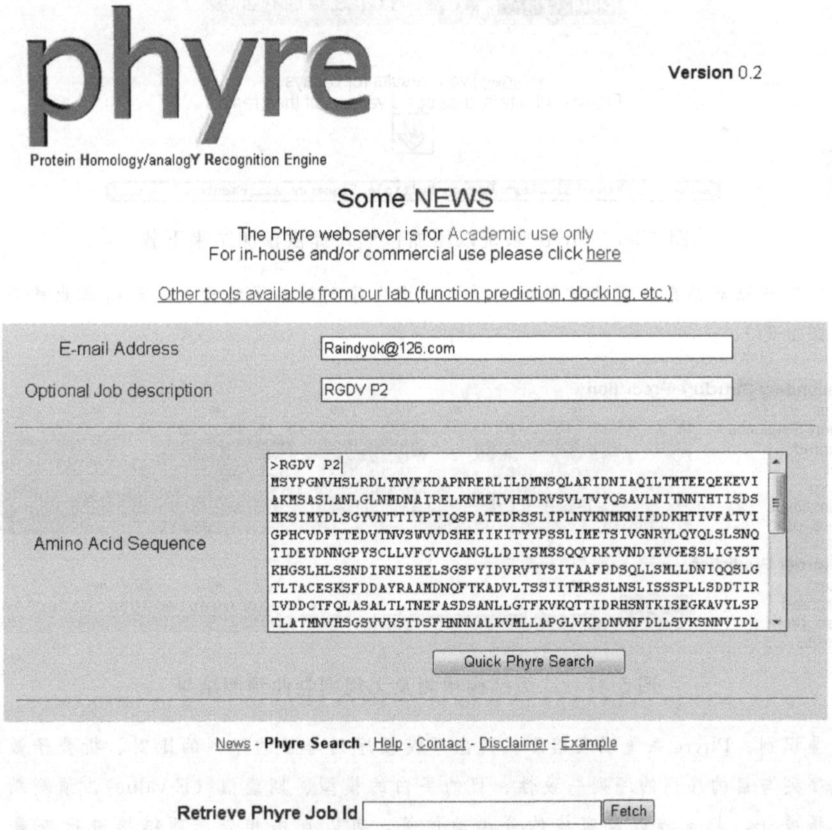

图 5-35　PHYRE 主界面

[2] 结果解读

折叠识别预测完成后，结果包含三个部分内容：结果下载（压缩包）、二级结构预测、折叠识别。

（1）结果下载。结果文件以压缩包形式提供下载，点击图 5-36 中的箭头图标即可下载到本地计算机。

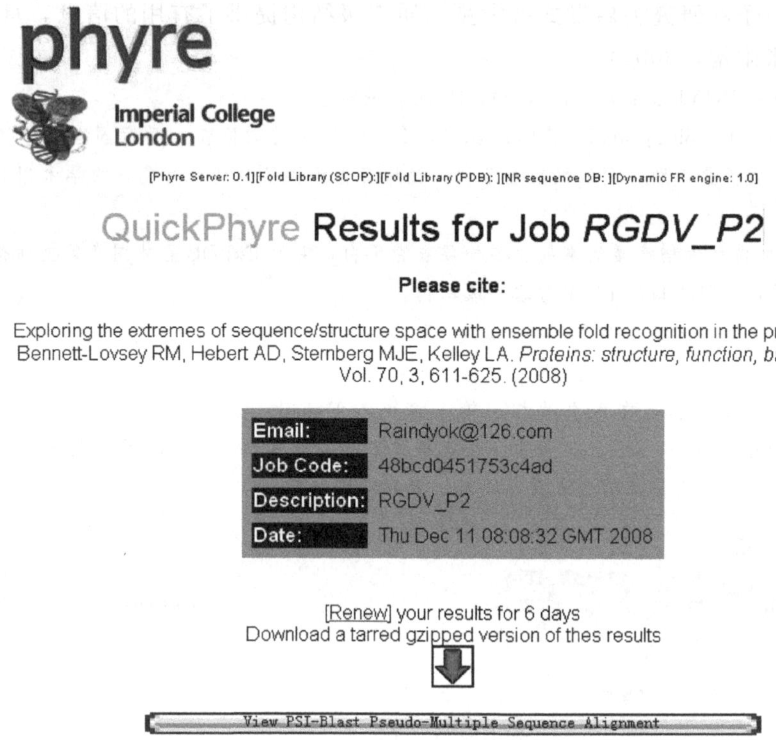

图 5-36　Phyre 系统以压缩包形式提供预测结果下载

（2）二级结构预测结果。预测结果给出了目的蛋白序列的二级结构、无规则卷曲预测及预测可信度等信息（图 5-37）。

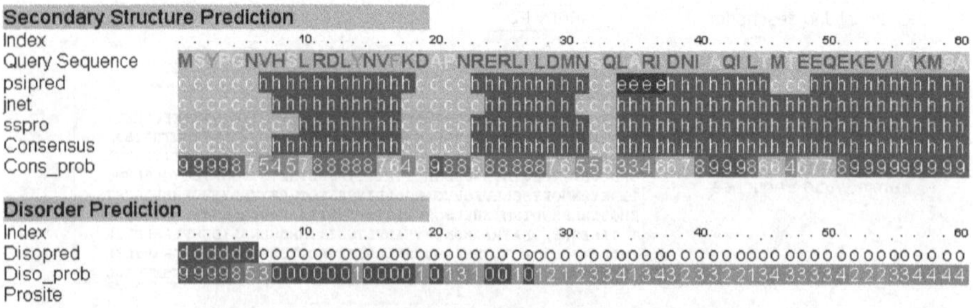

图 5-37　二级结构预测及无规则卷曲预测结果

（3）折叠识别。Phyre 系统以表格形式列出了模板序列与目的序列的比对、折叠子数据库、模板长度、模板序列与目的序列的序列一致性、目的蛋白的模型、期望值（E-value）、预测精度、模板所处的蛋白质折叠子、超家族以及家族的分类地位等，可以点击相应选项链接进行查看，如图 5-38 所示。

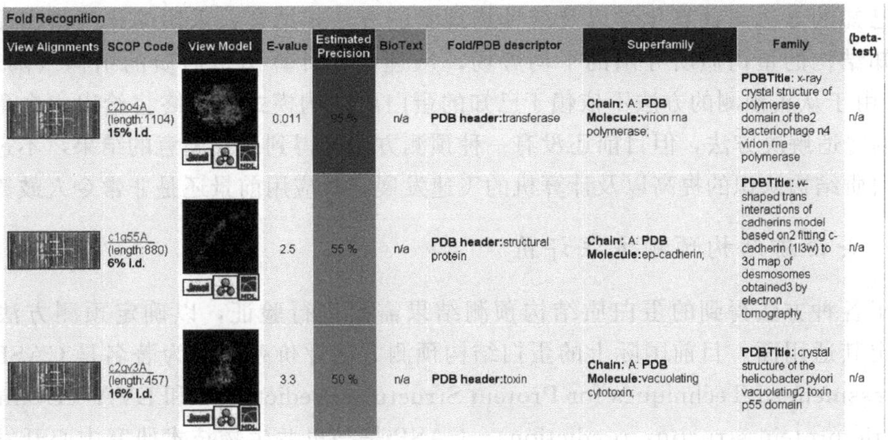

图 5-38 折叠识别预测结果

点击上图的"c2po4A _"可以查看其在 PDB 数据库中的注释,包括相关文章的标题、作者、主要引用、更新记录、实验方法和分类地位等,如图 5-39 所示。

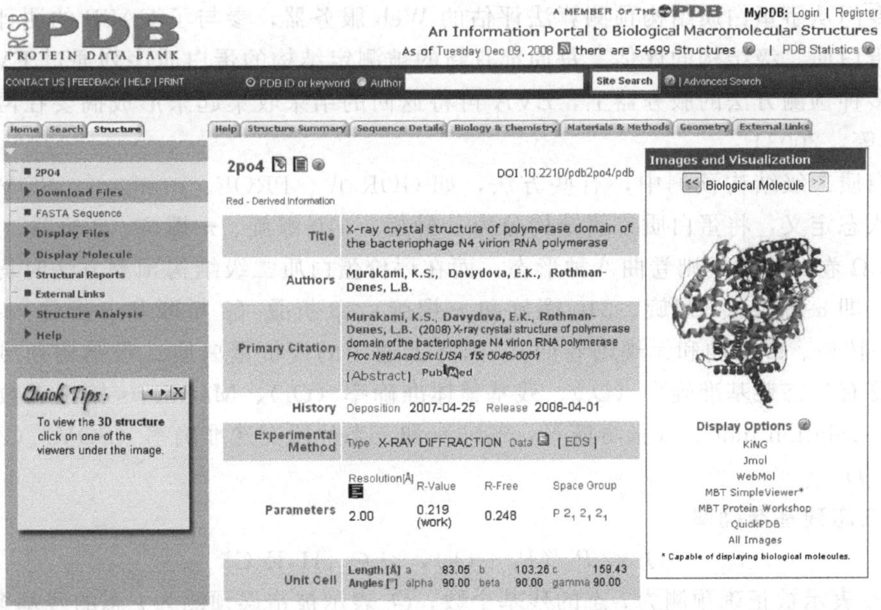

图 5-39 PDB 数据库关于 c2po4A _ 的注释

综合上述结果可知,第一个模板的折叠子 c2po4A_ 是噬菌体 N4 病毒粒子 RNA 聚合酶(bacteri-ophage n4 virion rna polymerase)家族成员,该折叠子与提交的目的序列匹配性较好,E 值为 0.011,预测准确度为 95%。以该折叠子的 X 射线晶体衍射结构折叠识别出来的 RGDVP2 蛋白三级结构如彩图 7 所示。

彩图 7

3. 从头预测

在既没有已知结构的同源蛋白,也没有已知结构的折叠子情况下,只能采用从头预测(Abinitio prediction),即直接从序列本身预测其三级结构。从头预测的基本思想是将基于已知的方法与计算化学以及统计物理学的方法相结合，采用简化的蛋白质模型和根据已知结构的蛋白质所导出的平均势场，从理论上计算出蛋白质的结构（陶士珩等，2007）。由于从头预测的方法不依赖于已知的蛋白质结构模式，最终将给出一个蛋白质结构预测的普适解决方法，但目前还没有一种预测方法能得到比较满意的结果，不过随着人们对蛋白质结构认识的提高以及计算机的飞速发展，其应用前景还是非常令人鼓舞。

5.3.3　蛋白质结构预测方法评价

对于各种方法得到的蛋白质结构预测结果需要进行验证，以确定预测方法是否可行，确定其适用面。目前国际上的蛋白结构预测方法评价系统最为著名是 CASP（Critical Assessment of Techniques for Protein Structure Prediction）和 EVA（Evaluation of Automatic protein structure prediction）。CASP 是马里兰生物技术研究中心开发的一个客观评价各种预测方法评判的系统，是世界范围内对蛋白质结构预测的技术方法比赛，号称蛋白质建模方面的奥林匹克，代表着蛋白质结构预测领域的前沿水平。CASP 主要包括三部分内容：①目标蛋白质序列的收集；②蛋白质结构预测模型的收集；③蛋白质结构预测模型及方法的评估，组织会议的公布和结果讨论。EVA 是美国哥伦比亚大学研制的专门从事蛋白质结构预测算法评估的 Web 服务器，参与了 CASP 的测评，它包含了对蛋白质二级结构的评估。每周都有新的被测定结构的蛋白质序列通过 EVA 自动提交到多种预测方法的服务器上，EVA 再将返回的结果收集起来形成摘要在网上公布（张海霞等，2003）。

蛋白质二级结构预测中，有些方法，如 GOR Ⅳ、PROF、predator、SOMA 等方法采用八态定义，将蛋白质二级结构分为 α-螺旋、310 螺旋、π-螺旋、β-桥联、β-折叠、β-转角、Ω 卷曲和无规则卷曲八种形态。而在评价蛋白质二级结构预测方法时均采用三态定义，即 α-螺旋（α-螺旋、310 螺旋和 π-螺旋），β-折叠（β-桥联和 β-折叠），无规则卷曲（β-转角、Ω 卷曲和无规则卷曲）。国际上通用的评价蛋白质二级结构预测方法的指标主要有三态残基准确率（Q_i）、残基整体准确率（Q_3）、Matthews 校正系数（Matthews correlation index）（张海霞等，2003）和三态片段交迭准确率（SOV）（Zemla et al.，1999）。

1. 三态残基准确率

$$Q_i = P_i/(P_i + O_i),\quad i \in \{H,E,C\}$$

式中，P_i 表示被正确预测为 i 态的残基个数；O_i 表示被错误预测为 i 态的残基个数；H 表示 α-螺旋；E 表示 β-折叠；C 表示无规则卷曲。

2. 残基整体准确率

$$Q_3 = (P_a + P_b + P_c)/T$$

式中，P_i（$i \in \{a, b, c\}$）分别表示被预测出的三态（H，E，C）的残基个数，T 表示残基总数。

3. Matthew 系数

$$C_i = \frac{p_i n_i - u_i o_i}{\sqrt{(p_i + u_i)(p_i + o_i)(n_i + u_i)(n_i + o_i)}},\quad i \in \{H,E,C\}$$

式中，p_i 表示 i 态被预测为 i 态的残基个数；n_i 表示非 i 态被预测为非 i 态的残基个数；u_i 表示 i 态被预测为非 i 态的残基个数；o_i 表示非 i 态被预测为 i 态的残基个数。$C_i=0$ 时，称为随机预测；$C_i=1$ 时，称为完全预测。

4. 三态片段交迭准确率

$$\mathrm{SOV}=100\times\frac{1}{\sum_i N(i)}\sum_i\sum_{s(i)}\frac{\min ov(s_1,s_2)+\delta(s_1,s_2)}{\max ov(s_1,s_2)}len(s_1)\quad i\in\{\mathrm{H,E,C}\}$$

SOV 是专门针对蛋白质二级结构预测特点提出的（Zemla et al.，1999），其值反映了预测方法预测出 H、E 片段的能力。

联网至 http://cubic.bioc.columbia.edu/eva/，选择“secondary structure”可以查看到不同时间段公布的二级结构预测方法的评估情况。表 5-9 为 2008 年 4 月参与测评的蛋白质二级结构预测方法的总体统计情况。Q_3 表示残基整体预测准确率，Q_{3H} 表示 α-螺旋预测的准确率，Q_{3E} 表示 β-折叠预测的准确率，Q_{3L} 表示无规则卷曲预测的准确率，SOV 表示三态片段交迭预测准确率，corrH 表示 α-螺预测的相关系数，corrE 表示 β-折叠预测的相关系数，corrL 表示无规则卷曲预测的相关系数。从表中可以看出 Porter 的表现最好，读者可以根据评估结果选取表现较好的方法来预测分析蛋白质二级结构。

表 5-9　二级结构预测方法的评估（2008 年 4 月）

方　法	Q_3	Q_{3H}	Q_{3E}	Q_{3L}	SOV	corrH	corrE	corrL
Porter	79.9	85	66	78	76.3	0.73	0.68	0.60
SSpro4	77.9	85	64	76	72.0	0.71	0.62	0.58
PSIpred	77.8	86	66	75	75.3	0.71	0.64	0.59
SAM-T99sec	77.3	86	63	74	74.8	0.71	0.62	0.58
SABLE2	76.8	82	65	77	73.0	0.71	0.63	0.57
PROFsec	76.6	78	70	77	74.5	0.69	0.61	0.57
SABLE	76.1	80	66	76	74.0	0.69	0.60	0.57
(SSpro3)	76.1	82	60	75	71.6	0.68	0.58	0.57
APSSP2	75.4	81	66	76	73.3	0.69	0.59	0.57
PHDpsi	74.9	80	65	72	71	0.67	0.56	0.54

蛋白质结构预测的评估不仅可以为选择预测方法提供参考，而且还有利于预测方法的改进。

5.4　抗原表位预测分析

抗原抗体结合反应中，抗体参与结合的部位称为抗体的对位（paratope），而抗原参与结合的部位以前多称为抗原决定簇，现在称为抗原表位（epitope）。抗原表位有两种分类方法：一是按照与抗原受体细胞结合不同，分为 B 细胞抗原表位和 T 细胞抗原表位；二是按照表位结构不同分为连续性抗原表位和不连续性抗原表位，前者又称线性表位，是由肽链上顺序连续的氨基酸组成；后者又称构象型抗原表位，是由那些空间邻近但顺序上不连续的氨基酸组成。

传统疫苗是将病原生物或者某个蛋白作为外源物质来激活机体的免疫反应，但是免疫应答反应并不是针对整个外源性物质，而仅仅只是外源性物质的一小段区域，这一小段区域即为抗原表位，75%以上为 4～7 个氨基酸残基（Andersen et al.，2006）。基于这一理论，表位疫苗研制成为了近年研究的热点。表位疫苗是用抗原表位制备的疫苗，根据表位的不同，分为 B 细胞表位疫苗、T 细胞表位疫苗和多表位疫苗。就某一蛋白质的抗原而言，它不仅含有 B、T 细胞表位等与免疫识别密切相关的结构，同时还含有抑制性或毒性表位、优势非中和性表位、病理与自身抗原交叉反应性表位等，这些不合理表位可导致免疫耐受、免疫偏差、免疫缺陷等负面效应（Blackman and Rouse，2002）。在表位水平筛选特定的优势 B 细胞表位与 T 细胞表位，无疑对设计开发新型表位疫苗和抗体、疾病的预防和诊断有重要意义。

5.4.1 B 淋巴细胞抗原表位预测分析

1. B 淋巴细胞抗原表位预测基础

一个蛋白质中某段氨基酸残基能否诱导机体产生抗体与它是否在蛋白质表面，是否具有与抗体结合的空间等因素有关，根据这些特点提出了利用蛋白质理化性质来预测线性 B 细胞抗原表位。目前已被大众认可并具有较好预测效果的单参数方案主要有以下 6 种。

（1）亲水性方案（Hydrophilicity）。常用的方法有：Hopp-Woods，Kyte-Doolittle，Parker。该方案认为蛋白质抗原各氨基酸残基可分为亲水性残基和疏水性残基两类。在机体内，疏水性残基一般埋在蛋白内部，而亲水性残基位于表面，因此蛋白的亲水部位与蛋白抗原表位有密切的联系。但现已明确，亲水性部位与抗原表位并无很好的一致性，即高亲水性部位不一定是表位，表位也不一定是亲水性部位。

（2）表面可及性方案（Surface Accessibility）。常用的方法有：Janin，Emini。表面可及性指蛋白质抗原中氨基酸残基被溶剂分子接触的可能性，反映了蛋白质抗原内、外各层残基的分布情况。

（3）柔韧性方案（Flexibility）。最常用的是 Karplus-Schulz 方法，是基于已知结构的 31 个蛋白质的 C_x 的温度 β 因子来预测蛋白质片段活动性的方法。

（4）抗原性方案（Antigenicity）。Welling 对 20 个已研究得很透的蛋白质的 69 个连续位点的 606 个氨基酸进行统计分析，用每个氨基酸出现在抗原区的频率除以各氨基酸在所有蛋白质中的频率，得到抗原性刻度值。该法研究表明，疏水性氨基酸残基对抗原表位形成亦有贡献。Kolaskar-Tongaonkar（Kolaskar and Tongaonkar，1990）发现 Cys、Leu、Val 等疏水性氨基酸位于蛋白质表面时，它们往往是 B 细胞表位的一部分。

（5）二级结构预测方案（Secondary structure）。该方案认为 β-转角结构为凸出结构，多出现在蛋白质抗原表面，利于与抗体嵌合，较可能成为抗原表位。而 α-螺旋、β-片层结构规则，不易形变，较难嵌和抗体，一般不作为抗原表位。用来预测蛋白质 β-转角的方法有 Chou-Fasman、Garnier、Pellequer，以及其他预测蛋白质二级结构的方法。

（6）抗原指数方案（Antigenivity Index）。Jameson 和 Worf 综合上述的亲水性、表

面可及性、柔韧性、二级结构方案，分别分配一个权重，40%来自二级结构，30%来自亲水性，15%来自柔韧性，15%来自表面可及性，求得的各方案之和为抗原指数。吴玉章等计算 20 种氨基酸出现在 30 种病毒蛋白的 98 个抗原肽及其他 314 个一般蛋白肽链中频率的比值，再取对数得到各个氨基酸的抗原性指数，以此来预测蛋白的抗原表位（Wu and Zhu，1995）。

上面的方法主要是利用表位的理化性质基于预测线性 B 细胞抗原表位来设计的。近年来，Saha-Raghava 首次将人工神经网络应用到线性 B 细胞抗原表位的预测（Saha and Raghava，2006），Andersen-Lund 首次提出一种预测构象 B 细胞抗原表位的方法并取得了很好的效果，不过该方法预测是建立在已知蛋白质三级结构基础上的。B 淋巴细胞抗原表位预测的网络资源参见表 5-10。除网络资源外，可用于预测 B 细胞抗原表位的综合性软件有 DNASTAR、ANTHEPROT、OMGIA 和 Goldkey 等。

表 5-10　B 淋巴细胞抗原表位预测的网络资源

资源名称	网　址	说　明
Bcepred	http://www.imtech.res.in/raghava/bcepred/bcepred_subbmission.html	提供 7 种参数预测方法
IEDB	http://tools.immuneepitope.org/tools/bcell/iedb_input	提供 5 种参数预测方法
DiscoTope	http://www.cbs.dtu.dk/services/DiscoTope	构象 B 细胞表位预测
ABCpred	http://www.imtech.res.in/raghava/abcpred/ABC_submission.html	基于人工神经网络的方法
Kolaskar	http://immunax.dfci.harvard.edu/Tools/antigenic.pl	Kolaskar-Tongaonkar 抗原性预测方案

2. Bcepred 和 Protean 程序使用简介

1）Bcepred 的使用

表 5-10 提供了 5 种预测 B 细胞抗原表位的网络平台，以 Bcepred（Saha and Raghava，2004）为例，联网至“http://www.imtech.res.in/raghava/bcepred/bcepred_submission.html”（图 5-40），可以进行 7 种 B 细胞抗原表位单参数方案预测，并可以设置预测方案的参数值。预测结果给出图形、数值、序列三种显示方式。彩图 8A 为图形显示方式，横坐标为氨基酸序列长度，纵坐标为预测值，阈值以上用红色的虚线表示，高于阈值线的氨基酸为可能的优势抗原表位；彩图 8B 为数值显示方式，共 3 列，第 1 列为氨基酸序号，第 2 列为氨基酸的简写，第 3 列为预测方案的预测值，预测值越高的氨基酸越有可能成为抗原表位；彩图 8C 为序列显示方式，带下划线标识的为预测的抗原表位。

彩图 8

2）Protean 的使用

Protean 是综合性序列分析软件 DNASTAR 的一个模块，常用来预测分析 B 细胞抗原表位。

启动 DNASTAR 的 Protean 程序，单击文件/打开命令打开一个对话框，在对话的文件类型选项卡的下拉菜单中选择 FASTA 文件格式，单击“打开”按钮，程序自动将默认的 Garnier-Robson、Chou-Fasman、Hydrophilicity Plot-Kyte-Doolittle 等方案以图

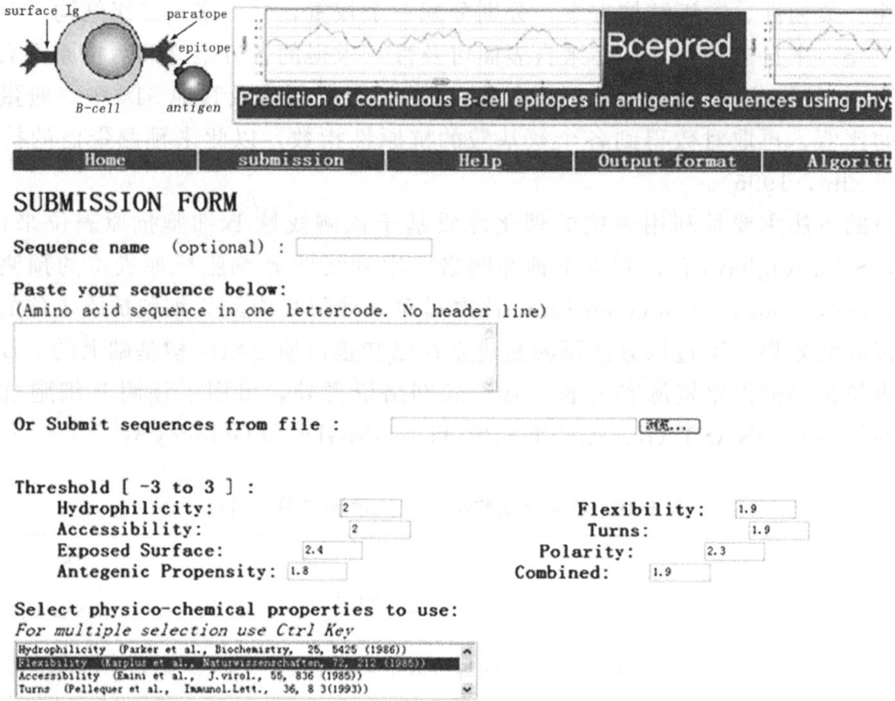

图 5-40 Bcepred 分析的网络界面

形化的方式显示，如图 5-41 所示。拖动分析界面左上角的小环打开方法帘，如图 5-42A 所示，在方法帘的下拉列表中可以选择所有的方法，选择后该方法会添加到方法帘中。点击方法帘左边的三角形，如果图标前有数字表明该方法已经使用，数字表示应用的次数，

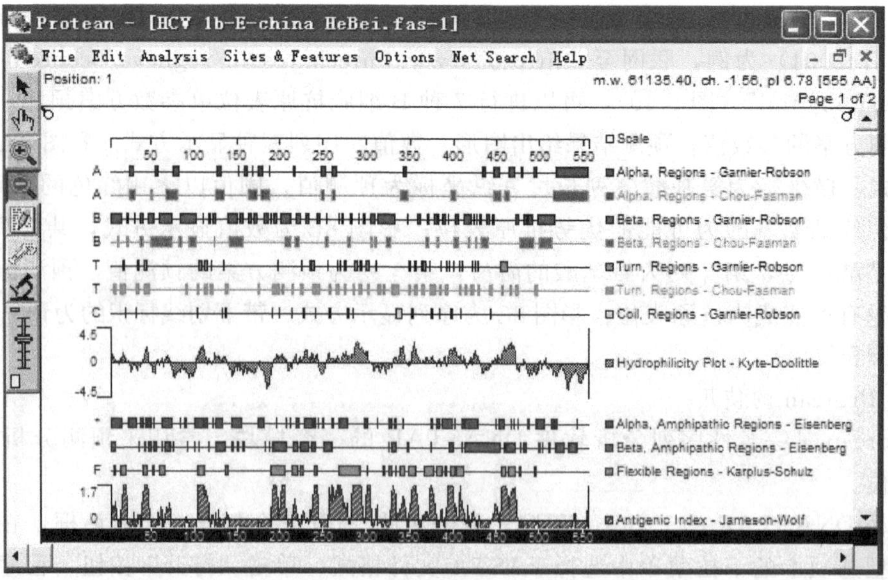

图 5-41 使用 Protean 程序对 HCV1b 型膜蛋白质进行 B 细胞抗原表位预测分析实例

如图 5-42B 所示。用鼠标将方法帘中的方法拖入分析界面，其结果会以图形化的方式显示出来；用鼠标拖动结果到左边的空白区，则该方法应用被删除；删除结果的方法可以再次应用，也可以多次应用。

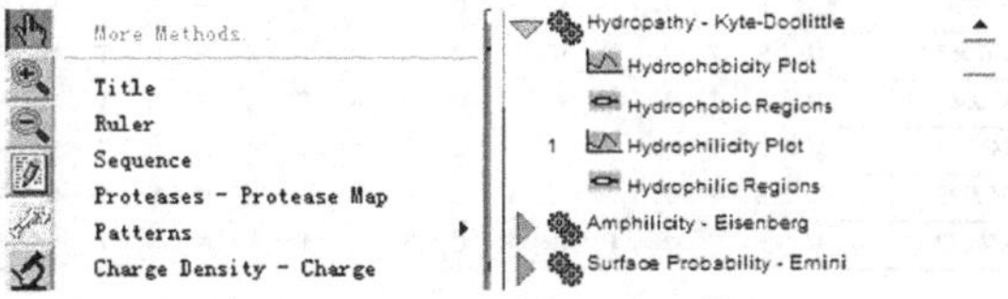

图 5-42 使用 Protean 程序的方法选择

3. Protean 预测丙型肝炎病毒 1b 型 B 淋巴细胞抗原表位实例分析

目前 B 细胞抗原表位的预测准确率大约在 50%～80%（Kolaskar et al.，1990；Saha and Raghava，2004，2006），多种预测方案综合分析可以得到较好的预测效果。在综合预测的同时再结合蛋白质的特性，比如保守区、*N*-糖基化位点、跨膜区、二级结构特点等进一步分析将有利于预测。

丙型肝炎病毒（HCV）于 1989 年首次被 Choo 等人克隆，是慢性肝病的主要病原体，属黄病毒科，基因组（HCV RNA）为单正链 RNA（ssRNA），目前全球约有 1.7 亿 HCV 感染患者（Cohen et al.，1999）。由于丙型肝炎病毒是 RNA 病毒，其 RNA 聚合酶缺乏 3′→5′的校正功能，易变异，至今仍未研制出有效的疫苗。2004 年第 11 届国际丙型肝炎及相关病毒会议上将 HCV 分为 6 个主要的基因型，规定丙型肝炎病毒基因组核苷酸变异大于 30%为不同基因型，而同一基因型不同亚型之间的基因组核苷酸变异小于 20%，不同分离株之间的变异小于 10%（Simmonds et al.，2004）。现已明确不同基因型和丙型肝炎的治疗、疾病发生程度及丙型肝炎病毒的分布区域有密切关系（Cyrille et al.，1995；Mellor et al.，1995；Guillou et al.，2007）。因此根据不同基因型制备相应的基因型抗体可以在一定程度上减少因病毒变异带来的抗体作用靶点的改变，同时可以进行区域性预防。我国以 1b 型为主，而丙型肝炎病毒核心蛋白是编码区最保守的和主要的 B 淋巴细胞表位候选区域（Seme et al.，2005），因此我们预测分析 HCV 1b 型核心蛋白质的 B 细胞抗原表位。

从 Genbank（http://www.ncbi.nlm.nihgov/）中下载 6 条不同地区来源的病毒株，包括中国湖北（GI：149389442）、中国河北（GI：156914952）、美国得克萨斯州（GI：169244835）、美国马萨诸塞州（GI：169244823）、瑞士（GI：169244808）和德国（GI：169259719），根据注释选取核心蛋白质氨基酸放到文件 HCV 1b-core.fas 中。用 Clustal X 比对，将生成的 HCV 1b-core.aln 文件导入到 MEGA 4.0 中，转换生成文件 HCV 1b-core.meg。用 HCV 1b-core.meg 分析 HCV 核心蛋白的一致性和保守区（图 5-43），结果 6 株同一亚型的病毒株核心蛋白的一致性为 95.3%。其中中国的湖北株与其他 5 株的一致性达 96.3%，较中国河北株与其他 5 株的一致性高，因此我们以中国湖北株的核心蛋白质为分析对象，它们的保守区为 1～14、16～69、71～74、76～90、92～105、107～109、111～146、148～157、159～186、188～191。

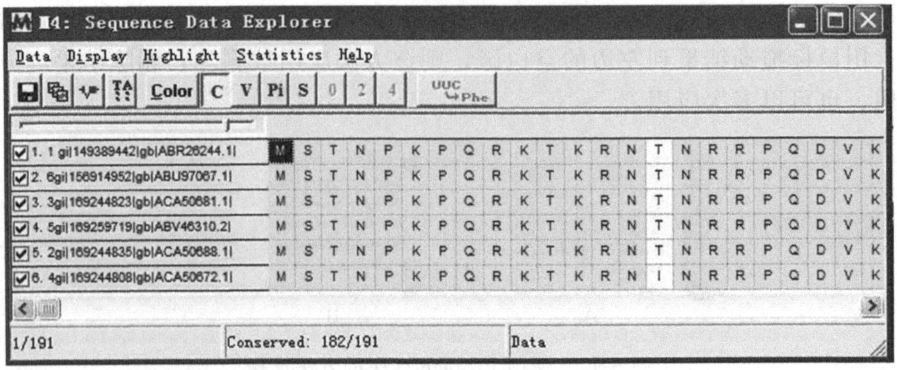

图 5-43 HCV 1b 型核心蛋白氨基酸的一致性和保守性

将中国湖北株的核心蛋白氨基酸序列单独保存为 *.fas 格式，启动 Protean 程序，以 FASTA 文件格式打开，结果将以图形化的方式显示。我们采用 Kyte-Doolittle 的亲水性方案、Karplus-Schulz 的柔韧性方案、Emini 的表面可及性方案和 Jameson-Wolf 的抗原指数方案综合预测（图 5-44），各方案预测得到的抗原表位参见表 5-11。汇总单参数方案预测的结果，然后用 PORTER（Pollastri and McLysaght，2005）（http://distill.ucd.ie/porter/）预测蛋白质二级结构（表 5-12），排除 α-螺旋、β-折叠内不易形成表位的序列，将位于 β-转角、无规则卷曲处的表位确定为优势抗原表位。最后参照是否在保守区，根据吴玉章的抗原指数方案，确定最佳抗原表位候选区域为 RKTSERSQPRGRRQPIPKARRPEGRT 和 STNPKPQRKTKRNTNRRPQDV（表 5-13）。

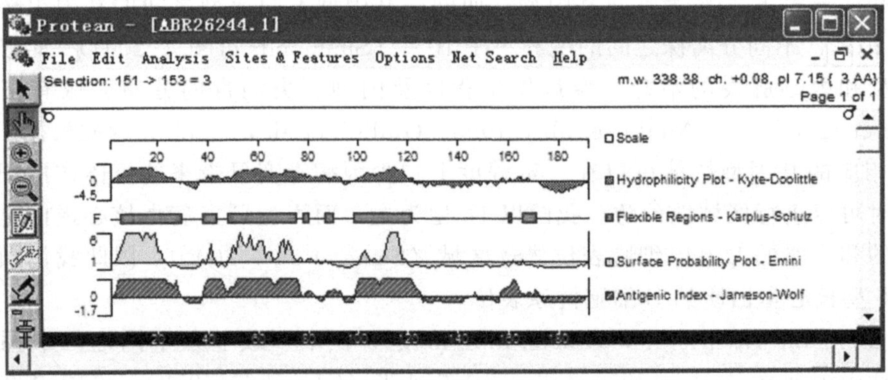

图 5-44 HCV 1b 型核心蛋白综合预测结果

表 5-11 单参数方案预测的抗原表位

预测方法	预测表位
Hydrophilicity（Kyte-Doolittle）	1～25、36～92、99～121、162～164
Flexibility（Karplus-Schulz）	5～29、38～43、48～75、78～80、87～90、99～121、166～171
Accessibility（Emini）	1～22、39～42、48～76、78～81、100～118
Antigenic Index（Jameson-Wolf）	2～27、37～75、78～81、87～92、99～124、156～168

表 5-12 HCV 1b 型核心蛋白质的二级结构预测

氨基酸序列	二级结构
MSTNPKPQRKTKRNTNRRPQDVKFPGGGQI	CCCCCCCCCCCCCCCCCCCCCCCCCCCCCC
VGGVYLLPRRGPRLGVRATRKTSERSQPRG	CCEEEECCCCCCCCEEEEECCCCCCCCCC
RRQPIPKARRPEGRTWAQPGYPWPLYGNEG	CCCCCCCCCCCCCCCCCCCCCCCCCCCCCC
FGWAGWLLSPRGSRPSWGPTDPRRRSRNLG	CCCEEEEECCCCCCCCCCCCCCCCCCCCCC
KVIDTLTCGFADLMGYIPLVGAPLGGAARA	HHHHHCCCCHHHHCCCCCECCCCCCHHHHH
LAHGVRVLEDGVNYATGNLPGCSFSIFLLA	HHHCCEEEHCCCCCCCCCCCCCHHHHHHH
LLSCLTTPASA	HHHHCCCCCCC

表 5-13 HCV 1b 型优势抗原表位的确定

表 位	氨基酸序列	抗原指数得分	是否在保守区
2～22	STNPKPQRKTKRNTNRRPQDV	1.029	在，但有 1 个突变点
37～43	LPRRGPR	0.38	在，没有突变点
48～75	RKTSERSQPRGRRQPIPKARRPEGRT	1.064	在，但有 2 个突变点
78～81	QPGY	－0.298	在，没有突变点
100～118	PRGSRPSWGPSDPRRRSRN	0.691	在，但有 2 个突变点

5.4.2 T 淋巴细胞抗原表位预测分析

1. T 淋巴细胞抗原表位预测基础

主要组织相容性复合体Ⅰ（MHCⅠ）类分子广泛分布于体内各种有核细胞表面，与表位多肽结合形成肽-MHC 复合物，复合物被 T 细胞受体（TCR）识别，将内源性抗原递呈给 $CD8^+$ T 细胞。MHCⅠ类分子又称 MHCⅠ类抗原，在人类中主要包括 HLA-A、HLA-B、HLA-C、HLA-E、HLA-F、HLA-G 等基因位点编码的所有膜抗原，是一组由非共价键连接的异二聚体分子。X 射线晶体衍射揭示（Madden，1995)：构成异二聚体分子的两条肽链分别为多态性的 α 链（重链）和非多态性的 β 链（轻链）。α 链的分子质量为 40kD，位于细胞膜外部，由 90 个氨基酸残基构成 α1、α2 和 α3 三个功能区。其中，α1 和 α2 位于分子顶部，连接处有 2 个 α-螺旋和 8 个反向平行的 β-折叠组成抗原肽结合槽，α3 是 CD8 分子的结合部位（图 5-45)。MHCⅠ类分子的抗原结合槽是封闭的，可容纳 8～11 个氨基酸多肽，多数为 9 肽。MHCⅠ类分子结合多肽的羧基端多由脂肪族疏水氨基酸（I、L、V、M）组成，而且不同的 MHC 等位基因出现的频率不同。此外，在序列特定位置上间隔一定距离出现 2～3 个保守性氨基酸，是 MHCⅠ类分子结合的锚点（anchor site)，是结合多肽必须的结构。

与 MHCⅠ类分子不同，主要组织相容性复合体Ⅱ（MHCⅡ）类分子分布于 B 细胞、单核/巨噬细胞、树突状细胞及其他抗原递呈细胞（APC）上，将外源性抗原递呈给 $CD4^+$ T 细胞。MHCⅡ类分子在人类主要包括 HLA-DP、HLA-DQ、HLA-DR、HLA-N、HLA-O、HLA-M 等基因位点编码的所有膜抗原，同样是一组由非共价键连接的异二聚体分子，包括 α 链和 β 链，α 链由 α1 和 α2 结构域组成，β 链由 β1 和 β2 结构域

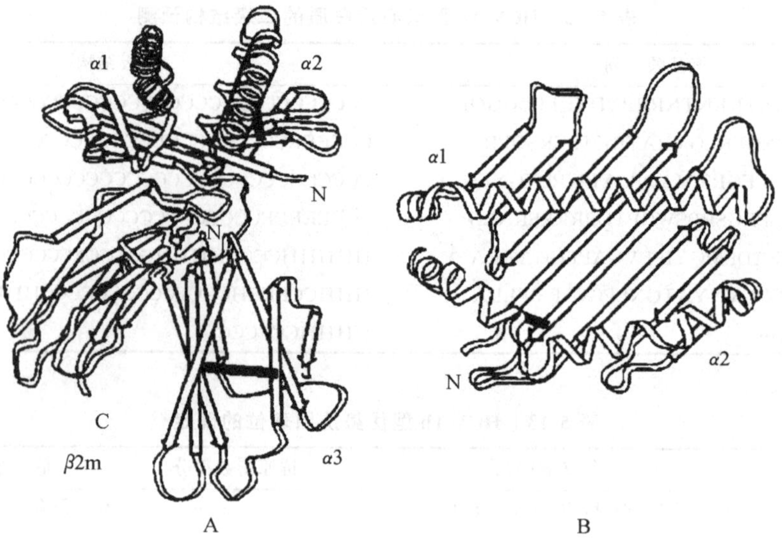

图 5-45 MHC Ⅰ类分子结构（郑珩和王非，2004）
A. 侧面；B. 顶面

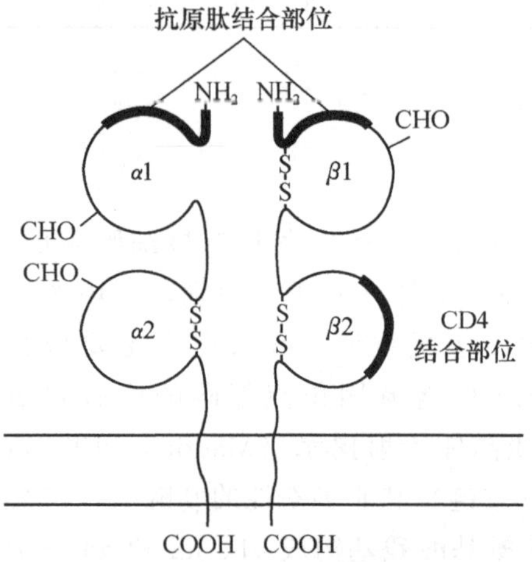

图 5-46 MHC Ⅱ类分子结构模式图（王兰兰，2003）

组成。α1 和 β1 结构域共同构成 MHCⅡ类分子的抗原结合槽，β2 是 CD4 结合部位（王兰兰，2003）（图5-46）。与 MHCⅠ类分子相比，MHCⅡ类分子的抗原结合槽的两端更为开放，可容纳更长的多肽，而且没有固定的锚点氨基酸。

由于 MHCⅠ类分子严格的结构特点和限制性，MHCⅠ类分子表位的预测比 MHCⅡ类分子表位的预测更加成熟，预测 T 细胞抗原表位的方法主要有简单基序法、扩展基序法、矩阵法、人工神经网络法和基于分子模拟的表位预测方法。目前的算法主要是基于 MHC 配体和结合肽的模体（motif）开发的，然而随着对抗原递呈过程中所涉及的其他细胞器了解的深入，如蛋白酶体、转运相关蛋白（TAP），产生了针对递呈过程的预测方法。常用的 T 淋巴细胞抗原表位预测的网络资源参见表 5-14（Lound et al.，2002）。

表 5-14 常用的 T 淋巴细胞抗原表位预测的网络资源

资源名称	网 址	说 明
BIMAS	http://www-bimas.cit.nih.gov/molbio/hla_bind/	基于矩阵法预测 MHC
SYFPEITHI	http://www.syfpeithi.de/Scripts/MHCServer.dll/EpitopePrediction.htm	可以预测 MHCⅠ和 MHCⅡ
PREDEPP	http://margalit.huji.ac.il/Teppred/mhc-bind/index.html	预测 MHCⅠ
PropredⅠ	http://www.imtech.res.in/raghava/propred1/	预测 MHCⅠ
Propred	http://www.imtech.res.in/raghava/propred/	预测 MHCⅡ

续表

资源名称	网　址	说　明
MHCPred	http://www.jenner.ac.uk/MHCPred/	可以预测 MHCⅠ和 MHCⅡ
IEDB	http://tools.immuneepitope.org/analyze/html/mhc_binding.html	预测 MHCⅠ
NetMHC	http://www.cbs.dtu.dk/services/NetMHC/	基于人工神经网络方法预测 HLAⅠ
MAPPP	http://www.mpiib-berlin.mpg.de/MAPPP/expertquery.html	首个利用蛋白酶体裂解模序的方法
PAR-3D	http://sunserver.cdfd.org.in:8080/protease/PAR_3D/access.html	基于三维结构模序搜索的方法

2. T 淋巴细胞抗原表位预测实例分析

上一节我们预测分析了丙型肝炎病毒中国湖北株（GI：149389442）核心蛋白的 B 淋巴细胞抗原表位，这一节我们用 SYFPEITHI（Rammensee et al.，1999）预测分析它的 T 淋巴细胞表位。联网至“http://www.syfpeithi.de/Scripts/MHCServer.dll/EpitopePrediction.htm”（图 5-47），从“Select MHC type”列表框中选择等位基因 HLA-A＊0201，从“Choose a mer”列表框中选择预测肽的长度为 9 个氨基酸，然后提交序列。SYFPEITHI 认为得分在前 2%的多肽成为抗原肽的可能性超过 80%，HCV core 蛋白有 191 个氨基酸，所以我们取得分在前面的 4 个抗原多肽作为优势抗原（图 5-48）。然后分别用 BIMAS，PREDEPP，PropredⅠ预测，结果显示该 4 条抗原肽均有较高的得分，其中 DLMGYIPLV（132～141）在 4 种程序中得分均在前 4 位，且位于保守区，因此确定氨基酸 DLMGYIPLV（132～141）为 HCV core 蛋白的最佳 MHCⅠ类分子抗原表位，根据这种思路同样可以进一步预测 MHCⅡ类分子的抗原表位。

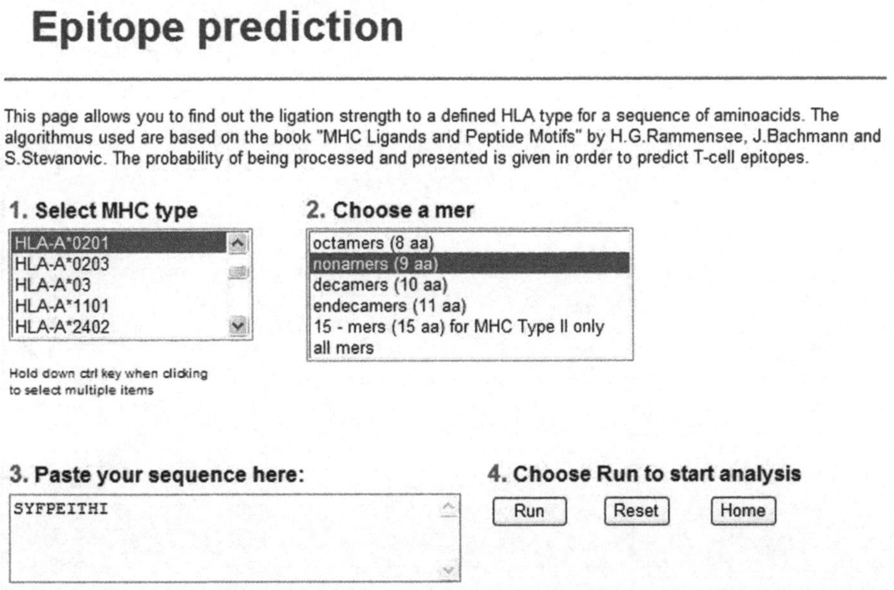

图 5-47　SYFPEITHI 的界面

Pos	1 2 3 4 5 6 7 8 9	score
150	A L A H G V R V L	30
132	D L M G Y I P L V	28
177	F L L A L L S C L	28
29	Q I V G G V Y L L	27

图 5-48　SYFPEITHI 得分最高的 4 个 HCV core 蛋白的 HLA-A＊0201 抗原表位

（高芳銮　万祥辉　吴祖建）

第六章　分子进化与系统发育分析

分子进化的研究已有 40 多年的历史，目前已经成为生物进化研究的重点。早在 20 世纪 60 年代初，人们从一些同源蛋白质的比较中发现不同生物之间同源蛋白质差异程度大小与生物之间的亲缘关系成正比，生物的核酸与蛋白质像表型一样也能反映物种间的亲缘关系与物种的演化过程。近年来，在系统发育分析和进化机制研究等方面发展了很多新的方法，加上快速 DNA 测序技术的发展与计算机的不断升级，使得分子进化与系统发育研究更为准确、简便。然而，充分理解一些分子进化与系统发育研究相关的背景理论知识和系统发育分析方法的原理对生物分子进化与系统发育研究中数据与结果的解释是很重要的，它能更好地促进研究工作的进步。

6.1　进化的分子基础

6.1.1　进化树与分子系统学

生物的进化是指生物群体性质随时间经历的变化。19 世纪中叶，达尔文认识到生物存在着两方面的进化。一种是从祖先到后代分支的逐渐变化，称为前进演化；另一种是进化种系的分生，或者是广义上种系树新分支（支序）的起源，这一生物多样性的产生过程又称为支序发生。支序发生开始于物种形成事件，随着事件的变迁，新的支序会由于与祖先类型的差异不断增加而变成种系树上的一个重要的分支。作为生物学的一个分支，种系发生研究生物由来的模式和历史，通常将这种模式称为种系发生树，而分类学家们也用支序图来表示（田洺，2003）。生物各种族的系统关系有如树状，可用图来表示其状态，称为系统树（图 6-1）。Haeckel（1866）最早制成了动物界和植物界全部的系统树，给予生物学者的研究工作以很大的推动。许多生物学家都想以系统树的形式描述和重建地球上所有生命的进化历史。最初的系统发育学家认为生物界不同生物的进化历史可直接从化石记录获知，因为它是生物进化史唯一的直接证据。20 世纪 70 年代，系统发育重建已经转向比较形态学的方法，将形态学上的差异程度作为物种间的进化距离。研究者可以根据化石和现存物种的形态学特征性状重建出物种进化历史的主要框架（于黎和张亚平，2006）。

分子生物学的发展大大加快了进化研究的前进步伐。分子数据的最大优点在于其包含了所有遗传信息的数据集。一个有机体的所有遗传信息由 DNA（一些病毒为 RNA）编码，DNA 由四种碱基组成：腺嘌呤（A）、胸腺嘧啶（T）、胞嘧啶（C）和鸟嘌呤（G）；当然在有些情况下会有第五碱基甲基胞嘧啶（假尿嘧啶）存在，它是最普遍的 RNA 修饰形式（孙之荣，2007）。DNA 序列由于本身相对稳定的进化演变过程和巨大的信息量等优势，大大提高了对物种间系统发育关系的推断能力。并且由于基因组大小和不同部分进化速率的多样性，分子特征提供了一个从非常近的时间到地球上生命起源

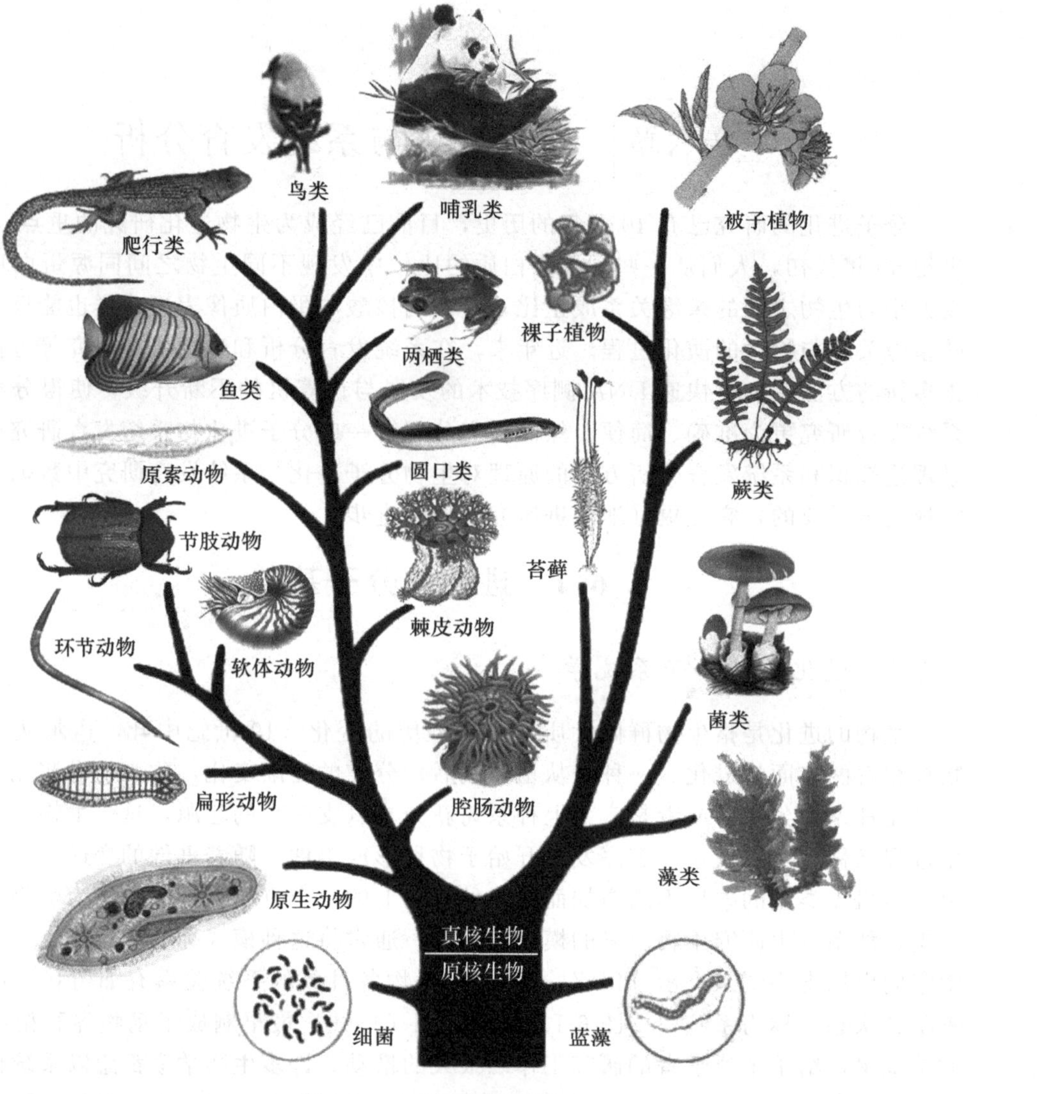

图 6-1　生物进化谱系树

时间内的系统发育记录，因此可以比较 DNA 来研究生物的进化关系。

进化主要缘于基因突变，由核苷酸替代（substitution）、插入/缺失（insertion/deletion）、重组（recombination）和倒位（invertion）等引发基因突变，突变的基因或 DNA 序列通过群体水平的遗传漂变/自然选择进行扩散，能产生新的形态或功能性状，最终在物种中得以固定并传递给其所有后裔。因此，当对某一类群重建了一种有效的系统树，我们就能据此找到具有此突变性状的谱系，进而研究特定性状的进化机制（吕宝钟等，2002）。目前，分子系统学（molecular systematics）已经成为研究进化机制的一个重要工具，是检测、描述并解释生物在分子水平的多样性、相似性、同源性及其演化规律的学科。

6.1.2　相似性与同源性

相似性是指一种很直接的数量关系，比如部分相同或相似的百分比或其他一些合适的度量，可进行自身局部比较。就是将待研究序列与DNA或蛋白质序列库进行比较，用于确定该序列的生物属性，也就是找出与此序列相似的已知序列。完成这一工作只需要使用两两序列比较算法。常用的程序包有BLAST、FASTA、Dot Plot（点阵序列比较）等。

同源性是指从一些数据中推断出的两个基因或蛋白质序列具有共同祖先的结论，属于质的判断，是将待研究序列加入到一组与之同源、但来自不同物种的序列中进行多序列同时比较，以确定该序列与其他序列间的同源性大小。这是理论分析方法中最关键的一步。完成这一工作必须使用多序列比较算法。常用的程序包有Clustal-Alignment（同源性分析）等。同源性分析中常常要通过多序列比对来找出序列之间的相互关系。与BLAST的局部匹配搜索不同，多序列比对大多采用全局比对的算法，这对于采用计算机程序的自动多序列比对是一个非常复杂且耗时的过程，特别是在序列数目多且序列长的情况下。

6.1.3　分子进化

生物的所有形态和生理状态最终都由DNA携带的遗传信息所控制。核苷酸和氨基酸序列中含有生物进化历史的全部信息。现代系统发生学重点是研究产生生物形态学特征或其他特征的生物大分子尤其是序列的同源性。分子进化是指生物进化过程中信息大分子（DNA、RNA和蛋白质）的变化，其研究的目的就是从物种的一些分子特征出发去了解物种之间的生物系统发生的关系，通过核酸、蛋白质序列同源性的比较进而了解基因进化及生物系统发生的内在规律。在分子水平上生物的进化过程可分为两步，一是由突变与重组产生可遗传的变异；二是受自然选择、遗传漂变与基因流的影响发生遗传变异有差别的世代相传（黄原，1998）。在实际序列比较分析中，要求准确地列阵比对，并明确所比较的序列模型必须是从一共同祖先分歧的后代，这样进行的比较才是直向的进化，而不是平行的。只有在这个基础上才可能研究生物进化速率和系统发育等（李越中等，2001）。

6.2　系统发育分析

系统发育学研究的是任何分类单元的起源及进化关系，系统发育分析就是要推断或者评估这些进化关系。系统发育分析是通过多序列比对，研究一组相关的基因或蛋白质，推断和评估不同基因间的进化关系。通过系统发育分析推断出来的进化关系一般用分支图表（进化树）来描述，这个进化树描述了同一谱系的进化关系，包括了分子进化、物种进化，以及分子进化和物种进化的综合。目前，分子系统学和生物信息学的发展为系统发育研究提供了良好的工具，它们的广泛应用不仅提供了大量的分子性状，而且还将长期以来处于不同研究领域的小进化（种下系统发育）和大进化（种上系统发育）统一起来。种下系统发育指种内不同群体间的谱系分枝关系，常与地理分布、种群遗传结构的研究紧密相关，应用于该领域的分子要求进化速率快（如微卫星、线粒体 DNA），并需要分析大量样品。种上系统发育研究，包括不同种、属以至界级水平。

在研究生物进化和系统分类中，常用一种类似树状分支的图形来概括各种（类）生物之间的亲缘关系，这种树状分支的图形成为系统发育树（phylogenetic tree）。它是描述一群有机体发生或进化顺序的拓扑结构。通过比较生物大分子序列差异的数值重建的系统树称为分子系统树（molecular phylogenetic tree）。根据系统发生树的具体表达形式，可分为物种（或种群）树（species or population tree）与基因树（gene tree），它们都是用树一样的拓扑结构表示出来。系统进化树分有根树（rooted tree）和无根树（unrooted tree）（图 6-2）两种。有根树是具有方向的树，包含唯一的节点，将其作为树中所有物种的最近共同祖先。有根树反映了树上物种或基因的时间顺序，而无根树只反映分类单元之间的距离而不涉及谁是谁的祖先问题。图 6-2 中 A、B、C、D 为所研究的分类单元，有时亦称为运筹分类单位（operational taxonomic units，OTU），是一项研究中由工作者选定的序级最低的基本单位，处在整个树分支的末端或称树的终节点（terminal nodes）上。OTU 可以是类元，在种上研究中常选为种，也可以更高，在种下研究中常选为种群（或居群），也可以是更小的个体群组，甚至小到个体。一项研究中 OTU 序级一般应当一致，不宜高低参差不齐。分支的末端和分支的联结点称为结（node），代表生物类群，分支末端的结代表仍生存的种类。树中的分支点称为内节点（internal nodes），它代表了一个或一系列趋异事件发生的位置；节点间的连线称为支（branches），其中一端与终节点相连的为外支（peripheral branches），不与终节点相连的为内支（interior branches）。在有根树中，连接 2 个外支的内节点称为共祖节点（common ancestral nodes）（常青和周开亚，1998）。最常用的确定树根的方法是使用一个或多个无可争议的同源物种作为外群（outgroup），这个外群要足够近，以提供足够的信息，但又不能太近以致与树中的种类相混。

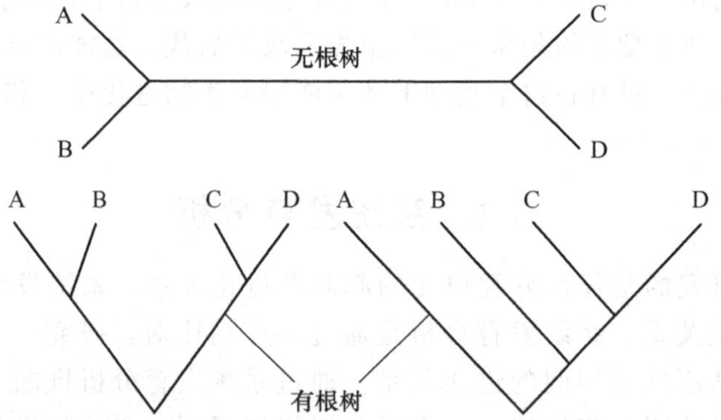

图 6-2　有根和无根进化树

系统发育分析来源于进化论，并将进化论的原理拓展到 DNA 序列水平和蛋白质序列水平。对物种序列进行系统发育分析的四个主要步骤是比对、建立取代模型、建立进化树以及进化树评估。一般来说，执行这四个步骤的计算机程序都是相互独立的，但是它们都是进行系统发育分析的有机部分。用于重建系统进化树的数据有 2 种类型：一种是特征数据（characterdata），它提供了基因、个体、群体或物种的信息；二是距离数据（distancedata）或相似性数据（similaritydata），它涉及的则是成对基因、个体、群体或物种的信息。距离数据可由特征数据计算获得，但反过来则不行。这些数据可以矩阵的形式表达。距离矩阵（distancematrix）是在计算得到的距离数据基础上获得的，距离的计算总体上是要依据一定的遗传模型，并能够表示出两个分类单位间的变化量。系统进化树的重建质量依赖于距离估算的准确性。

6.2.1　DNA 和氨基酸序列的进化演变

DNA 序列有多种多样的特殊区域，如蛋白质编码区、非编码区、外显子、内含子、侧翼区、插入序列和重复序列等，因此它的进化演变也非常复杂。前面已讲到，进化主要缘于基因突变，DNA 的突变演变因 DNA 区的不同而存在较大差异。而且蛋白质编码区三联体密码子的第一、二和三位碱基的核苷酸替代式样也不尽相同。一些区域相对而言更易受自然选择的影响，使得 DNA 的不同区域呈现不同的进化模式。

在 DNA 序列的进化演变过程中，核苷酸的差异随时间而增加。序列间的分歧大小可依据序列中不同核苷酸位点的比例而测定，亦称为核苷酸间的 p 距离，它是序列间转换对和颠换对的每一个总频率之和。在进行系统发育分析时，如果序列间亲缘关系较近，p 距离可用来估计每个位点上的核苷酸替代数。欲估计核苷酸替代数，必须应用核苷酸替代的数学模型，在重建系统树时，常须针对不同的方法和要求选择不同的核苷酸替代模型，这点在后面的实例分析中还会谈到。目前，很多学者已提出了不同的替代模型，具体的替代模型方法与原理详见吕宝钟等译的《分子进化与系统发育》(2002)。

氨基酸序列的进化演变比 DNA 序列的演变要简单很多。1977 年前大多数分子进化研究是基于氨基酸序列数据的，一些重要的分子进化的原理如通过基因重复的进化（Ohno，1970）和分子钟（Zuckelkandl and Pauling，1962）都是基于氨基酸序列分析发现的。而且氨基酸序列比 DNA 序列更为保守，能为基因和物种的长期进化提供更有用的信息并可为蛋白质编码基因的 DNA 序列的对位排列分析提供校正。

蛋白质或肽链的进化演变研究始于两个或多个物种的氨基酸序列的比较。在比较不同物种中的氨基酸序列时，主要研究已固定到这些物种的基因组中的突变的氨基酸的演变。研究者们通过比较序列间的差异，如氨基酸差异数或序列间有差异的氨基酸所占比例等，来测定物种间的进化分歧。Dayhoff 等（1978）提出从相对短的进化时间分析氨基酸的替代矩阵来估计进化距离的方法。近年来，氨基酸替代矩阵已被最大似然法采用来重建系统树（Kishino et al.，1990）。

6.2.2　系统发育树的种类

生物的进化历史中，DNA 或蛋白质序列的系统发育分析已经成为重要的研究工具。研究者们通过不同的基因或 DNA 片段用不同的方法重建不同的系统发育树来研究几乎所有水平上的分类单元间的进化关系。分子进化学者们常提到的系统发育树种类有：有根树、无根树、基因树、物种树、期望树、现实树和重建树等。

物种树指一个物种或群体进化历史的系统发育树，又称为种群树，其中两个物种分歧的时间就是两个物种发生生殖隔离的时间。而来自不同物种的一个（直源）基因重建的系统发育树则称为基因树，其分歧式样可能不同于物种树。在从基因树推导物种树时应格外小心。另外，在推断系统发育的理论中，常假设所研究的 DNA 或蛋白质序列非常长（理论上的无限长），用这种无限长的序列或每一分支期望的核苷酸或氨基酸替代数重建的树就称为期望树。而建立在实际替代数基础上的树则为真实树或现实树。期望树的每个分支的长度等于核苷酸替代的期望值，现实树来自于计算机模拟且其每个分支给定的值代表这一分支上真正发生的替代数。重建树不同于期望树与现实树，它是由所观察到的序列数据重建的树，如邻接树、最大简约树和最大似然树。

6.2.3　用于系统发育分析的分子标记选择

分子标记是直接在 DNA 分子上检测生物间的差异，是在 DNA 水平上遗传变异的直接反映。它是以蛋白质、核酸分子的突变为基础，检测生物遗传结构与其变异来反映生物个体之间的差异。DNA 分子标记能对不同发育时期的个体、任何组织器官甚至细胞做检测，数量极多，遍及整个基因组，多态性高、遗传稳定，不受环境及基因表达的限制（白玉，2007）。以 DNA 序列研究物种的进化关系，大致可分两大步骤。首先是根据研究的对象与目的，选择合适的基因或 DNA 区域，并测定目标 DNA 片段的序列。对于近缘物种的研究，应选用进化速率比较快的区域；对于远缘物种，则应选用相对保守的区域。其次，通过 DNA 同源序列的比较，采用一定的系统重建途径与方法，确定基因系统树和物种系统树（张亚平，1996）。任何水平的系统发育问题都能通过选择适当的分子标记解决。最迅速进化的 DNA 序列是真核生物的线粒体 DNA（mitochondrial DNA，mt DNA），研究 mt DNA 对于种内群体和近缘种类的关系探讨非常有用。而 rRNA 基因进化速率很慢，已用它来建立早期生物进化的大概轮廓。大量的其他 DNA 分子标记的进化速率介于 mt DNA 和 rDNA 之间。除编码区外，某些基因簇中包含了多样性的转录和非转录区，它们也提供了从最近到很久时间范围内的系统发育记录。

线粒体 DNA 被用作分子标记已广泛用于分类学、系统进化、群体遗传、人类学、法医学等方面研究。在群体遗传学研究中，限制性内切酶常被用来确定一个核 DNA 座位上的遗传多样性和估算同源 DNA 序列之间的核苷酸替代数，由此检测到的等位基因通常代表了用限制性内切酶确定不同长度的 DNA 片段。这种类型的多态性称为限制性片段长度多态性（restriction fragment length polymorphism，RFLP），RFLP 已被广泛用于系统发育研究和构建遗传连锁图谱。当大量的 RFLP 座位被用来检验近缘群体和物种时，可用相关的一些限制性片段方法估算每个位点上核苷酸差异的数目来进行系统发育分析。依据合适的估算方法（吕宝钟等，2002），在许多不同的 DNA 序列间或群体中进行核苷酸替代数目估计，就可利用系统发育分析中的各种距离方法，如非加权配对组算术平均法（unweight pair group method with arithmetic mean，UPGMA）和 NJ 法来重建系统树。当然，对于限制性位点数据，也可用最大简约法。另外，由 Vos（1995）建立的扩增片段长度多态性（Amplified fragment length polymorphism，

AFLP）技术（一种类似于 RFLP 的方法）可用来测定种间和种内的位点多态性变异。已有报道证明 AFLP 等位基因可作为亚种内不同品系的诊断标记（Lopez et al.，1999）。另一个快速而廉价的方法是 DNA 随机扩增多态性（Random amplified polymorphic DNA，RAPD），它可用来研究种内、种间的 DNA 变异和对整个基因组 DNA 进行多态性检测，也可以对群体进行准确的鉴定。RAPD 片段克隆后可作为 RFLP 的分子标记进行作图分析。而且通过指纹图谱的构建能够了解 DNA 的同源程度，从而确定亲缘关系和进化地位。在法医学和人类遗传学上，指纹图谱已广泛用于鉴别个体，确定亲缘关系。

随着遗传多样性在 DNA 水平上的研究，系统发育分析已用于研究等位基因的历史，如一些特殊致病基因历史，对这些基因的谱系分析可推断群体的进化历史甚至可进一步研究诸如一些病毒基因（如 HIV，SARS 等）的快速进化机制。就短核苷酸重复的数目而言，微卫星 DNA 座位因其高度的多态性可用于进行种群或关系较近的物种间进化关系的探讨，它们对研究群体的系统发育关系很有用，已被广泛应用于基因定位及克隆、亲缘分析或品种鉴定、进化研究等领域。为了重建种群或近缘物种的系统树，一般采用许多不同遗传座位的等位基因频率数据。两个群体间的遗传差异可表示为遗传距离，它可用来估计两个群体的分化时间并重建群体系统树。就估计两个群体间的分化时间而言，距离测定和进化时间之间的线性关系十分重要。若其他因素均合适，对于重建系统树这也是一个优良性质。不同的距离测度具有不同方差，在用核苷酸或氨基酸序列的距离来获得树的拓扑结构时，一个与时间呈线性关系的距离测度并不一定比一个非线性的距离更好（吕宝钟等，2002）。

目前，线粒体基因组中的 12S 和 16S rDNA 等、D-loop 调控区、细胞色素 b（*Cytb*）和 *ND4*（NADH 脱氢酶亚基 4）等蛋白质编码基因，以及核 18S rDNA、28S rDNA 等核基因和核糖体 DNA 转录间隔区（ITS）、内部简单重复序列（ISSR）、单核苷酸多态性（SNP）等也常被选作分子标记。其中以 *Cytb* 基因、18S rDNA 和 28S rDNA 的应用最为广泛。不同的 DNA 片段进化速率不一样，可根据研究的需要来选择不同的 DNA 片段进行系统学研究。种、属级的研究可采用进化速率快的 DNA 片段，而科以上的分类阶元可采用进化速率较慢的 DNA 片段来比较（黄原，1998）。一般来说，由于 mt DNA 序列的高度歧异，可以有效地用于种内不同种群及近缘种的研究，而 rDNA 在进化过程中表现出高度的保守性，在分类上可用于高级阶元的研究。但由于 rDNA 遵循协同进化，种内个体间重复单元的序列差异不大，且 NTS 区的变异速率较快，可用于识别种或亚种（黄原，1998）。18S rDNA 进化较 28S rDNA 缓慢，平均一亿年仅变化 5.5%，它更适合于研究高级分类阶元的系统发育关系。ITS 是核糖体 DNA（rDNA）中介于 5.8S、18S 和 28S 之间的内转录间隔区，进化速率快（高于基因组编码区）且长度不大，加上协同进化使该片段在基因组不同单元间十分一致，在生物进化过程中显示种的特征，种内具有高度保守性，在不同种间又有不同程度的变异，是理想的种间鉴定的遗传标记（林瑞庆等，2008）。SNP 是指同一位点的不同等位基因之间个别核苷酸的差异，这种差异包括单个碱基的缺失或插入，更常见的是单个核苷酸的替换，且常发生在嘌呤碱基（A 与 G）和嘧啶碱基（C 与 T）之间。SNP 标记可帮助区分两个个体遗传物质的差异（白玉，2007）。

分子标记广泛存在于基因组 DNA 的各个区域，数量巨大，通过对随机分布于整个基因组的分子标记的多态性进行比较，就能够全面评估研究对象的多样性，并揭示其遗传本质。利用遗传多样性的结果可以对物种进行聚类分析，进而了解其系统发育与亲缘关系（白玉，2007）。分子标记的发展为研究物种亲缘关系和系统分类提供了有力的手段，选取合适的分子标记对于研究者进行系统发育分析是相当重要的，不合适的分子标记往往会得出错误的结论。有学者建议：实验尽可能使用纯化的 mtDNA，同时选择不同的线粒体基因作为分子标记，根据研究的要求尽量设计出特异性较高的引物，用于线粒体基因的 PCR 扩增。并尽量使用 18S rRNA 基因、28S rRNA 基因等核基因或微卫星 DNA 等分子标记来联合进行系统发育分析，这样在一定程度上弥补了线粒体基因分析的不足（牛屹东等，2001）。

6.2.4　常用的构树方法及其甄选

系统发育分析的构树方法都需要设定一个进化模型。构树的标准在一定程度上依赖比对和取代模型。Fitch 和 Margoliash（1967）最早以 20 种真核生物细胞色素 c 氨基酸序列重建了系统发生树（亦称进化树）。随着统计学方法、生物信息学方法的大量应用，计算机的发展和对系统发生认识的进步，重建系统发生树的方法层出不穷，如距离法、简约法、似然法、Hadamard 结合法和神经网络法等。系统发育基因组学（Phylogenomics）的发展为系统发育学研究中新的构树方法的开发提供了动力，如用来评估直源基因可靠性的 RIO（resampled inference of orthologs）方法，快速重建基因组树的 SHOT（shared orthologue and gene-order tree）方法，以及筛选用于基因组系统发育分析的保守氨基酸座位或域的 Phylomat（a protein motif analysis tool for phylogenomics）方法等（于黎和张亚平，2006）。目前主要的构树方法有最大距离法、最大简约法，最大似然法和贝叶斯法等。距离法主要考察数据组中所有序列的两两比对的差异决定进化树的拓扑结构和树枝长度，常用的方法有 UPGMA、F-M 法（fitch-Margoliash）、Farr 法（distance wanger method）、NJ 法和对距离进化树的附加值进行优化的最小进化法（minimum evolution method，ME）等（Hall，2004；Avise，2006）。

一般来说，当同源 DNA 序列比对确定以后，有两种途径可以进行基因组数据的系统发育重建：第一种是先把多组序列数据合并为一组，然后在这一合并的序列数据基础上使用标准的构树方法（如最大简约法、最大似然法、距离法和贝叶斯法等）重建系统树，即 Super Matrix 途径。这种方法在一般情况下都能得到比较好的结果，但是存在两个明显的缺陷，一是合并的序列比对中必须包括一组相同的物种；二是只能使用一个核苷酸替换模型对合并的序列比对进行分析。第二种途径是先根据各个基因序列分别重建各自的系统发育树，然后将这些系统树通过一定的优化技术，如 MRP（matrix representation using parsimony）方法，合并成为一个“Super-Tree”。这个途径是目前唯一可以重建包含较多物种生物类群的完整系统发育树的方法（于黎和张亚平，2006）。

从上述我们知道，重建系统进化树的方法有很多，不同的方法在不同的情况下应用所得结果存在差异。因此，了解各种方法的优缺点并根据自己科研的需要选择合适的构树方法是很重要的。下面主要介绍当前广泛使用的几种方法。

1. 邻接法

邻接法（neighbor-joining method，NJ）由 Saitou 和 Nei（1987）提出，NJ 法是基于最小进化原理经常被使用的一种算法，它不检验所有可能的拓扑结构，能同时给出拓扑结构和分支长度。在重建系统发生树时，它取消了 UPGMA 法所做的假定，认为在进化分支上，发生趋异的次数可以不同。最近的计算机模拟已表明它是最有效的基于距离数据重建系统树的方法之一。该方法通过确定距离最近（或相邻）的成对分类单位来使系统树的总距离达到最小。它的特点是重建的树相对准确，假设少，计算速度快，只得一棵树。其缺点主要表现在将序列上的所有位点等同对待，且所分析序列的进化距离不能太大。故 NJ 法适用于进化距离不大，信息位点少的短序列。

邻接法在距离建树中经常会用到，而不用理会使用什么样的优化标准。完全解析出的进化树是通过对完全没有解析出的“星型”进化树进行“分解”得到的，分解的步骤是连续不断地在最接近（实际上是最孤立的）的序列对中插入树枝，而保留进化树的终端。于是，最接近的序列对被巩固了，而“星型”进化树被改善了，这个过程将不断重复。这个方法相对而言很快，也就是说，对于一个 50 个序列的进化树，只需要若干秒甚至更少。

2. 最大简约法

最大简约法（maximum parsimony method，MP）最早是基于形态特征分类的需要发展起来的，具体的算法有许多不同版本，其中有些已被广泛地应用于分子进化研究中。利用 MP 方法重建系统发生树，实际上是一个对给定 OTUs 其所有可能的树进行比较的过程。对某一个可能的树，首先对每个位点祖先序列的核苷酸组成做出推断，然后统计每个位点用来阐明差异的核苷酸最小替换数目。在整个树中，所有信息简约位点最小核苷酸替换数的总和称为树的长度（常青和周开亚，1998）。MP 法是一种优化标准，这种标准遵循“奥卡姆剃刀原则（Occam’s Razor principle）”：对数据最好的解释也是最简单的，而最简单的所需要的特别假定也最少。MP 法基于进化过程中所需核苷酸（或氨基酸）替代数目最少的假说，对所有可能正确的拓扑结构进行计算并挑选出所需替代数最小的拓扑结构作为最优系统树，也就是通过比较所有可能树，选择其中长度最小的树作为最终的系统发生树，即最大简约树（maximum parsimony tree）。

与其他建树方法相比，MP 法无需引入处理核苷酸或者氨基酸替代时所必需的假设（替代模型）。同时，MP 法对于分析某些特殊的分子数据（如插入序列和插入/缺失）有用。在分析的序列位点上没有回复突变或平行突变，且被检验的序列位点数很大的时候，MP 法能够获得正确的（真实）系统树。但 MP 法推导的树不是唯一的，在分析序列上存在较多的回复突变或平行突变，而被检验的序列位点数又比较少的时候，最大简约法可能会出现建树错误。故 MP 法适用于序列残基差别小，具有近似变异率，包含信息位点比较多的长序列。

3. 最大似然法

最大似然法（maximum likelihood method，ML）是 20 世纪 60 年代末期由于对地

震波和水声信号等处理的需要而发展起来的一种非线性谱估计方法。最早由凯佩用这种方法对空间阵列接收信号进行频率波数谱估值，后来推广到对时间信号序列的功率谱估值。最大似然法最早应用于系统发育分析是在对基因频率数据的分析上。其原理是考虑到每个位点出现残基的似然值，将每个位置所有可能出现的残基替换概率进行累加，产生特定位点的似然值。ML法对所有可能的系统发育树都计算似然函数，似然函数值最大的那棵树即为最可能的系统发育树。利用最大似然法来推断一组序列的系统发生树，需首先确定序列进化的模型，如Jukes-Cantor模型、Kimura二参数模型及一般二参数模型等。在进化模型选择合理的情况下，ML法是与进化事实吻合最好的建树算法。其缺点是计算强度非常大，极为耗时。

4. 贝叶斯法

贝叶斯法（Bayesian method，BI）是近年来发展起来的一种新的利用贝叶斯演绎法预测种系发生史的系统进化分析方法，它既保留了最大似然法的基本原理，又引进了马尔科夫链的蒙特卡洛方法（markov chain monte carlo process），来模拟演化树的较晚期可能性分布，并使计算时间大大缩短。

贝叶斯法根据多种分子进化模型，利用马尔科夫链的蒙特卡洛方法产生所有参数的后验概率（posterior probability）估计值，这些参数包括拓扑结构、分支长度和替代模型各参数的估计。该方法不仅可以对模型的参数进行直接量化，而且可以分析很大的数据集，因其以后验概率来表示各分支的可信性而不需用自引导法（bootstrap）进行检验（徐广等，2003）。Huelsenbeck等（2001）认为贝叶斯法的优点在于：推导系统树、评估系统树的不确定性、检测选择作用、比较系统树、参考化石记录计算分歧时间和检测分子钟。贝叶斯法得到的系统进化树不需要利用自引导法进行检验，其后验概率直观地反映了系统进化树的可信程度，是一种系统进化分析的好方法，它既能根据分子进化的现有理论和各种模型用概率重建系统进化关系，又克服了最大似然法计算速度慢、不适用于大数据集样本的缺陷。贝叶斯法可以选择适当的模型来拟合数据，它和最大似然法相似，都是选定一个进化模型，然后通过程序搜索模型和序列数据一致的最优系统树。但二者基本的不同在于，最大似然法是以观察数据的最大概率来拟合系统树，贝叶斯法是通过系统树对数据及进化模型的最大拟合概率而得到系统树；最大似然法给出的是数据的概率，而贝叶斯法给出的是模型的概率；最大似然法搜索单一的最相似系统树，贝叶斯法得到的是具有大致相等似然的系统树集合。另外，通过贝叶斯法分析得到的结果很容易解释，系统树分支上的数值就表明了该分支的概率，而且通过贝叶斯法，我们可以利用复杂的碱基替代模型快速而有效地分析大的数据（徐广等，2003）。

5. 常用构树方法的比较甄选

从上述我们可以了解到，重建系统发生树的方法有很多，也各有优缺点。因此在实际操作中，往往需要根据自己的研究需要联合使用不同的构树方法以获得最佳分析结果。

比较以上几种主要的构树方法，一般情况下，若有合适的分子进化模型可供选择，用最大似然法构树获得的结果较好；对于近缘物种序列，通常情况下使用最大简约法；而对于远缘物种序列，一般使用邻接法或最大似然法。对于相似度很低的序列，邻接法往往出现 LBA（long-branch attraction，长枝吸引）现象，有时严重干扰进化树的构建。

对于各种方法重建进化树的准确性，Hall（2005）认为贝叶斯法最好，其次是最大似然法，然后是最大简约法。其实如果序列的相似性较高，各种方法都会得到不错的结果，模型间的差别也不大。邻接法和最大似然法是需要选择模型的。蛋白质序列和DNA 序列的模型选择是不同的。蛋白质序列的构树模型一般选择 Poisson correction（泊松修正），而核酸序列的构树模型一般选择 Kimura 2-parameter（Kimura-2 参数）。如果对各种模型的理解并不深入，最好不要使用其他复杂的模型。参数的设置推荐使用缺省的参数。

在重建进化树过程中，均需选择 bootstrap 进行树的检验。一般 bootstrap 的值＞70，则认为重建的进化树较为可靠。如果 bootstrap 的值太低，则有可能进化树的拓扑结构有错误，进化树是不可靠的。因此，一般推荐用两种以上不同的方法构建进化树，如果所得到的进化树类似，且 bootstrap 值总体较高，则得到的结果较为可靠。通常情况下，只要选择了合适的方法和模型，构出的树均是有意义的，研究者可根据自己研究的需要选择最佳的树进行分析。

6.2.5 系统发育分析常用软件

用于进行系统发育分析的生物软件众多，既有免费软件也有商业软件，既有本地软件也有在线软件。特别是近些年随着科学的发展和科研的需要，一些新的软件不断涌现，一些相对落后的软件亦被淘汰。

下面根据不同实验数据分析的需要，推荐一些具有代表性的、使用比较广泛的相关软件供读者参考和选用。

1. Clustal X

Clustal 是一个单机版的基于渐进比对的多序列比对工具，由 Higgins 等开发。有应用于多种操作系统平台的版本，包括 Linux 版、DOS 版的 Clustal W，Windows 版本的 Clustal X 等。Clustal 是一种渐进的比对方法，先将多个序列两两比对构建距离矩阵，反应序列之间的两两关系；然后根据距离矩阵计算产生系统进化指导树，对关系密切的序列进行加权；然后从最紧密的两条序列开始，逐步引入临近的序列并不断重新构建比对，直到所有序列都被加入为止。Clustal X 是用来对核酸与蛋白序列进行多序列比较（multiple sequence alignment）的程序，也可以对来自不同物种的功能或结构相似的序列进行比对和聚类，通过重建系统发生树判断亲缘关系，并对序列在生物进化过程中的保守性进行估计。它可以用来发现特征序列、进行蛋白分类、证明序列间的同源性、帮助预测新序列二级结构与三级结构和确定 PCR 引物，在分子进化分析方面有很大帮助。Clustal X 输入序列的格式比较灵活，可以是前面介绍过的 FASTA 格式，还可以是 PIR、Swiss-Prot、GDE、Clustal、GCG/MSF、RSF 等格式。输出格式也可以选择，有 ALN、GCG、PHYLIP 和 NEXUS 等，用户可以根据自己的需要选择合适的输出格式。

Clustal X 的工作界面如图 6-3 所示。

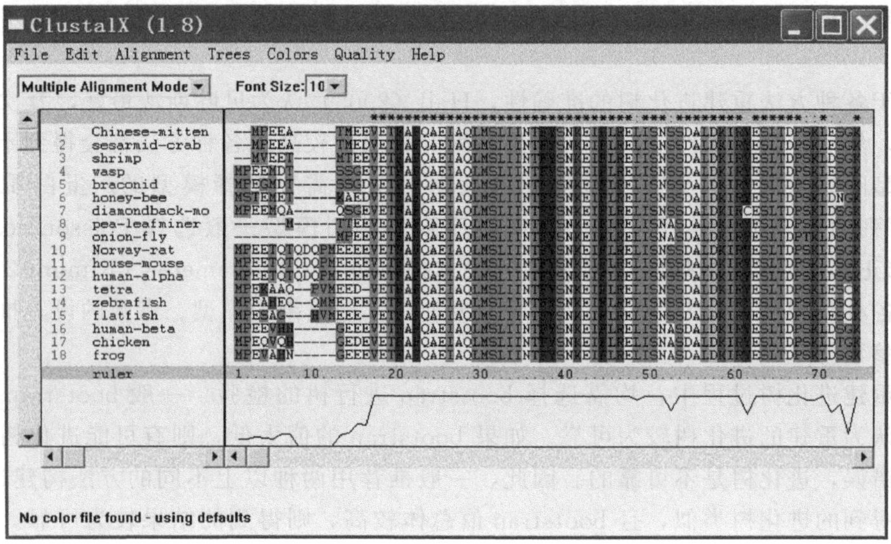

图 6-3　Clustal X 的工作界面

2. Seqverter 1. 3

Seqverter 是一个用来进行文件格式转换的免费软件，使用简单，填写输入文件和输出文件名就可以完成格式转换。其功能有：①同时打开多个文件；②查看文件中的序列；③只对文件中序列子集进行格式转换；④合并多个文件中的序列为一个文件；⑤可以将多序列文件中的单个序列保存。该软件能够转换的格式非常之多是其他软件所无法比拟的，它支持的格式有单序列格式文件：ABI（只能导入，不能导出这种格式）、DNASTAR/DNA/ Lasergene（包括 EMBL，GenBank）、IBI/PUSTELL、SCF（只读不写）；多序列格式文件：Clustal、DNAStrider、EMBL（只读不写）、FASTA、GenBank、NEXUS、MACAW（只读不写）、MSF、PHYLIP Interleaved、Swiss-Prot（只读不写）。该软件还有一个在线升级按钮，可以在线升级以读写更多格式文件。

下载地址为：http://www.genestudio.com/download/SVSetup.exe/。

3. MEGA

MEGA（Molecular Evolutionary Genetics Analysis）的官方网站由亚利桑那州立大学生命科学学院的 Sudhir Kumar 教授主持开发和维护（http://www.megasoftware.net），MEGA 是一款免费的构树软件，它提供了序列比对、格式转换、数据修订、距离计算、系统树重建和可信度评估等全套功能，能对 DNA、mRNA、氨基酸序列及遗传距离进行系统发生分析，选项中的“Gaps/Missing Data” → “Pairwise Deletion” 可进行基因分化年代的分析。在建树方法上，提供了目前最常用的 UPGMA、NJ 及 MP 法，对所获得的树亦可进行自举检验及标准误估计可靠性检验。MEGA 的最新版本为 4.0，目前有 Windows、DOS、Mac 和 Linux 版本，其中 Windows 版本适用于 Windows95/98/NT/2000/XP/Vista 各种计算机系统（王俊等，2008；Tamura et al.，2007；Kumar et al.，2008）。

MEGA 4.0 的运行主界面如图 6-4 所示。

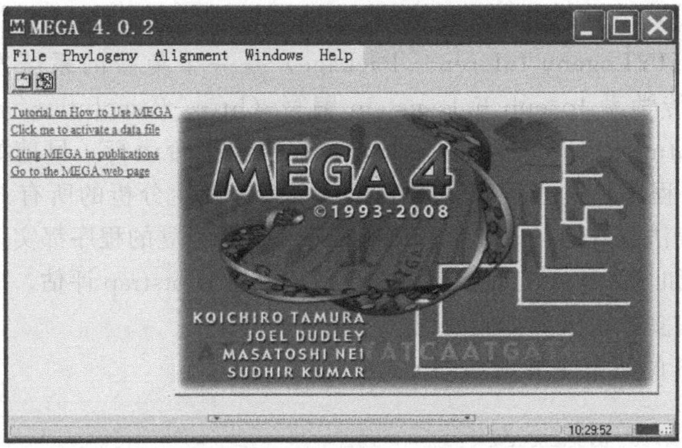

图 6-4　MEGA 4.0 主界面

4. PAUP

PAUP（Phylogenetic Analysis Using Parsimony）是由 Swofford 在 2002 所编写的利用简约分析进行系统发生分析的软件包（http://paup.csit.fsu.edu/），有多个版本（Macintosh、UNIX/VMS、Windows/DOS 系统），目前常用的为 PAUP 4.0 版本。该软件包中提供了简约分析用的多种模型，其中包括了 Wagner、Fitch、Doll、Camin-Sokal 等，对系统发生分析结果亦可进行一些统计分析及自举检验。PAUP 具有 IBM-PC 和 Macintosh 两种文本供选择。

PAUP 4.0 的运行主界面如图 6-5 所示。

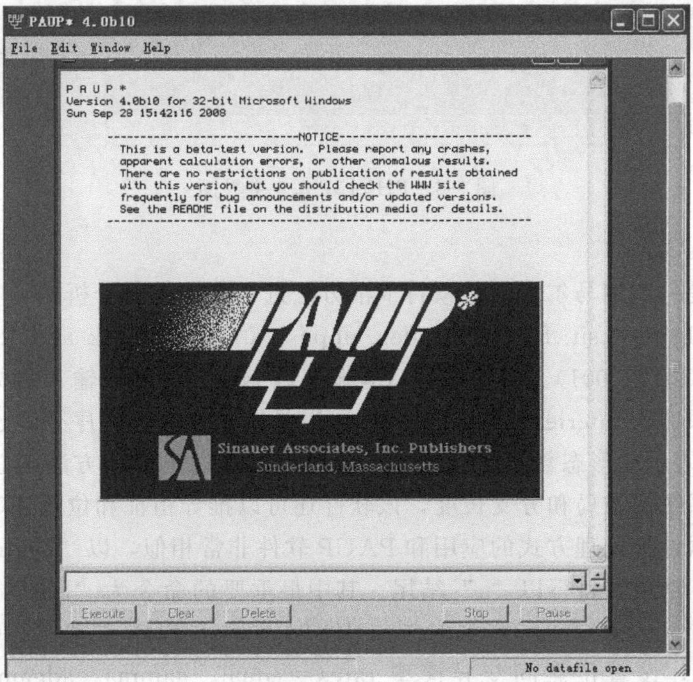

图 6-5　PAUP 4.0 主界面

5. PHYLIP

PHYLIP（PHYLogeny Inference Package）是一个免费的系统发生分析软件包。由华盛顿大学遗传学系 Joseph Felsenstein 编写（http://evolution.genetics.washington.edu/phylip.html），1980 年首次公布，可在很多平台运行。目前的版本是 3.6。包含了 35 个独立的程序，这些程序基本上囊括了系统发生分析的所有方面，如最大似然法、简约法、距离法及其他一些非常有用的程序。这些独立的程序都实现特定的功能（李越中等，2001），如 SEQBOOT 程序就可进行系统树的 Bootstrap 评估。PHYLIP 软件以源程序形式提供，在多数微机上都能使用。

PHYLIP 3.6 的运行主界面如图 6-6 所示。

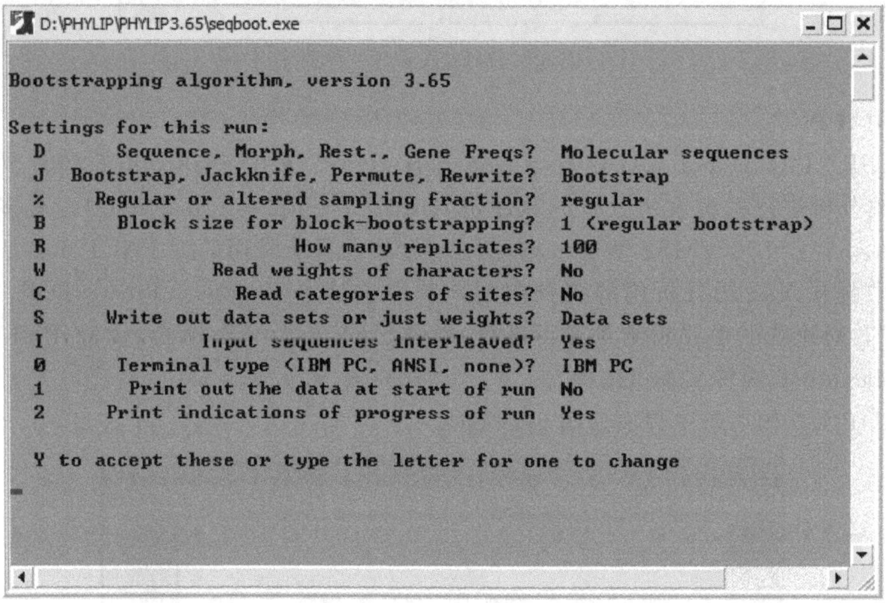

图 6-6　PHYLIP 3.6 主界面

6. MrBayes

MrBayes 是一个用马尔可夫链蒙特卡洛方法进行系统发育分析的贝叶斯演绎法软件包（http://mrbayes.csit.fsu.edu/index.php）（Huelsenbeck and Ronquist，2001；Huelsenbeck et al.，2001）。系统树的后验概率以 NEXUS 格式输入数据，但如果数据为隔行，则必须加入 interleave=yes。数据可以是核酸或氨基酸序列，也可以是限制性位点或以 0、1 表示的形态数据。MrBayes 软件可以通过不同的方法汇总模型参数的后置分布，包括系统树布局和分支长度，该软件还可以推导祖征和位点速率。

MrBayes 软件批处理方式的应用和 PAUP 软件非常相似，以“begin mrbayes;”开始，以“end;”结束，每行以“;”结尾。其中最重要的命令为“lset”，该命令可以设置替换模型 nst=1（JC69）、2（K80 或 HKY8）、6（GTR）或者 12（general nonreversible model），设置位点间变异模型 rates=equal、gamma、adgamma、invariant、invgamma、sitespec 或 ssgamma。以“mcmc”命令开始马尔科夫链的蒙特卡洛过程，

其中参数“ngen”设置运行的代数，“printf req”设置显示的代数，“sample-freq”设置取样代数，“nchains”设置马尔科夫链运行链数，“savebrlens＝yes”表示保存分支长度，“startingtree＝random”表示以随机树为起始树（徐广等，2003）。

MrBayes 的运行主界面如图 6-7 所示。

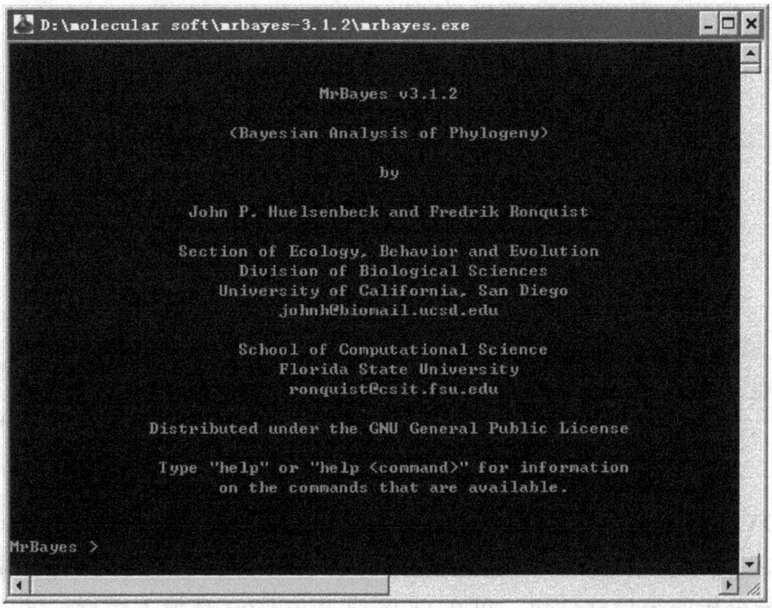

图 6-7　MrBayes 主界面

7. TreeView

TreeView 是由英国的 University of Glasgow 开发、用来生成与打印系统进化树的免费软件（http://taxonomy. zoology. gla. ac. uk/rod/treeview. html）。它可以读取 NEXUS 与 PHYLIP 生成的进化树格式文件，可生成多种不同形式的系统进化树，并输出到打印机。也有在线服务：http://bioinfo. hku. hk/EMBOSS/。

TreeView 的浏览 *. tre 文件界面如图 6-8 所示。

8. RAPDistance

RAPDistance（Analysis of RAPD data）是由 Armstrong 等编写的用来帮助记录和分析 RAPD 数据的软件包（http://www. anu. edu. au/BoZo/software/）。该软件提供了 18 种算法用来计算 OTU 间的遗传距离，其距离可保存成多种数据格式，以供其他分析软件（如 PAUP、NTSYS、WINAMOVA 等）使用。在系统发生树推断上，RAPDistance 提供了目前普遍反映较好的 NJ 法，对所产生的系统发生树可进行排列结尾概率（permutation tail probability，PTP）分析。版本 1. 04 功能最全面，而最新版本 2. 0 则可分析 250 个样品、50 个引物，RAPD 片段最多可达 3000 个，但其删除了部分运算功能。

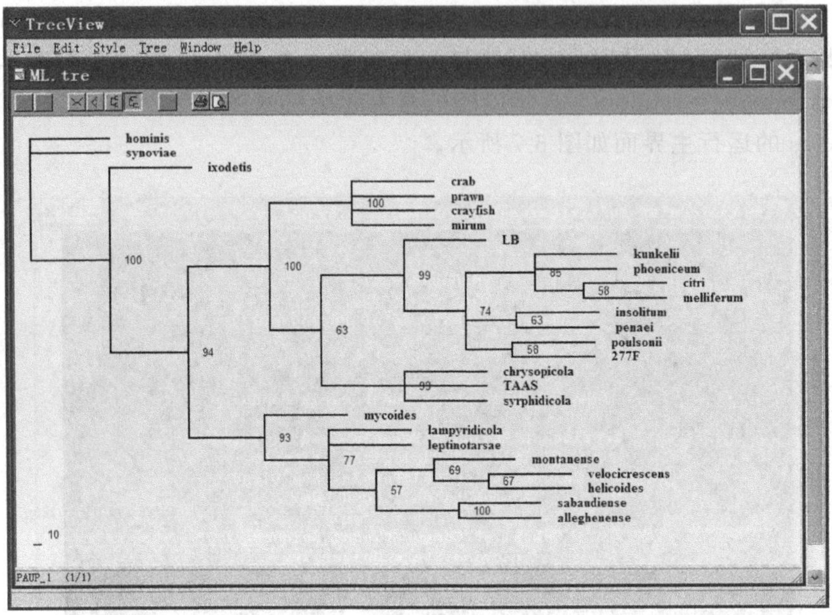

图 6-8　TreeView 主界面

9. AMOVA（WINAMOVA）

AMOVA（analysis of molecular variance）是由 Excoffier 于 1992 年编写用来进行分子遗传变异分析的统计软件包，可在 DOS 或 Windows 环境下运行。该软件的最大优点是能利用一组数据分析不同等级水平，如不同地区、同一地区的不同种群及同一种群内不同个体间的遗传变异情况。目前该软件可对 DNA 序列、RAPD、微卫星及等位酶等类型的数据进行分析。

AMOVA 的序列文件载入窗口如图 6-9 所示。

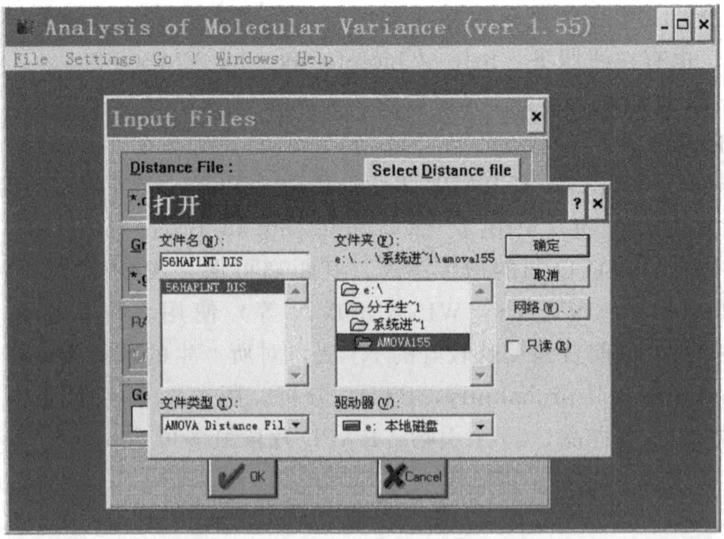

图 6-9　AMOVA 的序列文件载入窗口

除了以上几种软件包外，常用的还有很多，如 NTSYS（Numerical Taxonomy for SYStematists，可进行系统发生及多变量分析）、NJ TREE（用来重建系统树）、DIPLOMO（DIstance PLOt Monitor，用来比较距离矩阵）、Hennig86（一种快速、有效的简约分析软件）、PAML（由英国 University College London 的杨子恒教授研究组开发的免费软件，具有分子进化模型，能以最大似然法构树，http://abacus.gene.ucl.ac.uk/software/paml.html）、PUZZLE（基于最大似然法重建进化树并对树进行 Bootstrap 评估，也应用 quarter puzzling 方法重建系统树，ftp://fx.zi.biologie.unimuenchen.de/pub/puzzle/）、phylogeny（由欧洲生物信息研究所开发的系统发育分析软件，http://www.ebi.ac.uk/biocat/phylogeny.html/）、MOLPHY（由日本国立统计数理研究所开发，以最大似然法构树，ftp://sunmh.ism.ac.jp/pub/molphy）、PHYML（由 Guindon S 和 Gascuel O 开发的一种简单、快速地重建最大似然树的免费软件，http://atgc.lirmm.fr/phyml/或 http://www.atgc-montpellier.fr/phyml/）等，限于篇幅，本文不一一列举介绍。

6.3 系统发育分析的检验

6.3.1 系统发育分析方法可靠性的评价

目前比较不同系统发育分析方法一般用 6 条标准，分别为一致性（consistency）、有效性（efficiency）、稳定性（robustness）、全能性（versatility）、计算速度、判别能力（黄原，1998）。一致性是统计学上评估一种统计推断方法的标准，指数据或样本数趋于无限大时，在给定进化模型下系统发育分析方法所产生的结果趋近于真正树的特性。对一个给定的树和进化模型，两种系统发育分析方法可能都是一致性的，但它们以较高概率发现正确树所需要的信息量（即有效性）可能相差很大。系统发育分析方法的稳定性是指一种方法对其假设的依赖程度，即在违背某些假设的情况下，一种系统发育分析方法获得正确树的能力。

要正确评估系统发育分析方法之间相对可靠性是有一定困难的，基于算法的建树方法根据一系列的步骤得到一棵进化树；而基于标准的建树方法则是根据一些优化的功能对可选的进化树进行评估。NJ 法是一个纯粹的基于算法的建树方法，这个方法只得到一棵进化树，这棵进化树拥有令人满意的性质，它的距离附加值接近或者是非常优化的；而一个基于标准的距离建树方法将会根据进化树附加值优化的标准，对所有可能的进化树（不管这些进化树是否产生）进行评估。距离建树方法根据一些尺度计算出双重序列的距离，然后抛开真实数据，只是根据固定的距离建立进化树；而基于独立元素的建树方法在建立进化树时，优化了每一个特征符的真实数据模式的分布，于是双重序列的距离不再固定，而是取决于进化树的拓扑结构。重建进化树的算法主要分为两类：独立元素法（discrete character methods）和距离依靠法（distance methods）。所谓独立元素法是指进化树的拓扑形状是由序列上的每个碱基/氨基酸的状态决定的。例如，一个序列上可能包含很多的酶切位点，而每个酶切位点的存在与否是由几个碱基的状态决定的，也就是说一个序列碱基的状态决定着它的酶切位点状态，当多个序列进行进化树分析时，进化树的拓扑形状也就由这些碱基的状态决定了。而距离依靠法是指进化树的拓扑形状由两两序列的进化距离决定的。进化树枝条的长度代表着进化距离。最常用的基于独立元素的建树方法包括 MP 和 ML，距离依靠法包括非加权配对法和邻位相连法。

在距离法中，UPGMA 比较简单且实用，当使用的距离数据是来源于对含核苷酸数量较多的多个基因的分析结果时，利用 UPGMA 法能得到可靠的系统发生树。在离散特征法中，在不同世系间进化速率相差较大，且进化速率恒定而树的内枝（interior branch）很短的情况下，MP 法并不能对一个真正的系统发生树做出始终一致的判断。即使有时 MP 法能得到一个始终一致的判断，但它获得一个正确树的效率（efficiency）通常要比 NJ 法和 ML 法低。但在序列趋异程度较小（d＜0.1）、核苷酸替换的速率或多或少地恒定、没有很高的转换与颠换及很强的 GC 含量偏差，且所分析的核苷酸数量较多（大于几千）的情况下，MP 法仍是一种较好的系统发生树重建法。另一方面，与距离法和 ML 法不同，MP 法能利用序列中碱基的插入与缺失信息。在实际使用 MP 和 ML 法重建系统发生树时，如分析的分类单元数量 m 较少时（比如 m 为 8～20），可通过计算机对所有可能的树做彻底搜索（exhaustive search），确定最理想的树（optimal tree）（常青和周开亚，1998）。而分析的分类单元数量较多时（大型数据集），使用精确算法，即使目前运算最快的大型计算机也要花费很长时间，因此都采用近似算法（approximate algorithms）或启发式（heuristic）算法。

6.3.2 系统树的误差分析及消除方法

用不同的方法分析同一组数据，或用同一方法分析一组物种的不同数据集，常得出不同甚至矛盾的结论，这种现象称为结果的不相合性（incongruence）。在系统发育分析过程中，不同的构树方法，由于其所依据的假设和选择最优树的标准不同，而且目前又没有任何一类分子的理想进化模型，因而可能使同一数据集的分析得出不相合的最优树。而且对于任何一组分类单元，它们之间的真正系统发育树是未知的，因而难以判断不同分析结果之间的正确性。目前一般用模拟研究（simulation study）和已知系统发育的参证研究这两种方法来解决这个难题。此外在无法得知真正的系统发育关系的情况下，相合性研究常被用于评估分析方法和结果的可靠性（黄原，1998）。

系统发育分析过程中可能出现两类误差：随机误差和系统误差。每一类误差在系统树上都可引入两种类型的错误：分枝形式的错误（topological errors）和分枝长度的错误（branch length errors）。在系统发生推断中，统计分析的系统误差和随机误差均影响所建树的可靠性。在进行系统发育分析时，即使进化分析方法完全符合进化本身的规律，但因为有限的数据或样本数，一些偶然的因素可能导致无法推论出正确的系统树。避免随机误差的最好方法是获得一个无穷大的数据集，但这种方法在多数研究中很难实行，因此一般采用估计可靠性的方法，如相合性分析和统计学分析（黄原，1998）。用统计检验来分析获得的系统发生树的可靠性，一种是利用某一参量来对所获得的树及其相近树进行结构差异检验。在 ML 法中常利用似然值，而在最小进化法中则利用所有支的总长度进行。该方法是一种保守检验，而且检验的程序非常复杂，需要很大的计算机内存。另一种类型是分析每个内支的可靠性，其中常用的方法有：①标准误估计，即计算内支长度及其标准误，检验内支长度与 0 间的偏差，得到一个置信概率（confidence probability，CP），CP 值越高，支的长度也就越可靠，通常当 CP≥0.95 或 0.99 时，可认为该支的长度在统计上有效；②自举检验（bootstrap test），这是一种重抽样技术，可用来估计在取样分布不知道或难以分析得到的情况下内支与统计有关的变异性，通过自举检验，可得到一个自举置信水平（bootstrap confidence level，BCL）。计算机模拟已表明当 BCL＞0.9 时，CP 值与 BCL 值二者是非常相近的。与自举检验相近的另一种重抽样方法是弃半复制检验（jackknife replication test）。在研究的核苷酸数量较少的情况下，即使 CP 值或 BCL 值达到 95%，所获得的结果仍然不十分可信。因此，在研究中应从不同的基因中尽可能分析较多数量的核苷酸，特别是在研究不同生物间进化关系时，不同基因遭受的进化压力不同。此外，衰退/支持指数（decay/support indices）和 T-PTP（topology dependent permutation tail probability）检验等方法亦可用来分析所得系统发生树的可靠性（常青和周开亚，1998）。

当某种系统发育分析方法的假设违背进化过程或数据类型不满足所应用的系统发育分析方法的假设时，应用该方法可将系统误差引入所构的树上，形成对树上一些分枝支持率的上升或获得另外的分枝形式。因这种效应是系统性的，加入更多的数据将更趋向于获得错误结论，故称为系统误差（system errors）。在采用简约性方法的情况下，如果一个大分子中每一位点上的实际改变数目很少（0 或 1）且数据条件足够大，简约性方法能给出正确的系统发育估计。随着序列位点改变数目的增加，这些改变中属于同塑性的比例也将增加，此种情况下，如果系统树的分枝相对较密集，则这些同塑性改变能检测出来。但在长而不分枝的支系上同塑性不易检测，因而在这些长分枝末端可能形成一种人为的联合分类单元。而在采用聚类分析方法的情况下，如果两个支系与其较疏远的第三个支系的距离不等，则将引入系统误差。另外，在采用叠加树法的情况下，如果距离系数满足叠加性条件，并且姐妹群之间的距离不缺失，则用叠加树法可避免系统误差。叠加树法本身特有的统计学一致性将系统树准确性的关键放在距离的估计和变换上，而非树的推论计算过程上。因此对距离的估计和校正是叠加树的核心任务，如果不进行距离的校正，在一定程度上，叠加树法易受系统误差的影响。如果构建的系统树中某一特定分类单元的位置有疑问，将此单元从系统树删除常引起该树的最优标准不成比例，则说明系统误差存在；理论上从两个或多个性状集获得的系统发育是相合的，如不相合，有可能其中一种树存在系统误差（黄原，1998）。通常用来降低系统误差对系统发生分析影响，增加所建树可靠性的方法是：①重新考虑分析时的假定，变换分析方法；②除去树中的长枝，因一棵树中若具有许多长枝，将会使分析中的误差复杂化；③去除不可靠的数据；④对某些特征或某一特征状态进行加权等（常青和周开亚，1998）。

6.4 系统树的评估

在系统发育分析过程中，用不同的分析方法重建不同的系统发生树，为保证分析结果的可靠性，需对进化树进行评估，主要采用 bootstrap 法。进化树的重建是一个统计学问题。重建出来的进化树只是对真实的进化关系的评估或者模拟。如果采用了一个适当的方法，则所重建的进化树就会接近真实的“进化树”。模拟的进化树需要一种数学方法来对其进行评估。bootstrap 法就是从整个序列的碱基（氨基酸）中任意选取一半，剩下的一半序列随机补齐组成一个新的序列。这样，一个序列就可以变成许多序列。一个多序列组也就可以变成许多个多序列组。根据某种算法（最大简约性法、最大似然法、非加权配对法或邻接法），每个多序列组都可以生成一棵进化树。将生成的许多进化树进行比较，按照多数规则（majority-rule）我们就会得到一棵最“逼真”的进化树。

不同的算法有不同的适用目标。UPGMA 假设在进化过程中所有核苷酸/氨基酸都有相同的变异率，也就是存在着一个分子钟。这种算法得到的进化树相对来说不是很准确，现在已经很少使用。邻接法是一个经常被使用的算法，它构建的进化树相对准确，而且计算快捷。其缺点是序列上的所有位点都被同等对待，而且所分析序列的进化距离不能太大。另外，需要特别指出的是对于一些特定多序列对象来说可能没有任何一个现存算法非常适合它。

6.5 系统发育分析实例

树重建方法的选择与比较：在涉及不同树重建方法时，以下这些观察结果是被普遍接受的，可作为选择建树方法的前提和依据（杨子恒，2008）：

（1）简约法和距离法以及基于简化模型的似然法，存在长枝吸引的倾向，而基于复杂且更真实模型的似然法较为稳健。

（2）在重建正确树方面，似然法通常比简约法或距离法更有效。

（3）当序列高度分歧或包含许多对位排列间隔时，距离法效果不佳，主要是因为难以获得可靠的距离估计。

（4）序列分歧度水平对树重建方法的性能影响很大。高度相似序列缺乏信息，故没有一种方法能可靠地重建真实树。高度分歧的序列因置换可能已饱和而包含太多噪声。数据中的信息量在中等水平的分歧时最优。因此，理论上用那些快速进化的基因序列以研究近缘物种，而用缓慢进化的基因或蛋白质序列研究深层的系统发育关系。

研究背景：唇足纲动物现存 5 个目：蜈蚣目，石蜈蚣目，地蜈蚣目，杯蜈蚣目和蚰蜒目。目前，石蜈蚣目的单系性及其内部的系统发育关系存在争论。本节我们基于线粒体 *cox1* 基因的核苷酸序列和氨基酸序列，以蜈蚣目和蚰蜒目的物种作为外群分析多足动物唇足纲石蜈蚣目内部的系统发生关系。由于所选片段比较短，我们仅以其作为分析的实例，对系统发育分析的结果不做探讨。

系统发育分析中用的物种及其 GenBank 登录号见表 6-1。

表 6-1　分析中用到的物种及其 GenBank 登录号

分　类	物　种	缩　写	GenBank 登录号
Lithobiomorpha Lithobiidae			
Lithobius	*Lithobius variegatus*	Litho	AF334311
Eupolybothrus	*Eupolybothrus fasciatus*	Eupoly	AY214420
Henicopidae			
Anopsobius	*Anopsobius giribeti*	Anopsol	AY214422
	Anopsobius neozelanicus	Anopso2	AF334313
Zygethobius	*Zygethobius pontis*	Zyge	AY214423
Henicops	*Henicops maculatus*	Henicops	AF334317
Lamyctes	*Lamyctes africanus*	Lamyctes	AF334314
Esastigmatobius	*Esastigmatobius japonicus*	Esastig	AF334332
Haasiella	*Paralamyctes trailli*	Parala	AF334326
Scolopendromorpha Scolopendridae			
Alipes	*Alipes crotalus*	Alipes	AY288742
Scutigeromorpha Scutigeridae			
Thereuopoda	*Thereuopoda clunifera*	There	AY288739
Scutigerina	*Scutigerina weberi*	Scuti	AY288741

数据预处理：构树之前我们需对序列进行比对，找出其同源区段，以用于系统发生分析。

我们选用的是蛋白编码基因，因此我们选择软件 MEGA 4 中提供的比对功能（Clustal W）对其氨基酸序列进行比对（Thompson et al.，1994），可以避免由比对引起的密码子破坏和碱基移位，根据氨基酸序列（AA）的比对结果使核苷酸序列（DNA）的比对更加准确。

[1] 序列比对（Clastal W）

在 MEGA 4 的主窗口中选择“Alignment/Alignment Explore/Clustal”，如图 6-10 所示，根据对话框的提示选择“Create a new alignment”，我们比对的是 DNA 序列，因此在出现的对话框中选择“Yes”。把需要比对的序列拷贝到显示的页面，前面已经提及蛋白编码基因序列的序列比对需要根据 AA 序列的比对结果校正 DNA 序列的比对结果，因此我们需要先将 DNA 序列转变成 AA 序列，我们选用的是节肢动物的线粒体 *cox1* 基因，因此选择“Data/Select Genetic Code Table/Invertebrate Mitochondrial”（图 6-11），点击“Translated Protein Sequences”即可将 DNA 序列转变为 AA 序列。

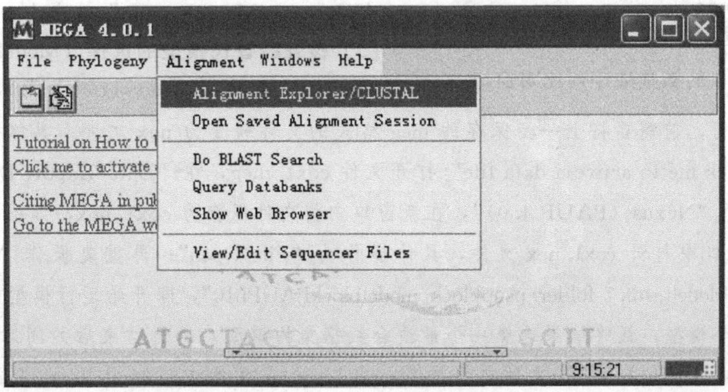

图 6-10　MEGA 4 的 Alignment/Alignment Explore/Clustal 窗口

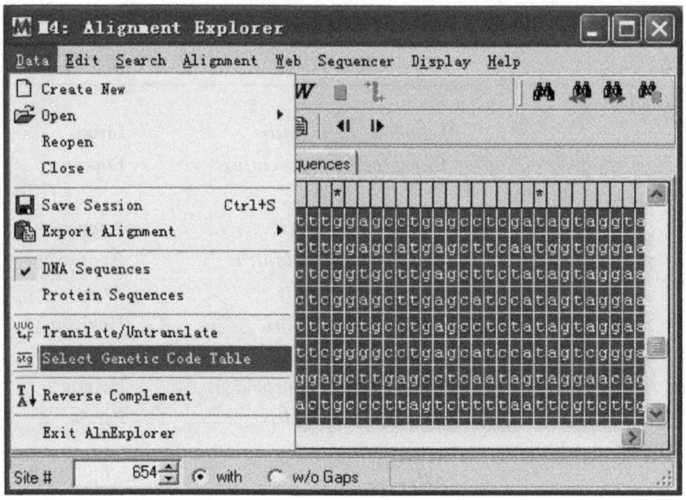

图 6-11 MEGA 4 的序列转换窗口

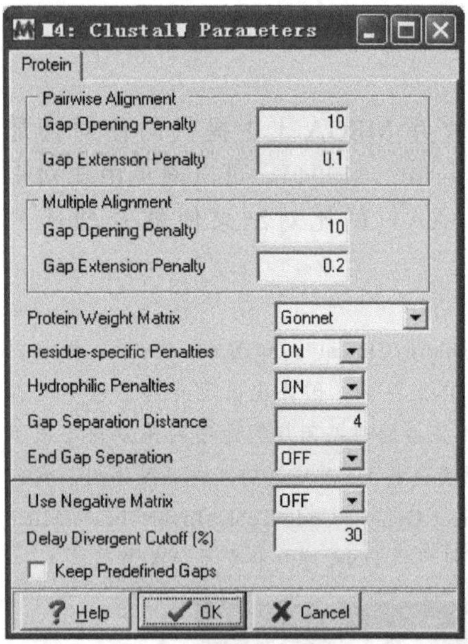

图 6-12 MEGA 4 的氨基酸序列比对窗口

点击"Alignment/Align by Clustal W"对氨基酸序列进行比对，选择软件默认的参数（图 6-12），比对结果通过"Data/Export Alignment/FASTA Format"输出，文件保存为 pro. fas。点击"DNA Sequences"即可得到相应的 DNA 序列比对结果。

[2] 序列保守区的选择（Gblocks 0.91b）

Clustal 比对得到的结果，通过 Gblocks 0.91b 软件进行序列保守区的选择。需要注意的是，Clustal 比对得到的文件应与 Gblocks 应用程序放在同一文件夹下，根据对话框选择"o"打开要分析的文件（如 pro. fas），选择"b"进行参数的设置（具体参照软件说明书），一般情况下我们使用默认参数，选择"g"即开始运行，如图 6-13 所示。分析结果保存为 fas 和 html 格式。参照 AA 序列的选择结果，在 MEGA 软件中对 DNA 序列比对结果中变异大的区段进行删除，最终结果通过"Data/Export Alignment/Mega Format"输出为 coxl. meg。

[3] 核苷酸替代模型的选择（Modeltest 3.7）

Modeltest 软件（Posada et al.，1998）识别的是 nex 格式的文件，运行之前需要将上一步保存的 meg 格式的文件转变为 nex 文件。具体操作为在 MEGA 软件中双击"Click me to active a data file"打开文件 coxl. meg，在"Data/Export Data"窗口"Format"选项中选择"Nexus（PAUP 4.0）"，在新窗口中将文件保存为 coxl. nex，如图 6-14 所示。

在 PAUP 窗口中打开 coxl. nex 文件，具体操作为"File/Open"；再重复操作"File/Open"打开 Modeltest 软件"Modeltest3. 7 folder/paupblock/modelblockPAUPb10"，即开始运行模型的选择，Modeltest 软件提供 56 个模型，最终结果选择一个最适合数据集的模型，运行结束后关闭对话框即可，结果 model. scores 保存在 paupblock 子文件夹中。将 model. scores 文件拷到 Modeltest3. 7 folder 中的 bin 子文件夹下，运行 DOS 命令，将目录转到 modeltest3. 7 folder/bin，运行 modeltest3. 7. win. exe<model.

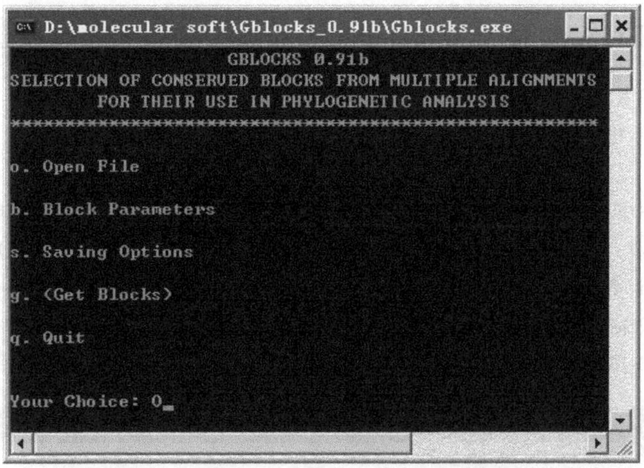

图 6-13　Gblocks 进行序列分析的主界面

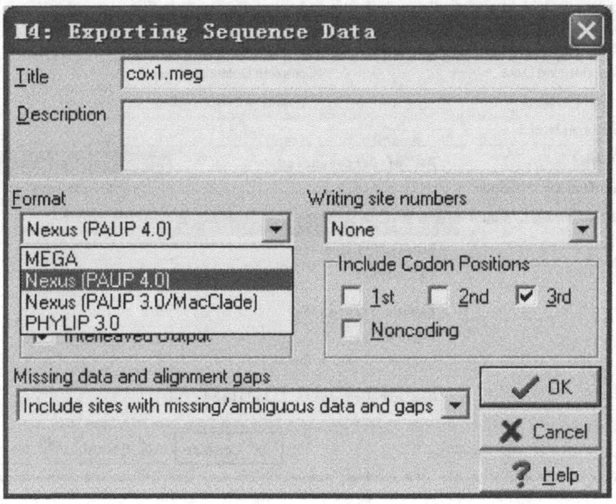

图 6-14　MEGA 的 Data/Export Data 窗口

scores> [cox1model. txt]，最后结果即保存在 cox1model. txt 文件中，此文件名可自己设定，如图 6-15所示。txt 文件中，一种是基于 hLRT 标准选择的模型，另外一种是基于 AIC 标准选择的模型，我们选用后一种。

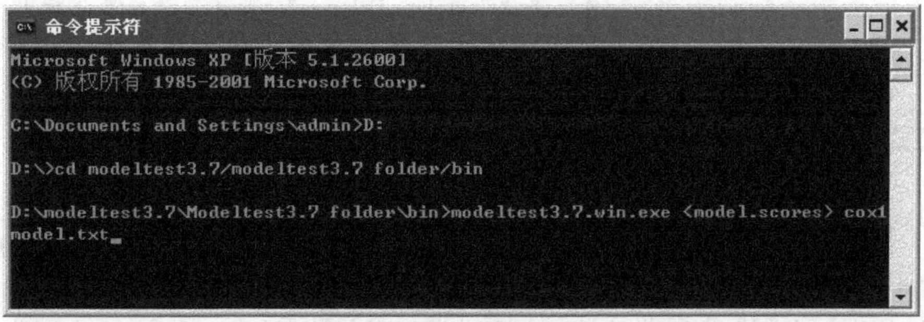

图 6-15　Modeltest 3. 7 进行模型选择的 DOS 命令窗口

6.5.1 使用 MEGA 软件重建 NJ 树

MEGA 软件的作者 Nei 和 Kumar（2000）指出如果 pairwise Jukes-Cantor（JC）平均距离大于 1.0，则数据集不适合用 NJ 法构树。

[1] 数据集验证

选择 MEGA 软件中“Click me to active a data file”打开 cox1. meg 文件，在重建 NJ 树之前我们需要对数据集进行验证，看是否适合用 NJ 法构树。具体操作为“Distances/Compute Overall Mean”，选择显示的对话框中的“Gaps/Missing Data”选项，若 alignment 文件中有许多 gaps 则选择“Pairwise Deletion”，反之选择“Complete Deletion”；在“Model”选项中选择“Nucleotide/Jukes-Cantor”，点击“Compute”按钮即可得到结果，如图 6-16 所示。cox1 数据集中的平均距离为 0.253，适合于重建 NJ 树，如图 6-17 所示。

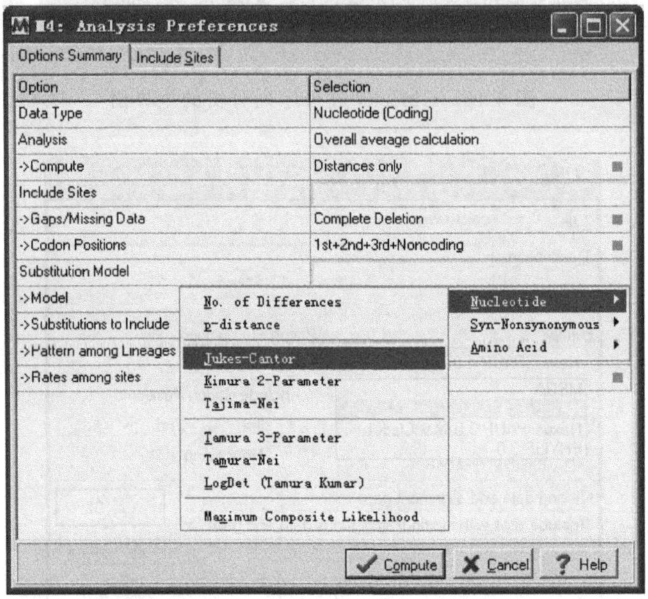

图 6-16 MEGA 4 中 Nucleotide/Jukes-Cantor 平均距离计算窗口

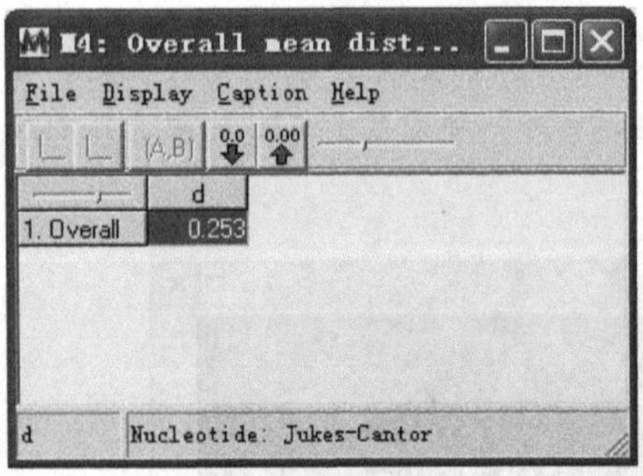

图 6-17 MEGA 4 中数据集的平均距离显示窗口

[2] 参数设置

在 MEGA 窗口中选择“Phylogeny/Construct Phylogeny/Neighbor-Joining（NJ）”，如图 6-18 所示。

在随后出现的对话框中“Gaps/Missing Data”默认的是“Complete Deletion”，此选项意味着分析中所有含有 gaps 的位点都将被忽略，如果数据集很少位点有 gaps，最好选择“Complete Deletion”，反之选择“Pariwise Deletion”。

“Codon Positions”（蛋白编码基因中才有此选项）选项中默认的是选择所有位点“1st＋2nd＋3rd＋Noncoding”，可以根据实际情况进行选择使用，蛋白编码基因的第三位有时会出现替代过饱和情况，有时我们会选择“1st＋2nd”。

“Substitution Model”选项中 Nucleotide 默认的 model 是“Maximum Composite Likelihood”，MEGA 软件的作者之一 Kumar 推荐用此选项，MEGA 4 之前的版本则无此选项。

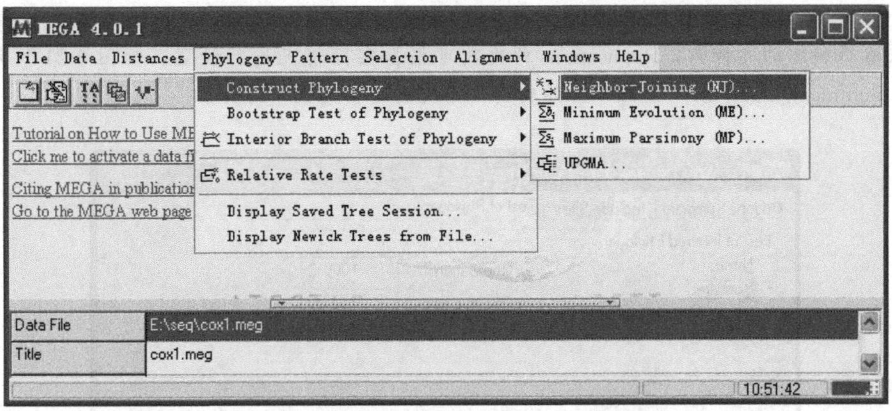

图 6-18　MEGA 4 中重建 NJ 树的选项界面

"Rates among sites" 选项默认的是 "Uniform rate"，另外一个选项是 "Different (Gamma distributed)"，需要我们给出一个 gamma 值。在实际运算中，我们可以根据 modeltest 的结果设定此项，具体操作为：打开 modeltest 最后的保存文件 cox1model，根据 AIC 标准得到的模型设定，Gamma 参数＝0.4316，如图 6-19、图 6-20 所示。

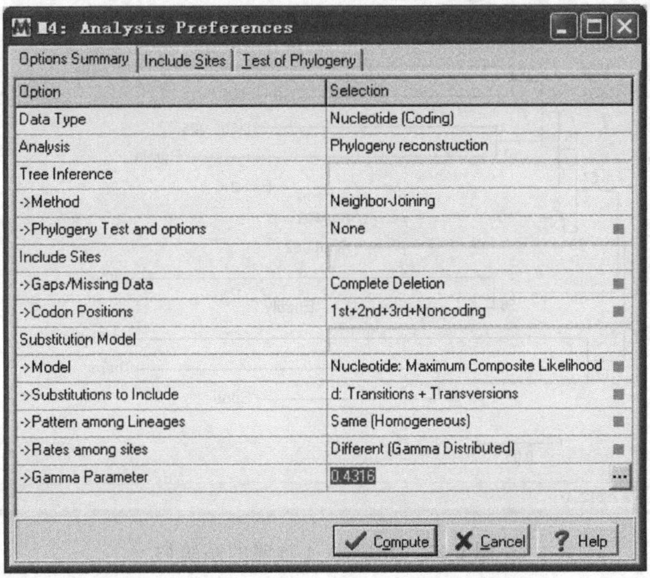

图 6-19　MEGA 4 中 Gamma 参数设置窗口

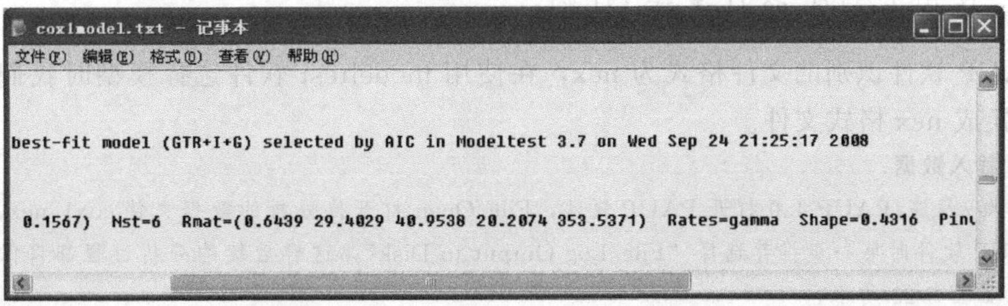

图 6-20　数据集模型文件（cox1model. txt）中查看 Gamma 参数设置

另外一个需要设置的参数是“Test of phylogeny”，其默认为“None”，通常我们选择“Bootstrap”来看得到树的支持率，Replications 的次数可根据实际情况进行设置，如图 6-21 所示。点击“Options Summary/Compute”按钮即开始构树，系统发育树如图6-22所示。

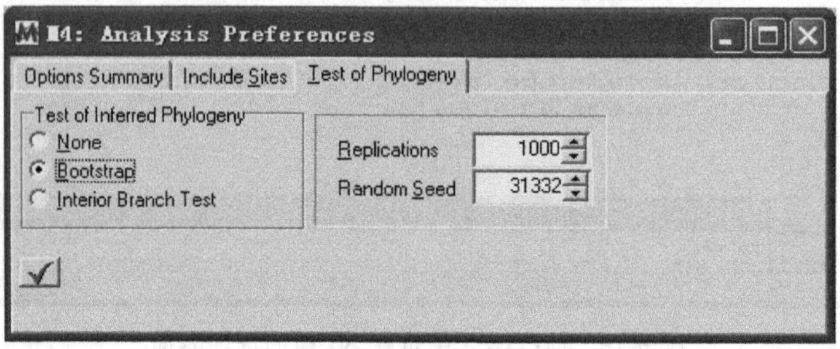

图 6-21 MEGA 4 中系统树检验设置窗口

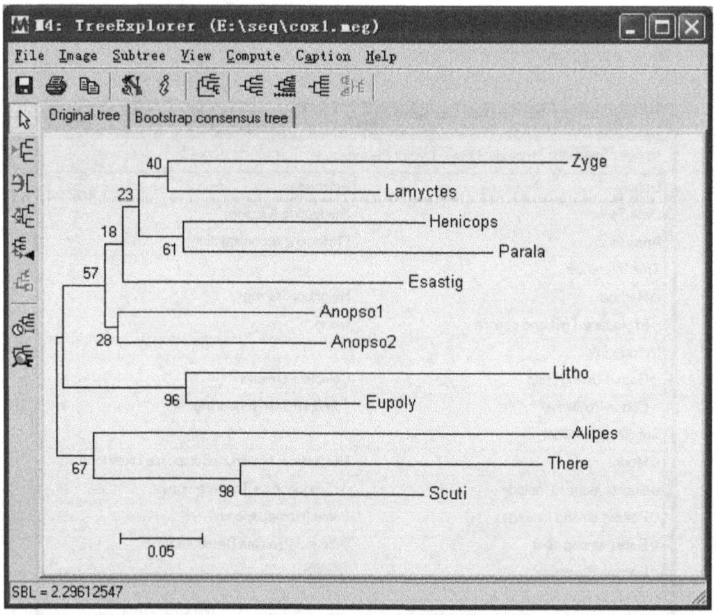

图 6-22 MEGA 4 重建的系统树

6.5.2 使用 PAUP 软件重建 NJ 树

PAUP 软件识别的文件格式为 nex，在使用 modeltest 软件选择模型时我们介绍过怎样转换成 nex 格式文件。

[1] 载入数据

从开始/程序/PAUP 4.0 打开 PAUP 软件，File/Open 打开待分析的数据文件 cox1.nex，通常在运行 PAUP 软件时第一步推荐选择“File/Log Output to Disk”，这样后续的分析过程都将保存在 log 文件中，如图 6-23 所示。

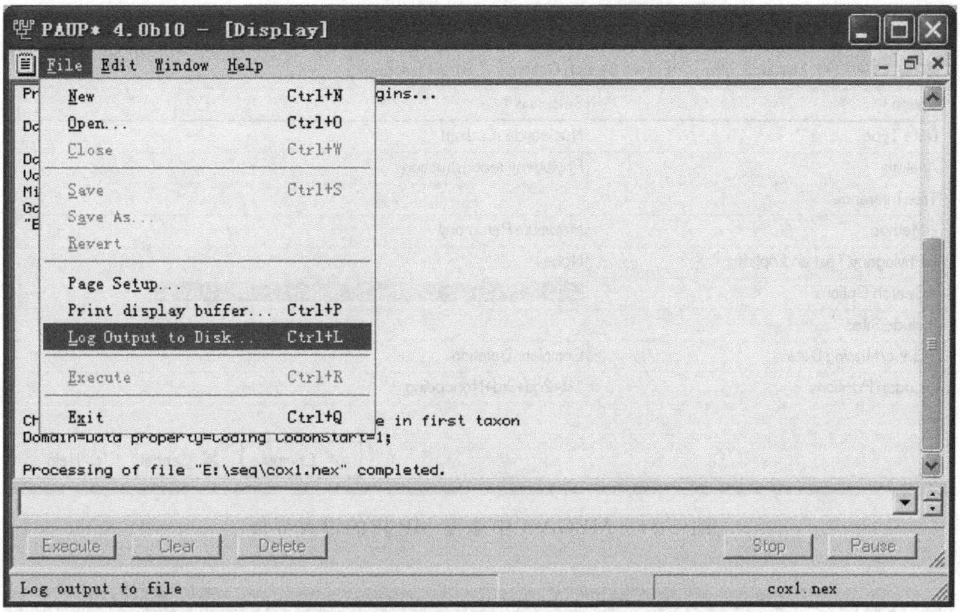

图 6-23　PAUP 的 File/Log Output to Disk 选择窗口

[2] 参数设置

PAUP 软件需键入命令以使其运行，默认的构树方法是 Parsimony，因此重建 NJ 树需输入“set criterion=distance”。

下一步设定外群，PAUP 软件可识别多个外群，输入“outgroup Alipes There Scuti”，或者“outgroup10 11 12”（10、11、12 为 Alipes、There、Scuti 在 nex 文件中的次序），这样我们就设定了 3 个外群。

根据 modeltest 的计算结果设置如下“Dset distance=GTR Rates=gamma Shape=0.4316 Pinvar=0.3460；Bootstrap search=nj nreps=1000 keepall”，若不加 keepall 则自引导值少于 50 的分支会以平行支显示出来。

运行结束后依次输入“contree”，“describetrees”，“savetrees from=1 to=1000”，树文件（tre）即保存在 cox1.tre 中，用 TreeView 文件打开即可。

6.5.3　使用 MEGA 软件重建 MP 树

MP 方法适于近缘物种的系统发育分析，较少涉及核苷酸和氨基酸替代模式等方面的假设。计算机模拟研究表明：在序列分化程度较低、核苷酸替代速率相对恒定、序列长度较大的情况下，MP 法获得的谱系树优于距离法（Nei and Kumar，2000）。

[1] 载入数据

在 MEGA 软件中打开 cox1.meg 文件，点击“Phylogeny/Construct Phylogeny”，选择“Maximum Parsimony (MP)”，如图 6-24 所示。

[2] 选项设置

Parsimony 方法没有模型的选择，但是需要对搜索方法（Search Options）进行选择。

点击“MP Tree Search Options”，如图 6-25 所示，搜索方法有 3 个选项，推荐选择第三项“Close-neighbor-interchange”，因为前 2 项运行速度很慢。Close-neighbor-interchange（CNI）也是启发式搜索（heuristic）的一种，level 设定了 3 个等级，等级越高搜索面越广，当然耗费的时间越长，推荐选择“level 3”。

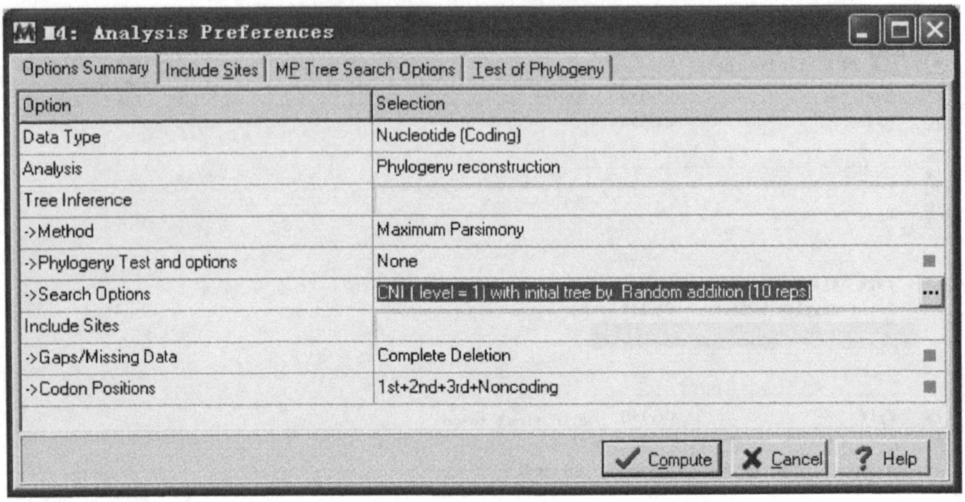

图 6-24　MEGA 4 中重建 MP 树的设置界面

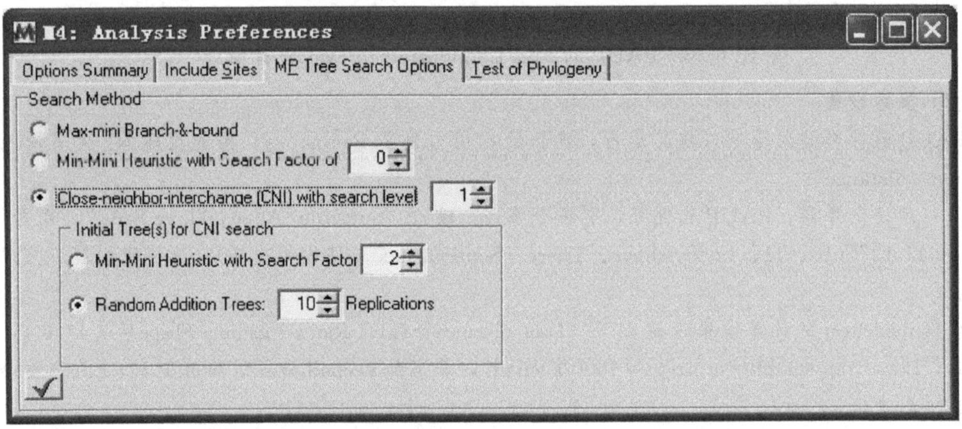

图 6-25　MEGA 4 中重建 MP 树的搜索方法的参数设置界面

"Random Addition" 推荐选择默认的 "10 replicate"。

"Test of Phylogeny" 中推荐选择 "Bootstrap" 对系统树的各分支进行检验。

点击 "Compute" 即开始构树。

6.5.4　使用 PAUP 软件重建 MP 树

PAUP 软件默认的构树方法就是 Parsimony，首先通过 "File/Log Output to Disk" 将后续操作保存到 logout 文件中。通过 outgroup 命令设定外群之后，输入命令 "bootstrap nreps=1000 keepall" 即开始构树，运行结束后依次输入命令 "contree"，"describetrees"，"savetrees from=1 to=1000" 即可完成 MP 树的重建。

在 logout 文件中我们可以通过 2 个指数对树的可信度进行评估：一致性指数（CI）和保留指数（RI）。一个性状的一致性指数是该性状对一棵树的"适配"测度，如果性状相互之间以及与树之间完全一致，CI 将为 1，如果存在很多趋同进化或者平行进化，CI 将接近于 0。如同 CI 一样，一个数据集的保留指数（RI）的范围也是 0～1，0 表示性状间以及性状和树之间存在许多平行演化，而 1 则表示完全一致。

6.5.5 使用 PAUP 软件重建 ML 树

[1] 模型选择

重建 ML 树之前我们对数据集进行模型选择，详见 6.5 数据预处理的步骤［3］。将用 AIC 标准选定的模型直接拷贝到 Nexus 文件的最后即可（图 6-26）。

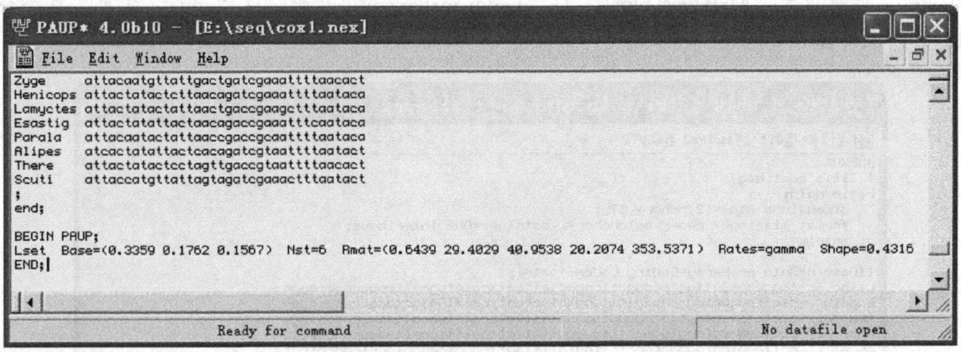

图 6-26　AIC 标准选定的模型拷贝到 Nexus 文件

[2] 参数设置

“set criterion=likelihood” 转化为似然法。

“outgroup” 命令设定外群。

“bootstrap nreps=1000 keepall=yes brlens=yes” 此命令设定循环次数为 1000 次（具体次数可根据实际情况自定），保存枝长。

“describetrees 1/plot=both brlens=yes” 此命令设定了描述树的方式，即 phylogram 和 cladogram 均显示，显示枝长。

最后用 “savetrees from=1 to=1000” 保存树，生成的树可用 TreeView 软件打开。

6.5.6 贝叶斯树

[1] Block 设置

贝叶斯（MrBayes）软件的界面如图 6-7 所示，需要输入命令才能使程序运行，或者在 Nexus 文件的最后加入一个 MrBayes block，如下：

begin mrbayes;
outgroup Alipes;
outgroup There;
outgroup Scuti;
log start replace;
charset 1st=1－576 \ 3;
charset 2nd=2－576 \ 3;
charset 3rd=3－576 \ 3;
partition by _ codon=3：1st，2nd，3rd;
set partition=by _ codon;
lset applyto=(1)nst=6 rates=invgamma;
lset applyto=(2)nst=6 rates=propinv;
lset applyto=(3)nst=6 rates=gamma;

mcmc ngen=500000 printfreq=1000 samplefreq=100 nchains=4 temp=0.2 savebrlens=yes;

sumt burnin=1250 contype=allcompat;

log stop;

end;

贝叶斯软件使用的 Nexus 文件与 PAUP 软件用的 Nexus 文件的抬头格式略有差别，如图 6-27 所示。Nexus 文件最后的“MrBayes block”以“begin mrbayes;”开始，以“end;”结束，每个命令结束需以分号“;”结尾。

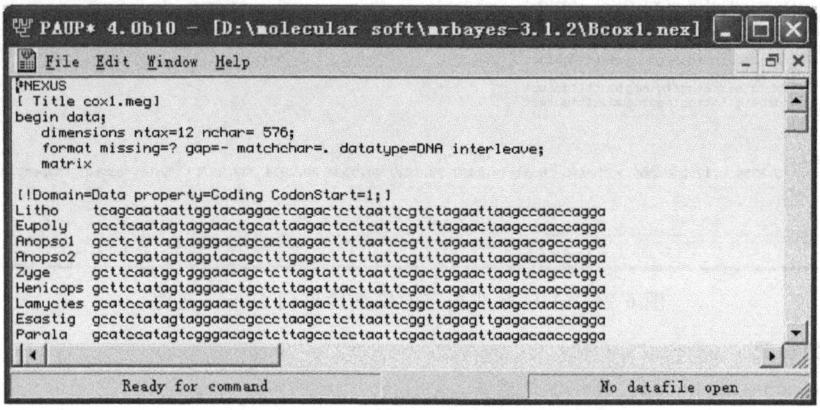

图 6-27 MrBayes 中 Nexus 文件的抬头格式

[2] 参数设置

“log start replace”命令将贝叶斯每步的运行记录在 log.out 文件中。

用“outgroup”命令设定外群。将 *cox1* 基因的第一、二、三密码子设定为“partition”，名字为“by _ codon”。

根据 Modeltest 软件 AIC 标准分别对密码子第一、二、三位进行最适模型的选择，本节用到的 *cox 1* 基因密码子的三位上选择的最适模型分别为“GTR+I+G、GTR+I、TrN+G”，相对应地在“MrBayes block”中用“lset”命令设定。

“mcmc”命令设定贝叶斯的运行方式(mcmc 指马尔科夫链蒙特卡洛算法)。

以下的数值需要视具体情况设定，“ngen=500000”表示分析将运行 500000 代。

“printfreq=1000”表示每 1000 代在屏幕上显示一次，设定的数值越小则表示显示的次数越多，将耗费更多的时间而且最后保存成的 log 文件将增大。

“samplefreq=100”表示每 100 代生成的树及参数将记录在一个文件中；“nchains=4”表示同时运行 4 条链；“temp=0.2”表示热链的温度设定为 0.2；“savebrlens=yes”表示在最后的 tree 文件中保存枝长。

“Sumt”命令中“burnin”表示舍弃的老化样本的数目，注意这里表示的是舍弃树的数目而不是代数，“burnin=1250”也就代表着一致树通过剩下的 3750 棵树中估算得到。burnin 数值的设定，一般来说树总数的 75%用来估算一致树已经足够了，所以可以设定为树总数的 25%。

[3] 贝叶斯分析

在图 6-7 中的 MrBayes>之后敲入“exe Bcox1.nex”[1] 回车即可。贝叶斯软件默认地同时进行 2

[1] Bcox1.nex 是我们通过 6.5 数据预处理中介绍的方法由 cox1.meg 文件转化成 cox1.nex 文件，之后通过改变抬头转换成贝叶斯软件识别的 Nexus 文件，命名为 Bcox1.nex。

个分析，如图 6-28 所示，两次分析之间用“*”隔开，最左边的数值 1，1000 等代表的是代数；“[ ]”中显示的是冷链的 likelihood 值，其余三个括号中的值是热链的 likelihood；最右边的值除第一代之外，其余代表程序将要运行的时间。在 1000 代之后都会显示“Average standard deviation of split frequencies”，这个值＜0.01 时说明两次运行结果差异很小，convergence 已达到，这个值＜0.05 也可以接受，但不能＞0.05。如果到运行结束这个值仍大于 0.05，那么需要增加运行的代数或者在 mcmc 命令中改变温度。如图 6-29 所示，“Upper diagonal”的数值应该在 0.1～0.7，如果这个值太低，可以在 mcmc 命令中降低温度（默认为 0.2）。

```
log.out - 记事本
文件(F) 编辑(E) 格式(O) 查看(V) 帮助(H)

Chain results:

   1 -- [-4633.155] (-4690.038) (-4703.960) (-4586.838) * [-4671.557] (-4546.191) (-4675.485) (-4678.152)
1000 -- (-3923.169) [-3911.692] (-3975.263) (-3967.782) * (-3975.605) (-3979.460) [-3900.779] (-3940.040) -- 0:16:38

Average standard deviation of split frequencies: 0.144040

2000 -- (-3874.274) [-3863.372] (-3895.681) (-3871.499) * (-3872.972) (-3876.893) [-3864.055] (-3859.095) -- 0:16:36

Average standard deviation of split frequencies: 0.098209

3000 -- (-3869.323) (-3864.913) (-3886.281) [-3863.697] * (-3862.140) (-3862.354) (-3874.580) [-3854.989] -- 0:19:19

Average standard deviation of split frequencies: 0.051069

4000 -- [-3855.809] (-3861.769) (-3867.585) (-3873.179) * (-3860.071) (-3874.552) (-3866.427) [-3860.698] -- 0:18:36

Average standard deviation of split frequencies: 0.029031
```

图 6-28　MrBayes 分析的 log 文件窗口

```
log.out - 记事本
文件(F) 编辑(E) 格式(O) 查看(V) 帮助(H)
Chain swap information for run 1:

            1       2       3       4
      --------------------------------
   1 |           0.53    0.23    0.09
   2 |   83694           0.57    0.28
   3 |   83238   83583           0.61
   4 |   82781   83050   83654

Chain swap information for run 2:

            1       2       3       4
      --------------------------------
   1 |           0.53    0.24    0.09
   2 |   83279           0.58    0.29
   3 |   83166   83470           0.61
   4 |   83416   83359   83310

Upper diagonal: Proportion of successful state exchanges between chains
Lower diagonal: Number of attempted state exchanges between chains

Chain information:

  ID -- Heat
 -----------
   1 -- 1.00  (cold chain)
   2 -- 0.83
   3 -- 0.71
   4 -- 0.63

Heat = 1 / (1 + T * (ID - 1))
   (where T = 0.20 is the temperature and ID is the chain number)
```

图 6-29　数据集的 MrBayes 分析信息情况

运行结束的树保存 Bcoxl. nex. con 文件中，此文件可用 TreeView 打开，如图 6-30 所示，分支节点上的值为后验概率（posterior probability），意义上等同于 NJ、MP 和 ML 树中的 bootstrap 值。

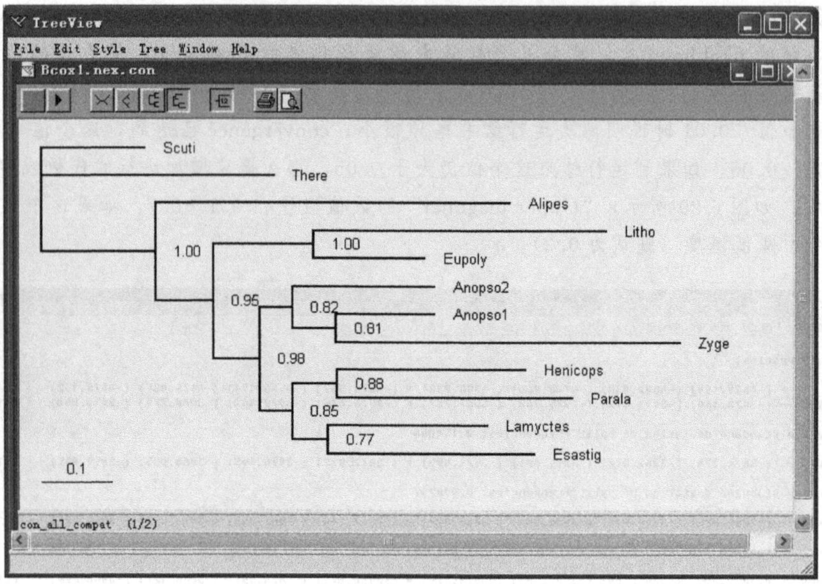

图 6-30 TreeView 查看重建的贝叶斯树

（李 鹏 盖永华）

第七章 RNA 分 析

7.1 RNA 简 介

RNA 是携带遗传信息的主要生物大分子之一，在生物遗传过程中起着非常重要的作用。同时，RNA 也是某些病毒的遗传物质。正因如此，RNA 长期以来一直被认为是结构单位，作为功能单位的重要性被忽视。在 1982 年之前，RNA 被认为主要以三种形式存在，即 mRNA、tRNA 和 rRNA。其中 mRNA 包含编码基因的序列，直接指导蛋白质的合成；tRNA 连接密码子和 mRNA 指导氨基酸的合成；rRNA 作为结构支架承担着形成核糖体的功能。但是在 Tom Cech 第一次发现具有催化功能的 RNA 后，RNA 在生物大分子中的地位有了改观。人们越来越重视对 RNA 的研究，也更加深了人们对 RNA 功能探索的欲望。从那以后，许多 RNA 被发现参与基因的表达调控进而揭示了 siRNA 和 microRNA 等非编码 RNA 的重要功能，同时也给人们提供了一种研究基因功能的新方法。

非编码 RNA（non-coding RNA，ncRNA）是指没有编码蛋白质功能的所有 RNA，它缺乏开放阅读框，常由编码蛋白质的基因反义转录而来，一般用同义词小 RNA（small RNA，sRNA）表示。转录非编码 RNA 的 DNA 序列称为 RNA 基因或非编码 RNA 基因。tRNA 是我们最熟悉的非编码 RNA，它涉及基因表达的翻译过程。然而，随着 20 世纪 90 年代以来许多新的非编码 RNA 的发现，它们的种类、数量和所发挥的多方面重要作用是我们以前难以想象的。

目前发现的非编码 RNA 主要有以下几种（表 7-1）：

表 7-1 非编码 RNA 的名称和种类

简 称	全 称	说 明
fRNA	functional RNA	与 ncRNA 基本同义，但一般不包括 rRNA 和 tRNA
miRNA	microRNA	参与翻译的调控与 mRNA 的特异降解
siRNA	small interfering RNA	参与 RNA 沉默过程，多数是 mRNA 的片段降解
snRNA	small nuclear RNA	包括拼接小体 RNA（spliceosomal RNA）
snmRNA	small non-mRNA	与小非编码 RNA（small ncRNA）同义
snoRNA	small nuclear RNA	参与 rRNA 的修饰
stRNA	small temporal RNA	最早发现的 miRNA
rRNA	ribosomal RNA	核糖体 RNA，参与蛋白质的合成
tRNA	transfer RNA	转移 RNA，参与蛋白质的合成

资料来源：Eddy S R，2001

7.1.1 RNA 的结构

结构分析是了解和研究生物大分子功能的前提。对于研究 RNA 的功能也是如此，预测其结构有助于我们深入了解 RNA 作用的机制和功能，同时也为我们了解突变和抑制的机理打下重要的基础。此外，RNA 结构的稳定性对 RNA 行使功能至关重要。

我们可将 RNA 的结构分为三个层次，即一级结构、二级结构和三级结构。RNA 分子的一级结构主要是指构成 RNA 的核苷酸组成和排列顺序。对于各种 RNA 分子一级结构而言，相互间的差别主要就在于所含碱基的组成、数量以及碱基的排列顺序上。构成 RNA 的含氮碱基有四种，分别为腺嘌呤（A）、鸟嘌呤（G）、胞嘧啶（C）和尿嘧啶（U）。所以，只要将任意一个 RNA 分子看成是由字符 A、C、G、U 组成的有限序列，就可以得到 RNA 一级结构的所有有用的信息。RNA 的二级结构是 RNA 一级结构在生物体特定理化环境下形成的基本结构单元，是构成 RNA 高级结构的基本元件。我们研究 RNA 分子的结构，同其他生物大分子一样，最终要了解 RNA 的三级结构，但是我们如何来获得三级结构是一个非常困难的问题。对于 RNA 的三级结构分析主要采用生物化学和生物物理学方法。这些方法不仅费时费力，而且只能用于小分子 RNA 的研究，对于大分子 RNA 的研究这种方法就显得相当困难。由于多数 RNA 含有的碱基数目达 10^3 以上，依靠传统实验手段很难给出它们特定的结构。因此，借助计算机来预测 RNA 的结构是一种方便经济的手段。

7.1.2 RNA 的功能

传统观念认为：三类最重要的生物高分子化合物中，DNA 携带遗传信息，蛋白质是生物功能分子，而 RNA 在这二者间起传递遗传信息的功能（即参与蛋白质的生物合成）。20 世纪 80 年代初，Tomas Cech 发现了具有催化功能的 RNA，并将之称为核酶(ribozyme)。这个发现打破了多年来“酶的化学本质就是蛋白”的传统观念。它使人们认识到，RNA 的生物功能远非“传递遗传信息”那么简单。此后，RNA 功能的新发现层出不穷。现可将 RNA 的主要功能总结如下：

1. RNA 控制蛋白质的合成

参与蛋白质合成的 RNA 有三类：信使 RNA（messenger RNA，mRNA）、转运 RNA（transfer RNA，tRNA）和核糖体 RNA（ribosomal RNA，rRNA）。无论是原核还是真核生物都有这三类 RNA。

（1）mRNA——信使和模板。mRNA 转录核内编码蛋白质信息的 DNA 碱基排列顺序，并携带至细胞质，指导蛋白质合成，其作用类似信使。mRNA 分子以 5′端的 AUG 开始，与其后的连续三联体密码组成的核苷酸序列即是开放阅读框，是多肽链的编码序列。

（2）tRNA——转运和信息转换。tRNA 占细胞总 RNA 的 15%，是蛋白质合成过程中氨基酸转运的工具。tRNA 分子 3′端的 CCA 序列是氨基酸结合部位，氨基酰-tRNA合成酶使 tRNA 与氨基酸特异性识别形成氨基酰-tRNA，再通过 tRNA 的 TψC 臂将氨基酰-tRNA 结合到核糖体大亚基，参与蛋白质的合成。

(3) rRNA——装配和催化。rRNA 是细胞内含量最多的 RNA，约占细胞内 RNA 总量的 80%以上。原核生物 16S rRNA 和蛋白质构成核糖体的小亚基，5S rRNA 和蛋白质构成核糖体的大亚基；真核生物 18S rRNA 和蛋白质构成核糖体的小亚基，5S、5.8S 和 28S 三种 rRNA 和蛋白质构成核糖体的大亚基。rRNA 与核糖体蛋白共同构成核糖体，为肽链合成所需要的 mRNA、tRNA 和多种蛋白因子提供了相互结合的位点和相互作用的空间环境。

2. RNA 作用于 RNA 转录后的加工与修饰

某些 RNA 初级转录物需要加工去除内含子等方可成熟。内含子的去除可由 RNA 自身催化完成（group Ⅰ、group Ⅱ 内含子），也可由一些小分子 RNA（U1～U6）及其结合蛋白组成剪切体完成。一些 RNA 成熟过程所需的核酸酶（如 RNaseP 等）也含有 RNA 组分。此外，mRNA 的成熟过程中还有编辑现象。某些编辑过程由 RNA 分子介导，称为 guideRNA（gRNA），以它为模板进行碱基插入、删除或替换等。RNA 由 4 种核苷酸组成，但通过核苷酸的修饰增加了 RNA 结构的复杂性，为 RNA 功能多样性提供了物质基础。rRNA 中核苷酸的甲基化修饰和假尿嘧啶的生物合成及其加工和细胞定位转运，均有一类小分子 rRNA 参与。

3. RNA 具生物催化及其他持家功能

20 世纪 80 年代初，Cech 首先发现 RNA 有催化活性。紧接着，Apirion 报道了 T4 噬菌体 RNA 可催化自身剪接。同年，Altman 和 Pace 证明 RNaseP 的 RNA 组分 M1RNA 具有内切酶活性。近年来发现 RNA 可以催化很多反应：DNA、RNA 的特异水解；模板 RNA 的连接；核苷转移；氨酰-tRNA 合成；多核苷酸磷酸化等。

类病毒和拟病毒 RNA 可形成一种锤头状的二级结构，从而具有催化活性。在自然界中还存在着多种核酸催化方式。现已证明，RNA 世界所需反应均可由 RNA 催化，RNA 可发展为 DNA-RNA-Protein 体系。

4. RNA 具调控功能

近年来一系列研究表明，一类叫做小 RNA（small RNAs）的非编码 RNA 分子掌握真核细胞许多功能，影响基因表达、细胞周期调控和个体发育等多种行为。小 RNA 是 21～28nt 的调控分子，主要包括微 RNA（micro RNA，miRNA）和小干涉 RNA（short interfering RNA，siRNA）两类。

5. RNA 调控发育

在线虫中除了最早发现的 lin-4 RNA、let-7 RNA 参与线虫的形态转换，还发现第一个与神经模式发生有关的 miRNA——lsy26。有证据表明，lsy26 能影响左右神经系统内某一特定化学感受器受体的水平，这可以部分解释神经系统功能的非对称性。此外，果蝇中的 bantam 与细胞凋亡和生长控制有关，miR-14 通过抑制未知靶基因而与细胞凋亡及脂肪代谢有关，这些与 miRNA 调控相关的突变体都已在个体水平上表现出明显的表型特征。而在细胞水平上，一些 miRNA 呈组织特异性表达，这似乎表明它们与维持分化细胞的功能有关。

6. RNA 调控 X 染色体的活性

男性第 23 对染色体是 XY，女性的第 23 对染色体是 XX。如果女性两条 X 染色体都正常表达，女性 X 编码基因的表达量将是男性的两倍。事实是男性和女性 X 染色体编码蛋白的表达量是一致的。其原因在于女性 *Xist* 基因编码不表达蛋白质的 RNA，它与 2 条 X 染色体中的一条结合，使其失活。

7. RNA 参与端粒 RNA 的合成

染色体 DNA 3′端在端粒酶的作用下，以端粒 RNA 为模板，合成端粒 DNA。细胞分裂时，DNA 每复制一次，端粒 DNA 缩短一点，直到端粒全部消失。此时细胞再也不能分裂，走向死亡。成人正常细胞没有端粒酶和端粒 RNA。癌细胞却含有端粒酶和端粒 RNA。所以，也可以说是端粒 RNA 控制了细胞的寿命和癌症的发生。

8. RNA 对细胞分泌的作用

真核细胞信号肽识别蛋白 SRP 含 RNA 组分，称为 7S RNA。该 RNA 可能通过与 rRNA 或 mRNA 相互作用识别新合成肽链的转译复合体来发挥 SRP 的功能，使蛋白质进入内质网以定向加工和运输。

E. coli 中有一类丰富的小 RNA 分子，称为 4.5S RNA，其序列与真核细胞 7S RNA 有同源性。缺失实验证明 4.5S RNA 对转译和分泌有一定影响。4.5S RNA 可能通过与 SRP 同源的 Ffh 结合，参与 *E. coli* 的合成和分泌。

9. RNA 具转运功能

噬菌体 *Φ*29 装配过程中，首先由外壳蛋白组装成噬菌体的外壳，然后由一种称为门 RNA（pRNA）在噬菌体基部的门上，装配成分子马达，依赖此分子马达的转动，将噬菌体 DNA 装入病毒外壳。

如上所述，RNA 的生物功能远超出了遗传信息传递中介的范围，所以研究所有上述各种 RNA 的时空表达情况及其生物学意义，将在全面破解生命奥秘过程中发挥重要作用。

7.1.3　RNA 研究进展与展望

RNA（脱氧核糖核酸）是生物系统内最为重要的分子之一，它在生物体内尤其是在 HIV 等病毒体中行使多种功能，遗传信息由 RNA 而不是 DNA 携带。2006 年诺贝尔生理或医学奖授予美国斯坦福大学医学院的安德鲁·菲尔（Andrew Fire）和麻省理工大学医学院的克雷格·梅洛（Craig Mello），以表彰他们发现了双链 RNA 引发的基因沉默，这也使国际上对 RNA 在生物信息上的相关研究升温。生物分子的功能通常和结构有紧密的联系，因此越来越多的研究人员开始关注 RNA 的二级结构和三级结构。

目前对 RNA 研究主要体现在两个方面，一是对 RNA 应用的相关技术研究，包括 RNA 的提取、分离、鉴定与功能探索；二是对 RNA 生物信息学技术的研究，主要包括数据库的开发应用、非编码 RNA 的预测、RNA 的结构分析等。因此，RNA 的生物信息学是一门发展迅速的学科。

7.2　RNA 二级结构

7.2.1　RNA 的二级结构概述

RNA 的二级结构是指 RNA 分子在自然条件下盘绕、卷曲、借助碱基间的氢键相互连接形成部分碱基配对和单链交替出现的茎环结构。RNA 二级结构作为决定 RNA 分子功能的重要环节，与许多重要生物学过程相联系。RNA 二级结构中碱基互补配对形成的双螺旋区称为茎区，而不形成互补配对的单链形成环。茎区主要按经典的 Watson-Crick 规则配对，即 G 和 C 配对，A 和 U 配对。此外，在某些情况下也可形成 G 和 U 的配对。GC 配对、AU 配对和 GU 配对之间分别有三个、两个和一个氢键形成配对。茎区内碱基对的氢键以及它们形成的局部螺旋的堆积力起着稳定作用，即降低折叠结构的自由能。而环又依据形态的不同分为发夹环、内环、膨胀环和多分支环等。发夹环位于茎和环结构的末端，内环使茎中断，膨胀环与内环相似，但只有单链上有不配对的碱基。环区的存在使得 RNA 分子的自由能升高，因而使结构的稳定性下降。

1. RNA 二级结构的表示方法

（1）圆形表示法（circle plot）：将 RNA 的二级结构表示为一个外平面图，其中一级序列排列成圆，互补的碱基之间用弦表示，而且两根弦之间不交叉。

（2）平面图表示法（conventional graph representation）：这是一种最常见的表示方法，比圆形表示法更加的直观。

（3）山峰图表示法（mountain plot）：x 轴表示 RNA 序列的碱基位置 k，y 轴表示包围 k 的碱基对数目 m（k），山峰表示发夹环，平原表示未配对的碱基，山谷则表示多环中的各个分支之间的未配对区域。

（4）点状图表示法（dot plot）：将 RNA 一级序列分别按水平和垂直方向排列成一个矩阵，相互配对的碱基用点表示。每对相互配对的碱基分别用“( )”表示，没有配对的碱基则以“·”表示。

2. RNA 二级结构元件

RNA 二级结构元件是由配对碱基或未配对碱基之间形成的具有双螺旋（double helices）、凸环（bulges）、内部环（internal loops）和发夹环（hairpin loops）等结构特征的单元，是构成 RNA 高级结构的基本单位，如图 7-1 所示。

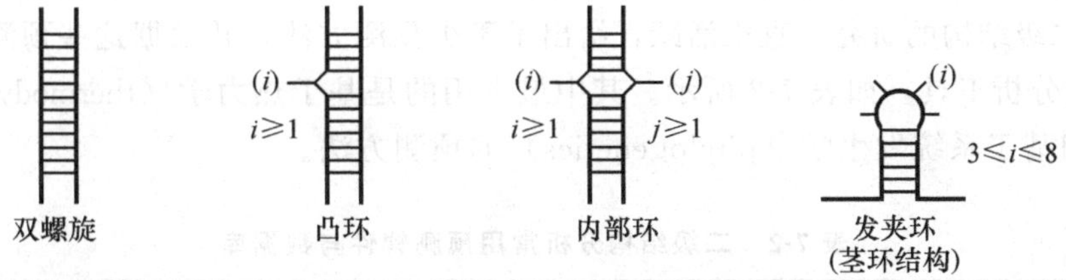

图 7-1 RNA 二级结构元件

（引自 Tian B，2004）

（1）双螺旋（double helices）：是按照 Watson-Crick 碱基配对原则形成的具有双螺旋结构的基本单元。

（2）凸环（bulges）：RNA 通过回折形成高级结构时，在一条 RNA 链上有一个或多个未配对碱基形成的具有凸环结构的基本单元。

（3）内部环（internal loops）：RNA 通过回折形成高级结构时，在两条 RNA 链上有一个或多个未配对碱基形成的具有两个对称凸环结构的基本单元。如果两条 RNA 链上未配对的碱基数目相等（即 $i=j$），则形成对称内部环；如果两条 RNA 链上未配对的碱基数目不等（即 $i\neq j$），则形成不对称的内部环。

（4）发夹环（hairpin loops）：RNA 通过单链回折形成的具有发夹结构的基本单位，又称茎环结构（stem-loops）。

RNA 高级结构的特点是分级折叠的，即高级结构由低级结构元件参与并折叠而成。主要包括以下几种结构域，如图 7-2 所示。

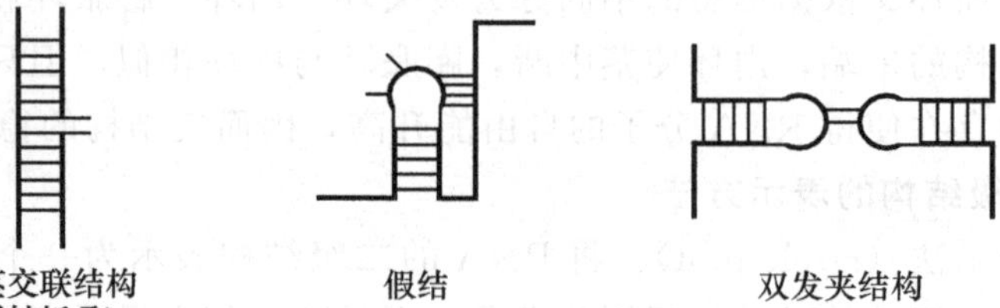

图 7-2　RNA 三级结构元件

（引自 Tian B，2004）

（1）双茎交联结构（two-stem junction）：又称同轴折叠（coaxial stacks），是由两个共线性的 RNA 茎结构相连而成。

（2）假结（pseudoknot）：是在一个 RNA 二级结构元件中，未配对的碱基与茎环结构的侧链发生配对而形成的高级结构。

（3）双发夹结构（kissing hairpins）：是指两个发夹环中的碱基发生配对形成的邻近相对的高级结构。

7.2.2　RNA 二级结构的预测方法

相对于 RNA 一级结构，在许多研究中，RNA 二级结构连同更高级结构被作为 RNA 的表型特征来描述，以表明它与其基因型即 RNA 序列的不同。近些年来，关于 RNA 分子二级结构的研究一直很活跃，给出了不少预测方法，并根据这些预测方法开 发出许多在线分析工具，如表 7-2 所示。其中最常用的是基于热力学（thermodynamics）的预测方法和基于系统发生学（phylogenetics）的预测方法。

表 7-2　二级结构分析常用预测软件与数据库

	名　称	简　介
本地软件	RNA draw 1.1b	RNA 二级结构分析软件
	RNAstructure 4.5	UNIX 平台软件 mfold 的 Windows 版本
	RNAViz 2.0	可生成发表质量的二级结构图，可显示一些特殊结构
	loopDloop 2.07b	Java 语言写成的绘制 RNA 二级结构的软件，需要安装 JAVA 虚拟机
	Circles 0.1.0	使用比较的方法分析 RNA 二级结构软件，并以标准格式输出预测的二级结构
	SStructView 1.2	用 Java 脚本语言写成的 RNA 二级结构显示软件
	Vienna RNA Package	维也纳大学 RNA 二级结构预测与比较软件包
	XRNA1.1.12b	可生成、显示、注释、编辑发表质量的 RNA 二级结构图

续表

	名 称	简 介
本地软件	STAR Demo	用于对 RNA 序列进行二级结构预测，Demo 版只能分析给定序列
	PseudoViewer 3.0	RNA 二级结构显示软件
	pknotsRG 1.3	预测 RNA 二级结构软件，包括 pseudoknots（假扭结）结构
	RNAshapes 2.1.1	分析 RNA 二级结构软件
	RNAz 1.0	预测结构保守热稳定 RNA 结构，可用于基因组中筛查功能 RNA 结构等
	RNAFamily	Java 编写的用于显示一个 RNA 分子族的所有二级结构小软件
	RNApasta 070518	Java 语言所写的比对和结构注释 RNA 序列统计分析工具
	CLC RNA Workbench	分析 RNA 序列用的综合工具
在线工具	KineViewer	http://kinefold.curie.fr/ 查看 RNA 折叠在线预测工具 KineFold 结果的软件
	tRNAscan-SE 1.21	http://lowelab.ucsc.edu/tRNAscan-SE/在基因组数据中寻找 tRNA 基因的在线工具
数据库	欧洲核糖体 RNA 数据库	http://bioinformatics.psb.ugent.be/webtools/rRNA/lsu/index.html
	小 RNA 数据库	http://microrna.sanger.ac.uk/sequences/
	非编码 RNA 数据库	http://www.noncode.org/
	核仁小分子 RNA 数据库	http://bioinf.scri.sari.ac.uk/cgi-bin/plant_snorna/home

1. 基于热力学的预测方法

1）定义与内容

这类预测方法是以分子热力学原理为基础，即当 RNA 处于稳定的环境中时，自由能最低的结构是最稳定的。因此，我们可以通过动态编程算法来计算不同构象的自由能，找到最低自由能的构象，从而预测 RNA 的二级结构。在没有足够多个同源 RNA 序列的情况下，只能采用这类方法进行预测。设计热力学参数对碱基对、环的长度和其他特征进行估算而得出合适的结构是这类预测方法的核心思想。现在的许多预测软件从这个原理开发并得到改进。

单链的 RNA 分子通过自身回折，使链中 A 和 U、G 和 C 之间分别配对，形成多端的双股螺旋区即为 RNA 的二级结构，二级结构中的碱基分为两类，没有与别的碱基匹配形成氢键的称为自由基（free base），否则称为匹配基（pair）。假定真实的 RNA 会折叠成一个具有最小自由能的二级结构，而二级结构中的每段模体（motif）都有相应的自由能计算方法，一般茎区的自由能为负值，环区自由能为正，茎区越长其自由能越小。因此可以近似地认为，配对的碱基使自由能降低，没有形成配对的碱基使自由能升高。

2）优点和局限性

对于热力学预测方法，假设体内环境为理想的恒定状态，则自由能最低的构象即是最稳定的构象。但是，生物体的生长和发育等生命活动过程中，体内环境会受到外部环境变化的影响而发生相应的变化，RNA 可能与其他生物大分子发生互作而改变其二级结构。其次，利用动态编程算法求解最低自由能的计算是一个从简单到复杂、从局部到全局的递归计算过程。这一过程没有考虑到 RNA 二级结构中各元件可能存在的远程相互作用，因而也就没有考虑到该作用对自由能的影响。

2. 基于系统发生学的预测方法

在生物同源分子中，结构保守性一般大于序列的保守性。在 RNA 分子中，这一点体现得尤为明显，如绝大多数 tRNA 分子的二级结构都是三叶草型结构，三级结构呈倒 L 形状，而它们的一级序列却存在部分差异。基于这一点，提出了基于系统发生学的预测方法。

1）定义与内容

系统发生学的预测方法是根据进化和系统发生（phylogeny）的原理，通过比对多个同源 RNA 序列中的共有二级结构信息来预测目标 RNA 的二级结构。在具有多个同源 RNA 序列结构的情况下，其预测的准确性超过基于热力学的预测方法。即通过多重序列比对，共同序列通常具有共同的结构，实际上这是一种同源建模的方法。

2）优点和局限性

尽管基于系统发生学的预测方法准确性较高，但是它的主要局限性在于如果没有足够数量与目标 RNA 序列同源的 RNA 序列，则无法应用这种方法进行 RNA 二级结构的预测；另外，在建立 RNA 二级结构模型如 CM 和 SCFG 的过程中，往往只考虑主要因素诸如 RNA 碱基的匹配（match）、插入（insert）、跳过（skip）等情况，而假节结构、碱基错配以及长程相互作用的情形则忽略不计。

7.2.3　RNA 结构预测实例分析

目前对 RNA 二级结构的预测分析主要采用下列软件：Vienna RNA package、mfold server、RNAstructure 等。其中 RNAstructure 由于界面友好，操作简单，兼容性好等特点，现已成为 RNA 二级结构分析预测所采用的主要软件。

【实例分析】 使用 RNAstructure 对 RNA 二级结构进行分析预测。

RNAstructure 是一款可在 Microsoft Windows 操作系统下免费使用的 RNA 结构预测和分析软件。RNAstructure 使用 Zuker 算法预测 RNA 二级结构，预测一个结构分两步进行。第一步是使用回归算法生成一个最优结构与一系列次优结构。生成次优结构的个数由用户输入的两个参数决定，第三个参数为窗口大小。此参数控制次优结构有多少不同，小的窗口尺寸只允许生成非常类似的结构。第二步是重新排序最有可能的结构。使用公式重新计算每个结构的最小自由能，输出根据重新计算的最小自由能排序，这两步是连续进行的。

该款软件的主要程序设计依赖于以下几个方面算法：

（1）最小自由能理论。

（2）碱基配对可能性原则。

（3）寡核苷酸与互补片段结合亲和力原则。

（4）共同序列保守结构分析原则。

研究背景：BPMV 是一种单股正链 RNA 病毒（ssRNA positive-strand viruses），BPMV RNA2 序列结构如图 7-3 所示，通常它的 3′UTR 内的序列形成茎环、假结等高级结构，既可以作为顺式作用元件，又可以结合蛋白反式作用因子，从而对病毒的转录、复制、翻译起到调控作用。对 3′UTR 结构的预测不仅可以深入了解病毒复制的机理，同时有助于寻找抗病毒的靶点。

[1] 下载待分析序列

从 NCBI 中已登录菜豆荚斑驳病毒全基因组中选取 AF394607（Bean pod mottle virus strain K-Hancock1 segment RNA-2，3688nt）作为研究对象分析。

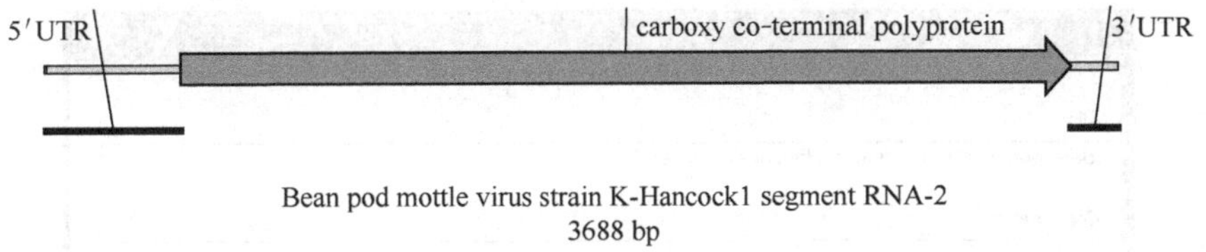

图 7-3 BPMV RNA 2 序列结构示意图

3′UTR 序列如下：

TCTGGAATTTGTGTTTCCTTTTGCTTGTTCGTTTGTTTAATTTAATAAAGGAAATTAGG CATGACCCTCTTGTTGAGTATGCTCTGCCTATTTGAAAATTTCCACACCTCTTTTAATTGTCG TAATGATGTGTGAAGTGTGTGTTATTTTAAAAAAAAAAAAAAA

[2] 输入待分析序列

首先从 Windows 开始菜单打开软件 RNAstructure 4.5，主界面如图 7-4 所示：

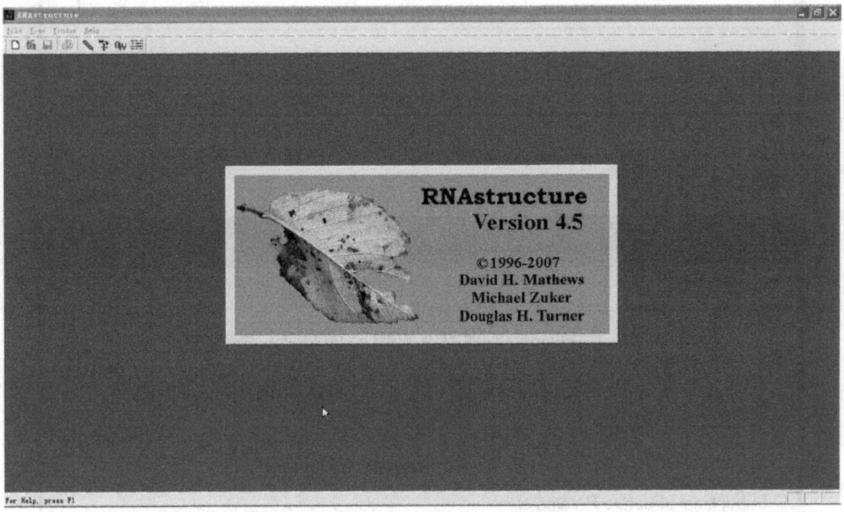

图 7-4 RNAstructure 4.5 的主界面

选择 File/New 菜单，打开序列编辑窗口，如图 7-5 所示。需要的话，在 Title 框内输入 Title 信息，在“Comment”框内输入注释信息，最后在“Sequence”框内输入序列信息，由 5′端到 3′端。注意要使用大写字母输入序列。当使用 T 或 U 或同时使用时，RNA 折叠算法将假设其为 RNA 并将 T 认为是 U，而 DNA 折叠模块将认为其为 DNA 并将 U 认为是 T。另外，可使用 X 代表缺口或未知碱基。选择“File/Save”或“File/save as”命令，以 .SEQ 格式贮存。

(1) 载入序列或引入 Genbank 格式文件。选择“File/Open Sequence”命令载入 .SEQ 序列文件，也可选择 Genbank 格式文件（.GEN）或只有序列信息的文本文件，如图 7-6 所示。

(2) 序列编辑。当输入一个序列时，如果选择“Read while typing”选项的话，可在输入同时听到输入的序列，按下“Read back”键，计算机将从光标所在位置向回读序列，按“Cancel”键终止。如果先选择一部分序列再按“Read back”键，只读取选定部分。序列编辑器可将你输入的序列转存为类似 GenBank 格式的文件。按下“Format”键，序列将变为每行 60 个碱基，每 10 个碱基一个空格。按“Fold RNA”键将文件输入 Fold 模块，程序将提示存盘。

[3] 折叠 RNA 单链

次优结构输出的数量由用户输入的三个参数决定，如图 7-7 所示。

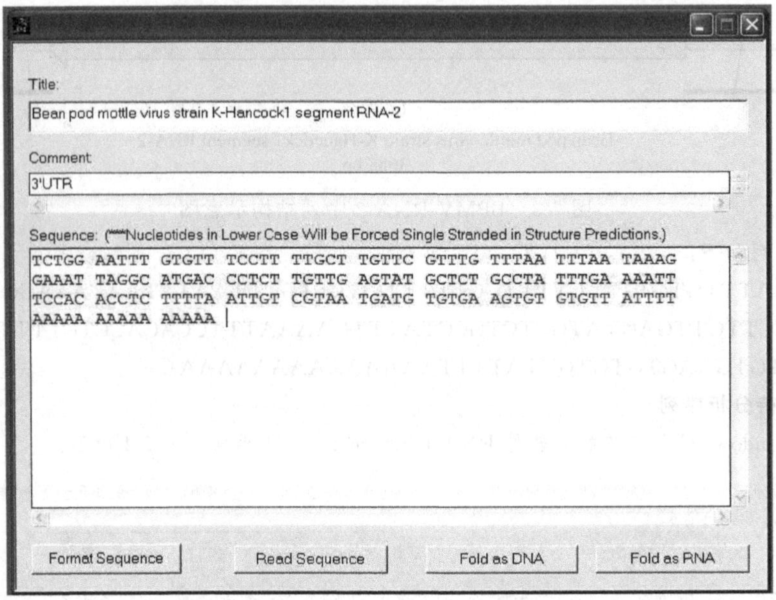

图 7-5　RNAstructure 4.5 序列输入界面

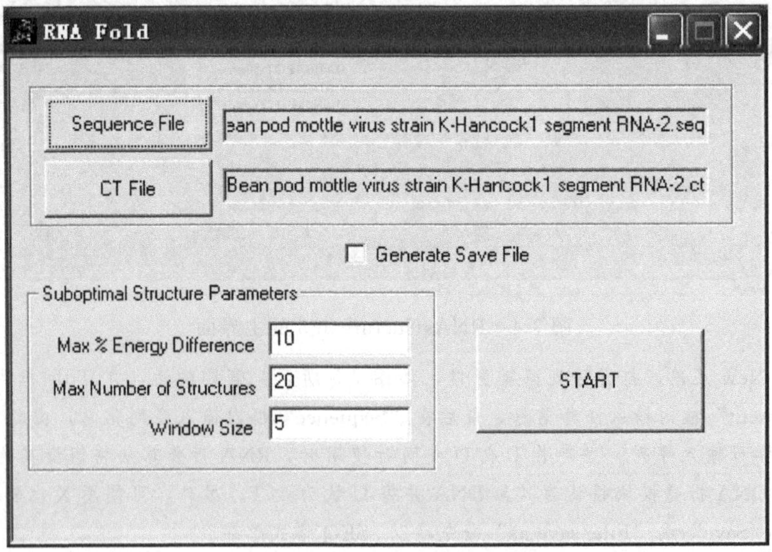

图 7-6　RNAstructure 4.5 序列折叠参数设定界面

(1) Max % Energy Difference：设定输出结构的自由能允许与最小自由能相差的百分数。例如，结构的最小自由能为－100kcal/mol，最大能量百分误差为 10，将输出所有能量为等于或大于－90kcal/mol的结构。

(2) Max number of Structures：设定生成的结构数量，最大为1000。程序输出预测结构直到以上任何一个参数达到要求。

(3) Windows Size：此参数控制次优结构互相之间有多少不同。小的 Windows Size 只允许生成非常接近的结构，大的 Windows Size 则需要更大的不同。

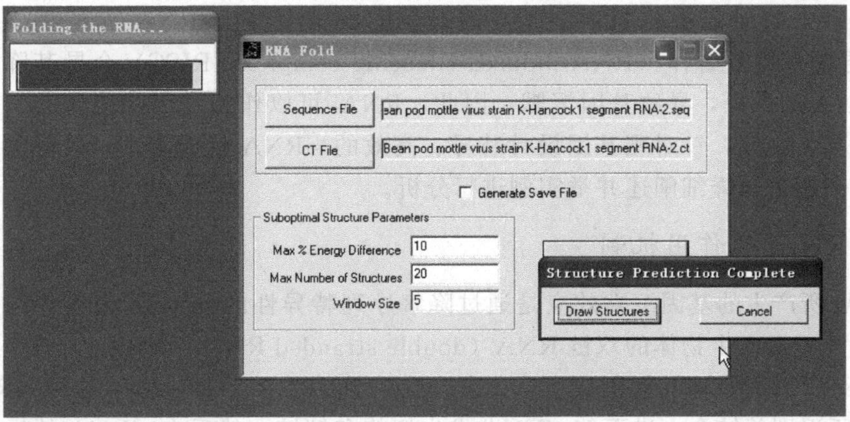

图 7-7 RNAstructure 4.5 序列折叠运算界面

选择“Draw structure”，在绘图模块中看预测的二级结构结果。输出的二级结构以最小自由能顺序排列。但由于方法的限制与热力学参数的简化，第一个结构并不一定为实际的 RNA 结构，如图 7-8 所示。

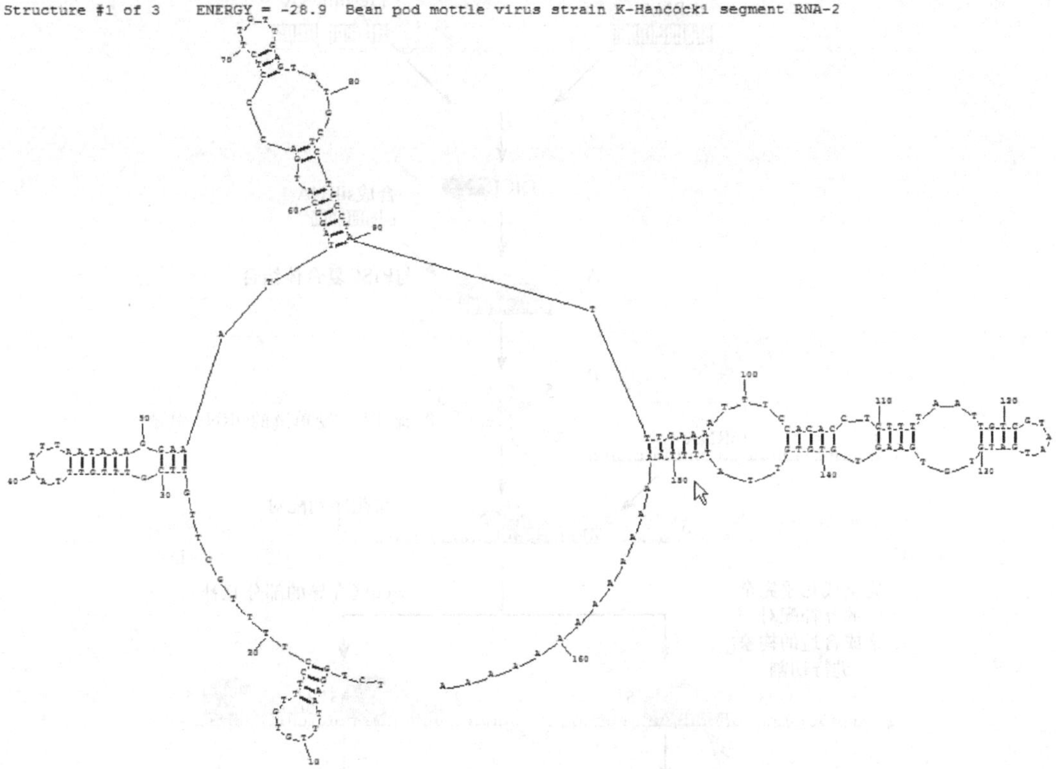

图 7-8 RNAstructure 4.5 序列折叠结果显示界面

另外，要折叠一个已存贮为 .seq 文件的序列，可选择菜单选项“file/fold RNA single strand”，直接进入折叠窗口，或单击工具条中的“fold RNA single strand”键。

7.3 高效 siRNA 的设计

RNA 干扰（RNA interference，RNAi）是生物界普遍存在的一种生物抵御外来基因和病毒感染的保守进化机制。其本质是 siRNA 与靶向 mRNA 特异性结合，并由 RNA 介导的沉默复合体（RNA-induced silencing complex，RISC）介导其降解，从而阻止 mRNA 的翻译，导致基因沉默。因此，RNAi 可以作为基因功能研究、基因治疗等的新工具。因此，针对靶基因设计特异、高效的 siRNA 就成为一个关键的问题。本节对这一问题进行详细阐述并举实例进行分析。

7.3.1　RNAi 的作用机制

RNAi 所产生的基因沉默效应是通过降解序列特异性的 mRNA 来实现的。在这一过程中，外源进入生物体的双链 RNA（double stranded RNA，dsRNA）被一种核糖核酸酶 Dicer 所识别并将其切割成 21～23nt 的小干扰 RNA（siRNA）。这种 siRNA 可以被 RISC 所识别并结合，进而使 siRNA 发生解旋和解链，然后在 siRNA 的反义链指导下，寻找与 siRNA 具有同源序列的内源靶 mRNA，并在距离 5′端 10～11 位碱基之间切断靶 mRNA，导致转录后基因沉默，如图 7-9 所示。此外，siRNA 可作为引物，以 mRNA

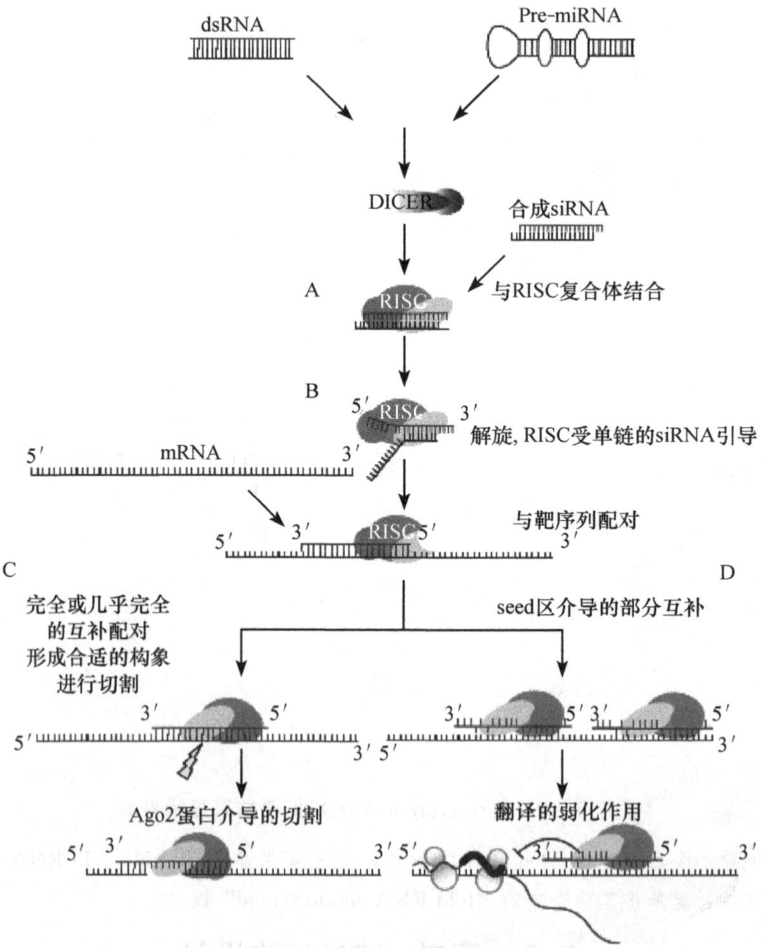

图 7-9　RNAi 的作用机制

（引自 Birrningham A et al.，2007）

为模板，在 RdRP 作用下合成出 mRNA 的互补链，在 Dicer 酶的作用下也被裂解成新生的 siRNA。通过这个聚合酶链式反应，细胞内的 siRNA 大大增加，显著增加了对基因表达的抑制。RNAi 技术就是利用这一原理，人工引入外源 siRNA，有针对性地抑制特定基因的表达，在基因功能研究中有着广泛的应用前景。

7.3.2 siRNA 的设计原则

RNAi 发挥作用的关键问题在于 siRNA 序列的结构。不同的 siRNA 序列造成的沉默效率差别很大。如何有效地设计 siRNA 成为广泛关注的重要问题。2001 年，Elbashir 等应用化学合成法合成了 siRNA，并发现其可以诱导哺乳动物发生 RNAi，于是提出了一些设计 siRNA 的方法，但是由于刚刚起步，设计的 siRNA 筛选的效率很低，浪费大量的人力财力。如何理性设计 siRNA 有效序列是 siRNA 研究的重要方向。目前，影响 siRNA 功能的因素主要包括 siRNA 序列的结构特点、靶 mRNA 的空间结构、RISC 与 siRNA 的相互作用，以及 siRNA 与 mRNA 错配等。

目前根据这些理论发展出两种 siRNA 的设计原则：

1. 统计不同序列 siRNA 对靶序列的抑制程度得出 siRNA 设计原则

(1) GC 的含量在 30%～52%。

(2) 有义链 15～19 位至少有 3 个 A 或 U。

(3) 避免出现倒置重复，以免形成发卡结构。

(4) 有义链的第 19 位核苷酸为 A。

(5) 有义链的第 3 位核苷酸为 A。

(6) 有义链的第 10 位核苷酸为 U。

(7) 有义链的第 19 位核苷酸不能为 G 或 C。

(8) 有义链的第 13 位核苷酸不能为 G。

2. 以 siRNA 序列上的能量为依据，筛选可能的有效序列

(1) 总的 siRNA 双链能量<1。

(2) 反义链 5′端的结合能<9。

(3) 有义链 5′端结合能在 5～9。

(4) GC 含量在 36%～53%。

(5) 中间（7～12）的结合能<13。

(6) 反义链 5′端与正义链 5′端的能量差最好在−1～0。

这些分析可以在服务器上进行：http://sisearch.cgb.ki.se/。

7.3.3 影响 RNAi 的其他因素

(1) 靶序列二级结构越复杂，siRNA 的沉默效率就越低。

(2) RISC 负责结合 siRNA，使之双链解旋。解旋速度决定保留哪条链。在设计 siRNA 时，应保证有义链 5′端比 3′端稳定。

(3) siRNA 与靶 mRNA 的错配可以发生脱靶效应。通常可忍受 1～2 个碱基的错配，超过 3 个碱基的错配极容易产生脱靶效应，因此需要通过序列比对和相关脱靶控制软件进行评估。

（4）经过化学修饰的 siRNA 能够提高其稳定性，延长 siRNA 在体内的半衰期，从而增加其沉默基因的效率。

7.3.4　siRNA 的设计步骤

siRNA 设计的主要过程如图 7-10 所示。

（1）选择欲干涉靶基因的片段位置，并列表显示代表性的 siRNA 序列。

（2）从候选 siRNA 序列中排除含有 SNP 位点和位于非开放阅读框架的片段。

（3）去除对形式功能不利的 siRNA 序列，如简并性碱基、已知的毒性结构域、重复序列、高 GC 或低 GC 含量的片段以及内部能够形成互补结构的 siRNA 序列。

（4）进一步评估剩余的 siRNA 序列，主要从热力学、高级结构和特定位置的核苷酸偏爱性等角度进行打分评判，列出分值高低。

（5）综合以上标准选择具有代表性的 siRNA 片段。

（6）将预测的 siRNA 片段进行 BLAST 分析，去除与非靶基因互补的候选 siRNA 片段。

（7）从功能和特异性角度出发，选择最终用于干涉的 siRNA 序列。

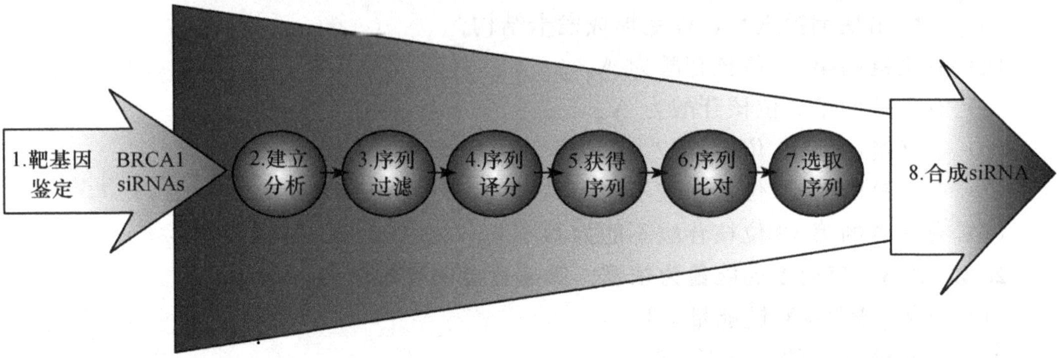

图 7-10　RNAi 设计和选择流程

（引自 Birmingham A et al.，2007）

7.3.5　siRNA 的合成

用于 RNAi 的 siRNA 的合成方法有 5 种：

（1）化学合成 dsRNA 片段：利用寡核苷酸合成仪合成，经过 HPLC 纯化。

（2）体外转录：预先合成好所需的 dsDNA，利用 RNA 聚合酶进行体外转录。

（3）利用 RNaseⅢ体外消化大片段 dsDNA：预先扩增出目的基因的一段 mRNA，利用 RNaseⅢ随机切割出大量的 dsRNA，从中获得潜在的目的 siRNA。

（4）构建体内转录表达载体：在表达载体内克隆一段与目的 siRNA 对应的 dsDNA，然后利用载体上的 RNA 聚合酶Ⅲ启动子在体内转录出目的 siRNA。

（5）siRNA 表达框：利用 PCR 技术扩增出一段表达框，它包括一个 RNA 聚合酶Ⅲ

启动子、一段发夹结 siRNA 以及一个 RNA 聚合酶Ⅲ启动子的终止子。

7.3.6 siRNA 干涉效果的评判

我们首先用常规的 RNA 分离和分析方法，提取组织的总 RNA 并定量；利用 Northern 分析 RNA 的表达状况和水平，或者利用 RT-PCR 或 real-time PCR 的方法进行定量分析，或者采用 Western blot 方法分析靶基因的蛋白表达水平来观察 RNAi 的效果。

7.3.7 siRNA 相关数据库介绍

目前已开发并开放的部分 siRNA 相关分析预测数据库如表 7-3 所示。

表 7-3 siRNA 分析设计的相关网络资源

工 具	研发团体	网 站	简 介
BIOPREDsi	Novartis	http://www.biopredsi.org/	特异性检验的神经网络算法，可设计选择参数较少，在设计多个 siRNA 时有些费力
Block-iT RNAiDesigner	Invitrogen	https://rnaidesigner.invitrogen.com/rnaiexpress/setOption.do?designOption?sirna	特异性检验非特定选择算法，可灵活选择设计参数
DSIR	Ecole des Mines de Paris	http://www.bioinfo.ensmp.fr/dsir/	基于线性回归模型的程序，不提供特异性检验，设计选择参数较少
OptiRNA	University of Nebraska Lincoln	http://optirna.unl.edu/	可以分析来自于 Sfold（mRNA 结构预测元件）的结果，不提供特异性检验，设计选择参数较少
siDESIGN Center	Thermo Fisher Scientific（Dharmacon Products）	http://www.dharmacon.com/DesignCenter	具有过滤功能的分析工具，能够检测毒性结构域以及种子区的配对特异性，可以灵活选择设计参数，界面友好
siDirect	University of Tokyo	http://alps3.gi.k.u-tokyo.ac.jp/Byamada/sidirect2/index.php	针对基于 Ui-Tei 和 Reynolds 的功能性预测工具，可灵活选择设计参数
siDRM	University of Minnesota	http://sirecords.umn.edu/siDRM/	基于 DRM 规则的分析工具，具有过滤功能，可进行毒性和特异性检验，但可选择设计参数较少
Sirna	Wadsworth Bioinformatics Center	http://sfold.wadsworth.org/sirna.pl	基于靶序列选择分析在线工具，不包含特异性检验，选择设计参数较少，可提供多种输出格式
siRNA Design Tool	Qiagen	http://www1.qiagen.com/Products/GeneSilencing/CustomSiRna/SiRnaDesigner.aspx	基于热力学稳定性的非特异选择算法，不包含特异性检验，选择设计参数较少
siRNA SelectionServer	Whitehead Institute	http://jura.wi.mit.edu/bioc/siRNAext/	基于用户限定参数的功能预测分析工具，包含特异性检验，可灵活选择设计参数

续表

工 具	研发团体	网 站	简 介
siRNA TargetFinder	Ambion	http://www.ambion.com/techlib/misc/siRNA_finder.html	基于靶基因碱基构成的预测分析工具，不能给出分值和特异性检验
siRNArules 1.0	siRNArules 1.0	Downloadable from http://sourceforge.net/projects/sirnarules/	基于JAVA的分析预测工具，不包含特异性检验，选择设计参数较少

7.3.8 siRNA设计实例分析

【实例分析】 BPMV是一种危害豆科植物的重要病毒之一，这里以BPMV蛋白外壳小亚基为靶序列，学习siRNA设计过程。

RNAi设计的基本程序包括以下几个方面：

(1) 确定目标RNA并选择被干涉的靶点。

(2) 针对靶RNA序列设计siRNA。

(3) siRNA的合成以及对目标RNA的干涉。

首先从NCBI中已登录菜豆荚斑驳病毒全基因组中选取NC _ 003495 (bean pod mottle virus RNA 2, 3662nt ssRNA) 作为研究对象。该基因主要编码细胞间运动蛋白和病毒的两种外壳蛋白。设计针对外壳蛋白小亚基的siRNA，抑制病毒外壳的装配，从而达到抗病毒的作用，其序列结构如图7-11所示。

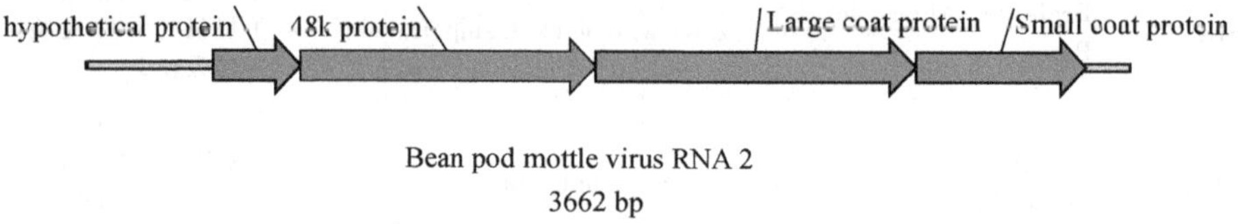

图 7-11 菜豆荚斑驳病毒外壳蛋白编码结构示意图

菜豆荚斑驳病毒外壳蛋白小亚基的编码序列如下：

```
tctatctctcagcagaccgtttggaatcaaatggcaacagtgagaacaccattgaactttgattcaagcaaacaaagcttttg
ccaattttctgtagatctccttggtggaggcatctcagtagacaaaactggagattggatcacacttgtgcaaaattctccaa
ttagtaatctattgagagttgctgcctggaagaagggttgtctgatggttaaagttgtaatgtctggaaacgcagcagttaag
aggagtgattgggcatcattagtgcaagtgttcctaacaaatagtaatagtacagagcactttgatgcatgcaggtggactaa
atcagaaccacattcgtgggaattgattttccaatagaagtgtgtggtcccaataatggtttcgaaatgtggagttctgagt
gggctaatcaaacttcgtggcatttaagtttcttgttgataatccaaaacaatccacgactttgatgttcttttagggatt
tcacaaaactttgaaattgctggaaacactctaatgccagctttctctgttccacaggccaatgccagatcttctgaaaatgc
agaatcttctgca
```

siRNA设计采用在线分析软件siDESIGN™，它是一个高级的、用户界面友好的siRNA设计工具，与其他依赖于早期设计参数所开发的设计工具相比，siDESIGN™设计软件能极大地提高功能性siRNA的干涉成功率。

进入网站：http://www.dharmacon.com/DesignCenter/DesignCenterPage.aspx，如图7-12所示。

在step 1中选择序列类型，这里可以输入特定的核苷酸序列，也可以输入数据库中的基因编号或序列登录号（AC）。当选择输入序列时，该分析软件会跳出新窗口显示，如图7-13所示。

在对话框中以FASTA格式输入目的片段序列后，在step 2中选择输入序列来源的物种。并在step 3中选择GC含量的范围。此外，这里为了提高siRNA设计的特异性，可以在step 4中选择BLAST分析。

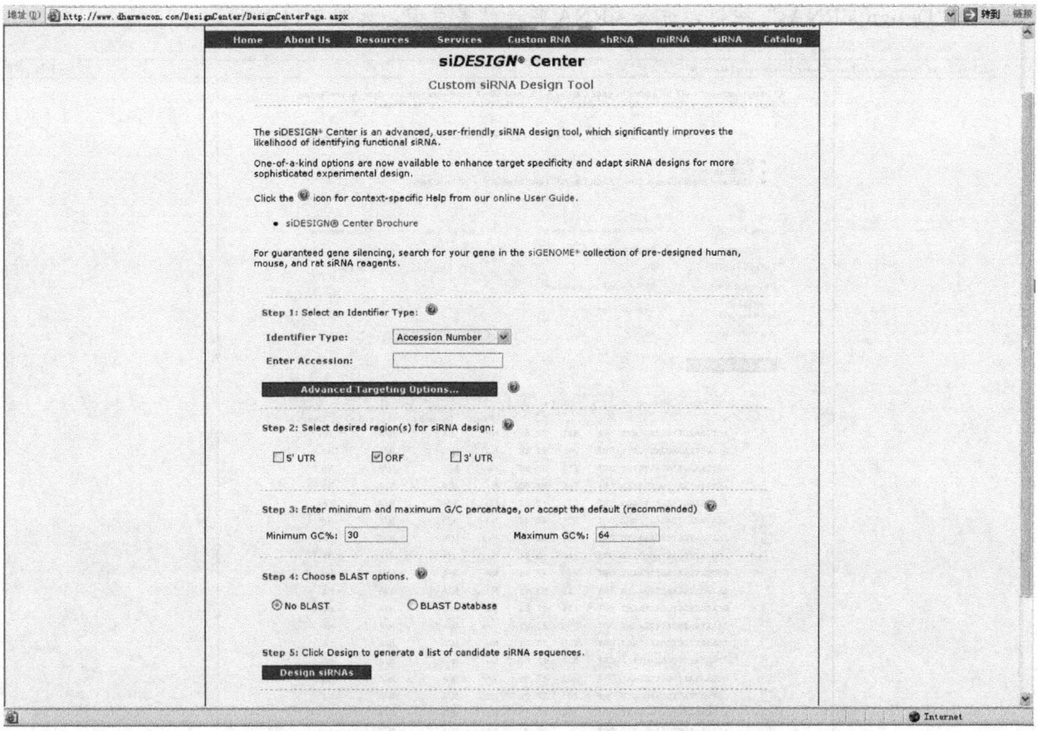

图 7-12 siDESIGN™分析设计主界面

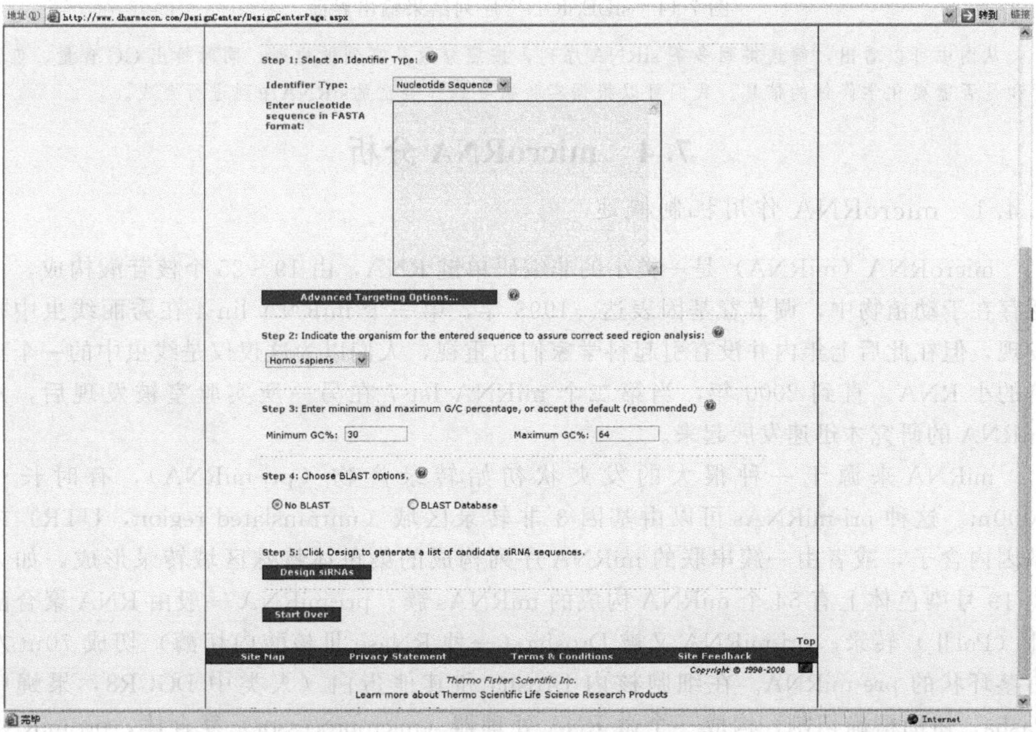

图 7-13 siDESIGN™序列输入界面

点击“Design siRNAs”按钮，进入 siRNA 筛选结果页面，如图 7-14 所示。

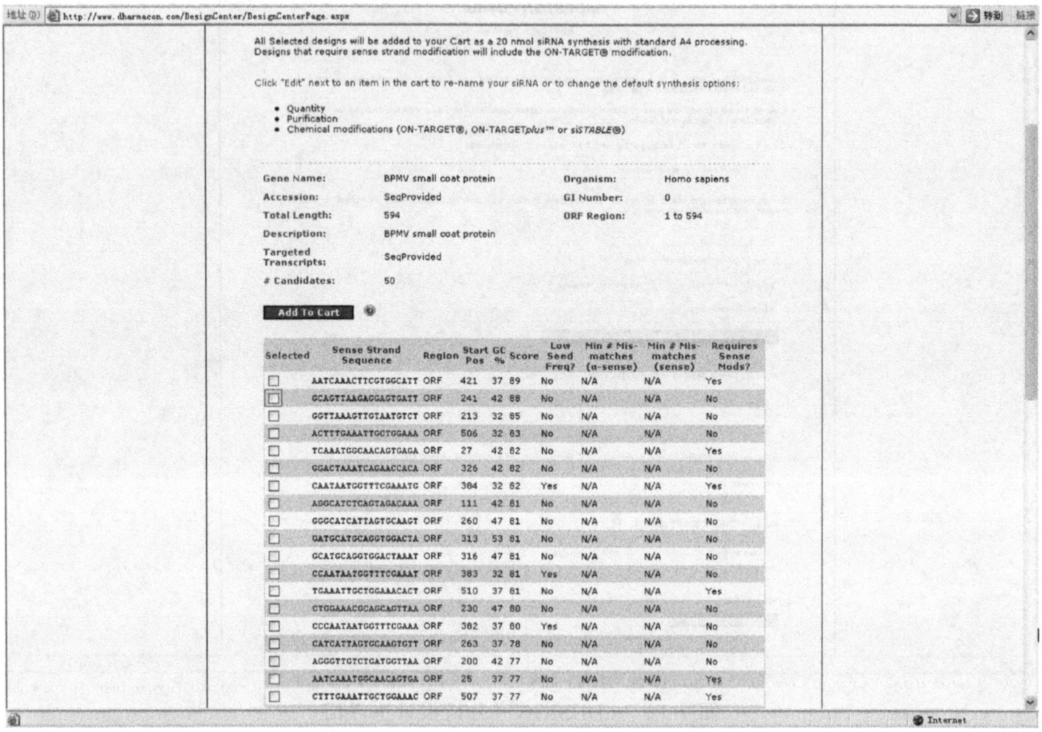

图 7-14　siDESIGN™序列结果输出界面

从图中可以看出，筛选得到多条 siRNA 序列，按照分数从高到低排列，同时给出 GC 含量、匹配度和是否需要化学修饰的信息。我们可以根据实验需要选择合适的siRNA序列进行合成。

7.4　microRNA 分析

7.4.1　microRNA 作用机制概述

microRNA（miRNA）是一类小的非编码单链 RNA，由 19～25 个核苷酸构成，广泛存在于动植物中，调节着基因表达。1993 年，第一个 miRNA lin-4 在秀丽线虫中被发现，但在此后七年内并没有引起科学家们的重视，人们以为这仅仅是线虫中的一个独特的小 RNA。直到 2000 年，当第二个 miRNA let-7 在另一所实验室被发现后，对 miRNA 的研究才迅速发展起来。

miRNA 来源于一种很大的发夹状初始转录产物（pri-miRNA），有时长达 7000nt。这种 pri-miRNAs 可以由基因 3′非转录区域（untranslated region，UTR）或基因内含子，或者由一簇串联的 miRNA 序列构成的染色体特殊区域转录形成，如人类 19 号染色体上有 54 个 miRNA 构成的 miRNAs 簇。pri-miRNA 一般由 RNA 聚合酶Ⅱ（PolⅡ）转录。pri-miRNA 又被 Drosha（一种 RNase Ⅲ核酸内切酶）切成 70nt 左右茎环状的 pre-miRNA。在细胞核内 Drosha 和其他蛋白（人类中 DGCR8，果蝇中 Pasha，协助精确切割）构成一个微 RNA 处理器（microprocessor）复合体，pri-miRNA 在 microprocessor 复合体中被加工成 pre-miRNA。pre-miRNA 由核质/细胞质转运蛋白

Exportin-5 运输到胞浆中，这一过程需要 G 蛋白因子 Ran 参与。能与 Exportin-5 结合的 pre-miRNA 必须有大于 16nt 配对的茎，以及 3′端有 2 个突出碱基，末端如果是 5′突出碱基将会抑制 exportin-5 对它的转运。在胞浆中 pre-miRNA 被 Dicer 剪切成 22nt 的双链 miRNA，这段序列定位于 pre-miRNA 的 3′端或 5′端。成熟的 miRNA 和其互补序列形成的双螺旋结构解旋后，一条链被降解，另一条成熟的 miRNA 进入 RNA 诱导的基因沉默复合物（RNA-induced silencing complex，RISC）中，形成非对称 RISC 复合物（asymmetric RISC assembly）。该复合物根据 miRNA 和靶 mRNA 的碱基配对情况通过两种途径在转录水平调节基因的表达。首先，当两者在 mRNA 编码序列或 ORF 完全或近乎完全匹配时，RNA 介导的 RNA 干扰被诱导，使 mRNA 裂解，从而达到降解 mRNA 的目的。与 siRNA 作用相似，这种途径在植物中普遍存在，动物内也偶尔发现。大多数动物是通过第二种机制来调节基因表达的，即 miRNA 和靶 mRNA 的 3′UTR 序列非完全互补结合，阻断靶基因的翻译（图 7-15）。

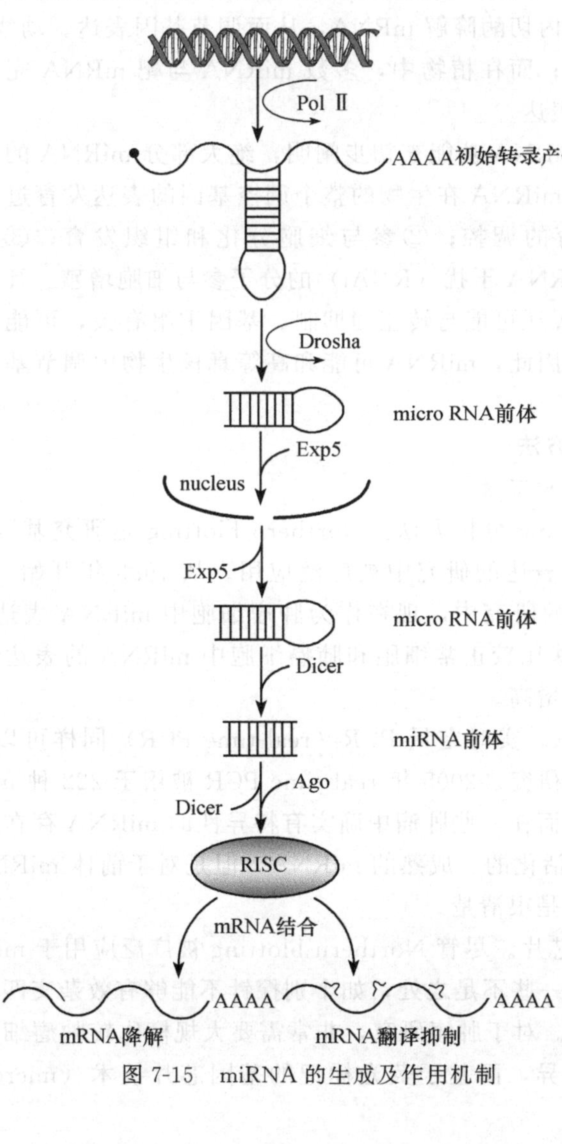

图 7-15 miRNA 的生成及作用机制

在 miRNA 和互补链形成的双螺旋中，两条链的 3′端均有 2 个游离核苷酸。它的两条链也不完全匹配，miRNA 链靠近 5′端有一个与互补链不匹配的突起。这个突起显著地减弱了双链结构 5′端稳定性。成熟 miRNA 的产生，总是趋向于选择双链中 5′端相对更不稳定的序列，所以只有一条成熟的 miRNA 最终能结合到 RISC 中。另外，miRNA 与靶 mRNA 识别的过程中，miRNA 5′端的 2～7nt 与靶 mRNA 的结合比 3′端序列更为重要，称为种子区（seed pairing），这也可能与 5′端的突起有关。

7.4.2 miRNA 功能与研究方法

1. miRNA 的功能

miRNA 调节基因表达的规律是：如果 miRNA 不能与靶 mRNA 完全配对，则在翻译水平抑制基因表达；如果能与靶 mRNA 完全配对，则在转录后水平降解 mRNA。miRNA 在转录后水平降解 mRNA 的机制与 siRNA 相同，主要是 miRNA 与靶 mRNA 完全配对结合，由核酸内切酶降解 mRNA，从而调节基因表达。动物中 miRNA 主要在翻译水平调节基因表达；而在植物中，多数 miRNA 与靶 mRNA 完全配对结合，通过降解 mRNA 调节基因表达。

目前只有极少的 miRNA 功能被初步阐明，绝大部分 miRNA 的功能（特别是在哺乳动物中）还不清楚。miRNA 在生物的整个调控基因的表达发育过程中可能有以下重要的功能：①个体发育的调控；②参与细胞分化和组织发育；③调控基因的表达。miRNA 可以作为触发 RNA 干扰（RNAi）的分子参与细胞增殖、死亡、细胞凋亡和脂肪代谢。另外，miRNA 还可能与转座的抑制、基因重组有关，可能参与转录和转录后水平的基因表达调控。因此，miRNA 可能和高等真核生物中调节基因表达的转录因子一样重要。

2. miRNA 的研究方法

1）miRNA 的检测和定量

（1）Northern blotting 分析方法。Northern blotting 是研究基因在 mRNA 水平表达的可靠手段，在基因表达的研究中被广泛应用。从 1993 年开始，Northern blotting 就被用于 miRNA 基因的研究中，现在作为肿瘤细胞中 miRNA 表达的研究方法之一。Hayashita 等用这种方法比较正常细胞和肺癌细胞中 miRNA 的表达情况，发现 mir-17 家族在肺癌中表达明显增高。

（2）实时定量 PCR。实时定量 PCR（real-time PCR）同样可以用作研究 miRNA 在肿瘤中的表达及功能研究。2005 年 real-time PCR 被用于 222 种 miRNA 在人类肿瘤细胞系中的表达研究，而在一些肿瘤中确实有特异性的 miRNA 存在。该方法可以定量分析前体 miRNA 和非活化的、成熟的 miRNA，但是对于前体 miRNA 和成熟 miRNA 之间的表达关系，并不是很清楚。

（3）miRNA 基因芯片。尽管 Northern blotting 被广泛应用于 miRNA 的分析研究，Northern blotting 仍有一些不足之处，如个别探针不能够有效杂交匹配，难以同时研究多个 miRNA 的作用等。对于肿瘤研究，非常需要大规模比较肿瘤细胞系和正常细胞系中 miRNA 的表达谱差异，而基于荧光标记的基因芯片技术（microarray technology，

DNA microarray）提供了大量检测多种 miRNA 表达的平台。这一技术可以有效快捷地同时比较大量基因的表达情况，已在诸多实验室被用于 miRNA 的研究。Lu 等研究出一种新的包括人类肿瘤在内的不同细胞系中检测大量 miRNA 表达的方法，为了克服 miRNA 芯片检测中探针特异性的问题，他们首次采用了溶解杂交的方法，然后用流式细胞仪筛选杂交的 miRNA，来了解低分化肿瘤中的 miRNA 表达谱。

（4）原位杂交。非放射性标记的探针可以用于原位杂交研究 miRNA 或者 mRNA 在组织中的分布。

（5）液相杂交。传统的 Northern bloting 的方法是用探针检测固相支持物（膜）上的目标分子，由于用探针检测液相中的目标分子远比检测固相中的目标更为灵敏，将同位素标记好的小分子 RNA 探针和待检测样品混合杂交，未杂交的 RNA 和多余的探针用单链核酸酶消化，然后使核酸酶失活，并纯化杂交的 RNA 分子，最后通过变性胶电泳放射自显影检测结果。这个基于液相杂交的新方法不但操作简单快速，而且灵敏度极高——可以半定量检测少至 10ng 总 RNA 模版中的小分子 RNA。除此之外，研究人员还可以在同一个样品中同时检测多个小分子 RNA 和长的 RNA 模板。

2）miRNA 的功能研究方法

miRNA 的功能分析与一般基因功能分析方法相同，即上调 miRNA 在细胞中的含量获得 gain-of-function 模型；而下调 miRNA 在细胞中的含量或直接抑制该 miRNA 的功能获得 loss-of-function 模型。结合上调和下调的结果可以确定基因的表达是否受到特定 miRNA 的调控。

上调 miRNA 常用的方法如下：一是将 miRNA 的基因组 DNA 克隆到 pol Ⅱ启动子的表达载体中；二是将 microRNA 的前体序列或成熟序列克隆到专门表达短片段 RNA 的特殊载体中（如带有 U6 启动子等 pol Ⅲ启动子的载体），当然还有克隆至病毒载体中；三是化学合成一段可以模拟 miRNA 的 mimic。对于 inhibitor 来说，采用创新的设计和化学修饰成为众多公司研发的热点，如 2-o-me、LNA 修饰，不管哪种修饰方式，都以反义核酸为基础，不同的修饰对 miRNA 的抑制作用不尽相同。

7.4.3 miRNA 生物信息学分析

1. miRNA 的预测

1）利用序列和结构的保守性搜索 miRNA

利用 miRNA 序列和结构的保守性在全基因组范围内搜索 miRNA 是最常用的搜索方法，即通过对 miRNA 及其成熟序列的一级和二级结构保守性分析寻找新的候选分子。一些实验室通过同源性搜索，即利用 miRNA 在相关物种中的保守性开发设计软件搜索相关物种中的同源分子，也有一些实验室通过研究和总结 miRNA 的二级结构特征设计软件搜索新的 miRNA 候选分子。

（1）miRscan 和 miRseeker。miRscan 是一个能特异识别 2 个物种间同源序列的程序。Lim 等用它在 *C. elegans* 和 *C. briggsae* 中找到同源的发卡结构，通过已知 miRNA 的训练后，给发卡结构片段打分，以预测线虫中的 miRNA。Lim 等用同样的方法，在脊椎动物里寻找 miRNA 基因，并预测出人的 miRNA 基因数在 200～255，这个数字大约是人类基因组的1%。2004年，miRscan程序又被用来检测线虫中miRNA基因上下游序列的同源性和内含子中产生miRNA的寄主基因（host gene）的同源性，并且找到了一个非常一致的序列模块，运用这个不断改进的miRscan，又在线虫中发现了9个miRNA，并被PCR实验所证实。

miRscan的网址为 http://genes.mit.edu/mirscan/。

加利福尼亚大学的Lai等开发的miRseeker不仅利用序列的保守性，还利用miRNA特殊的保守模式，如发夹结构的茎比环状序列更加保守等信息来识别miRNA。它将保守的内含子和基因间隔区序列附加于RNA折叠和评估程序从而识别出保守的含有茎环结构的miRNA前体。

miRseeker是根据miRNA的3个特点开发出来的：①miRNA的保守性，需要形成一个70～100nt的前体；②在相似的物种中，miRNA是很保守的；③在相距较远的物种间，miRNA有一定的分歧。

miRseeker的设计原理包括以下3个步骤：①通过AVID寻找果蝇中基因间的保守序列；②通过mfold辨认此序列是否能形成保守的茎环结构，并给这个结构打分评价；③评价miRNA在不同物种中的分歧模式。最后，miRseeker也需要通过生物化学的方法加以验证。他们利用miRseeker在果蝇中找到了48个miRNA，其中24个经过了验证。Berezikov等的系统阴影法是对miRseeker的改进，他们通过对10个灵长类物种中的122个miRNA进行测序后发现了miRNA基因的保守性特点。这种强保守性表现在miRNA发夹结构的茎上，而在环上却有很大的变动，这个特点已被用来跨物种预测新的miRNA。

miRseeker的网址是 http://toy.lbl.gov:9050/cgi-bin/miRseeker.pl。

（2）ProMiR。ProMiR是一种miRNA序列和结构的统计学联合软件，是一般miRNA预测方法的补充，可以识别亲缘关系近或远的同系物。它可以在人类基因组中搜索无论强或弱的保守茎环结构。ProMiR成功地检测到了与已知miRNA基因不同的新的miRNA基因，经过RT-PCR的验证，人们发现这些新的23个基因中有9个（39%）能够在海拉细胞中表达。Nam等开发了ProMiR的升级版ProMiR Ⅱ，它整合了更多的miRNA特征，如自由能数据库、GC含量、保守性得分、候选序列熵值等。

ProMiR Ⅱ在线网址是 http://cbit.snu.ac.kr/～ProMiR2/index.php。

（3）其他miRNA预测软件。最近，一些实验室开发了依赖比对在基因组中识别已知miRNA同系物的方法，它们可以在序列和结构层次与已知miRNA进行比对寻找新的miRNA。例如，Wang等（2005）开发了一种依靠序列和结构比对来寻找动物中miRNA的计算机方法MiRAlign，它比起之前的同源性搜索来说有两个主要的特点：一是它能找到相对较远的同系物；二是该软件考虑到更多的序列保守性特点。其网址为 http://bioinfo.au.tsinghua.edu.cn/miralign/。

Legendre等用“ERPIN”（http://tagc.univ-mrs.fr/erpin/）代替“BLAST”从基因组中搜寻与已知miRNA类似的miRNA基因，输入已知miRNA软件可以根据已知miRNA的结构从基因组中搜寻到结构类似的候选miRNA基因。

这些软件都是总结了已知miRNA的序列和结构特征后，将其应用于其他miRNA的预测，另外Bonnet等证明miRNA的序列具有比tRNAs和rRNAs序列更低的自由能，说明 miRNA 二级结构的热力学稳定性也可以用来设计软件搜索 miRNA。RNAz 软件结合热力学稳定性和二级结构的保守性来预测非编码 RNA，此软件成功地应用于在多个物种中寻找 miRNA 分子。

2）利用靶序列的保守性识别 miRNA

利用同源性搜索 miRNA 主要是在相近物种间搜索同源的 miRNA。如果想要找出未曾发现的新 miRNA 就必须采用其他搜索策略，如利用靶序列的保守性搜索 miRNA。在生物体内，多个 miRNA 可能作用于同一个 mRNA 靶分子；同一个 miRNA 也可能调控多个靶分子的表达。目前，一些实验室利用靶序列潜在的保守性作为识别 miRNA 的一个重要的依据。

FindMiRNA 是 Adai 等利用单基因组方法设计的在拟南芥中搜索 miRNA 的软件，它主要依赖植物 miRNA 与其靶序列紧密的互补性来识别候选 miRNA。随后，这个软件要进一步对这些候选 miRNA 成熟序列的相邻序列互补性进行分析，使得一个 RNA 内的茎环结构组成和已知 miRNA 前体结构保持一致。拟南芥基因组中有 29399 个转录本可以和 27987 个特定基因座相对应，用此软件对其分析可以在基因间隔区内识别潜在的 miRNA 前体序列。

3）利用计算机与实验结合的方法预测 miRNA

近年来，随着人类基因组和许多模式生物基因组测序工作的完成，利用计算机搜索 miRNA 的方法逐渐普及，但是利用生物信息学搜索出的新的 miRNA 中有很多并非是真正的 miRNA，所以计算机搜索出的 miRNA 还需经过实验验证以最终确定其是否为真正的 miRNA。另外，对于一些序列上不是十分保守或二级结构特征不明显的新的 miRNA，使用计算机方法也难以检测到。故只有将实验方法和计算机方法结合起来，才能在各种物种中准确找到尽可能多的新 miRNA。一些实验室正在研究开发 miRNA 识别和鉴定的综合软件，将生物信息学预测、实验鉴定和表达验证相结合，更为有效和准确地预测 miRNA。

PalGrade 软件就是集合了生物信息学预测、基因芯片分析以及直接序列克隆为一体的综合的 miRNA 预测软件。PalGrade 由 Bentwich 等开发，具体步骤如下：①在整个人类基因组中通过计算机方法搜索发夹结构；②对保守的、重复的和蛋白质编码区域的发夹结构进行注释；③利用热力学稳定性和结构特征对每一个发夹结构打分，选出高分的已知的 miRNA 发夹和相对低分的基因组发夹；④通过高产 miRNA 基因芯片在不同组织（胎盘、睾丸、胸腺、大脑和前列腺）中测定计算机预测的 miRNA 的表达；⑤对于在基因芯片中显示出强信号的 miRNA 基因使用一种新的定向序列克隆和测序的方法进行验证。他们应用这种软件克隆和测序出 89 个新的人类的 miRNA，其中 53 个在灵长类动物中是不保守的。

除了专门用于寻找 miRNA 基因的程序和软件外，mfold 和 Srnaloo 是 RNA 折叠中常用的软件。Hofacher 等报道在维也纳 RNA 网站（http://rna.tbi.univie.ac.at/）提供了一个界面能够调用多个常用的 RNA 二级结构预测软件。值得注意的是，单凭一种方法鉴定 miRNA 通常是不准确的，因此需要将几种实验方法或计算机方法相结合起来，才能更全面、更准确地寻找和鉴定出新的 miRNA。

2. miRNA 靶基因的预测

科研人员在研究过程中发现，miRNA 和靶基因的相互作用具有一定的规律性，可以允许编程来对其预测。因此，在随后的几年中，miRNA 靶基因预测软件迅速兴起并发展，从 2003 年第一个靶基因预测软件 miRanda 出现到 2007 年，短短的 4 年间，已涌现出 10 余个靶基因预测软件。以 PicTar 为界，对之前出现的 miRNA 靶基因预测软件（第一代靶基因预测软件）及其后出现的靶基因预测软件（第二代靶基因预测软件）分别从其设计原理、适应范围、各算法的创新之处等方面加以阐述。

第一代预测软件大多是从种子互补这一规则出发设计算法的，其次是 miRNA 靶基因跨物种间保守性；而第二代预测软件更倾向于机器学习方法训练参数进行靶基因预测。

1）第一代靶基因预测软件

（1）miRanda。miRanda 是 Enright 等在 2003 年 5 月开发的第一个 miRNA 靶基因预测软件。miRanda 适用范围广泛，不受物种限制，同时提供了 Windows、Linux 和 Macintosh 多平台版本，可以下载到本地运行。碱基互补方面，miRanda 算法和 Smith-Waterman 算法相似，但它以碱基互补（如 A=U，G≡C 等）代替 Smith-Waterman 算法中的碱基匹配（如 A-A，U-U 等）来构建打分矩阵，允许 G=U 错配，为了体现 miRNA 3′端和 3′端与靶基因作用过程中的不对称性，软件给出了 scale 参数（5′端 11 个碱基得分值乘以该值，然后和 3′端 11 个碱基得分值相加作为碱基互补得分）。同时强调 miRNA 第 2～4 位碱基和靶基因精确互补，第 3～12 位碱基和靶基因错配不得多于 5 个，9 到 L-5（L 为 miRNA 总长）位碱基至少一个错配，最后 5 个碱基错配不得多于 2 个。在热力学方面，miRanda 利用维也纳软件包中的 RNA 二级结构程序包 RNAlib（Vienna 1.3 RNAsecondary structure programming library）评估 miRNA-靶基因二聚体的结合能，对于潜在的杂交位点，miRanda 也给予打分。靶位点的跨物种保守性，要求靶位点在多物种 3′UTR 比对中相同位置碱基相同。对于多个 miRNA 对应于同一靶位点的情况，miRanda 使用贪心算法取得分最高且自由能最低的那对。miRanda 网站为 http://cbio.mskcc.org/mirnaviewer/。

（2）TargetScan 和 TargetScans。TargetScan 是 Lewis 等于 2003 年基于靶基因跨物种保守 miRNA-靶基因二聚体热力学特征开发的哺乳类动物靶基因预测软件。TargetScan 首次引入假阳性率来评价靶基因预测结果。TargetScan 要求，miRNA 种子序列（第 2～8 位核苷酸）和 mRNA 3′UTR 完全互补，同时从种子序列向两翼延伸，直至遇到不能配对的碱基，此过程允许 G-U 配对。用信噪比来评价预测结果，信噪比定义如下：用原始 miRNA 及随机产生（保持二核苷酸组成不变）的 miRNA 分别对目标 UTR 作预测，预测得到靶基因数目的比值。该软件的输入要求是 2 个以上物种 UTR 比对后的序列作为输入，由于其要求种子序列完全互补，随着物种数目的增多，预测结果数据集减少，但和实验证实的靶基因集合吻合率相应升高。TargetScans 是 TargetScan 的改进版，该算法在人、大鼠、小鼠基础上，增加了狗、鸡基因组数据，同时对“种子序列”修订为 6nt（第 2～7 位核苷酸），要求种子在完全互补的情况下，miRNA 第 8 位碱基（m8）和靶基因互补或者 miRNA 第 1 位碱基是腺嘌呤。

第一代 miRNA 靶基因预测软件主要侧重以下三点：①种子序列和靶基因良好的互补性；②靶基因非翻译区的跨物种保守性；③miRNA 靶基因二聚体热力学稳定性。

2）第二代靶基因预测软件

（1）PicTar。PicTar 是 Krek 等兼顾了第一代众多软件的设计思想并采用 RNAhybrid 评估 miRNA 和靶基因二聚体结合能（对于脊椎动物 s 参数选 3UTR _ human，对于线虫 s 参数选 3UTR _ worm，其他参数用默认值）来实现 miRNA 靶基因预测的。该算法同样强调“种子序列”（在 miRNA 5′端 1～7nt 或 2～8nt）在靶位点识别及在转录后调控中的关键作用，强调 miRNA 和靶基因二聚体结合能在靶基因翻译抑制中的关键作用。所不同的是 PicTar 把种子序列分为“完全匹配的种子序列”和“不完全匹配的种子序列”，前者要求种子序列完全和靶基因互补配对；后者在满足 miRNA 靶基因二聚体结合能要求的前提下允许种子序列出现错配，但不允许 G-U 配对。PicTar 亦结合以前实验数据对两类种子序列对应的 miRNA 和靶基因二聚体结合能进行了限制，要求“完全匹配种子序列”的 miRNA 靶基因二聚体结合能小于成熟体 miRNA 和靶基因最优结合能的 33%；对于“不完全匹配种子序列”的 miRNA 靶基因结合能要求小于其成熟体 miRNA 和靶基因最优结合能的 66%，很好地降低了假阳性率。PicTar 首先用 nuclMAP 预测 UTR 序列上潜在的 miRNA 靶位点，然后预测其是否落在多物种序列比对后的保守的序列位点（锚位点）上，符合此条件后，再检测其 miRNA 和靶基因二聚体是否符合结合能标准。

（2）miTarget。miTarget 是 Kim 等通过支持向量机（一种机器学习方法），基于径向基核函数对 miRNA 和靶基因的二聚体结构、热力学特征及 miRNA 和靶基因作用的碱基位置等参数进行分类，实现 miRNA 靶基因预测的软件。要求靶基因跨多个物种且具有保守性，对 miRNA 5′端加权来降低预测结果的假阳性率，利用动态规划程序对结果打分，打分比较高的预测往往准确性也相应地高，但结果受到了靶基因保守数据集的限制，这是传统预测软件的特征；而支持向量机运用的关键在于选择好的数据集及提炼特异性高的参数，不需要考虑靶基因的跨物种保守性，因而为靶基因预测开辟了一条新路。

第二代预测软件在第一代预测软件的基础上大多从“突破物种间保守”来设计，如 miTarget 和 microTar 等引入了机器学习方法来提取特征参数，尝试从统计的角度更好地反应 miRNA 和靶基因相互作用的真实过程，以弥补因保守性这个限制而丢失了的靶基因，取得了一定程度的成功。最近，Gaidatzis 等报道利用贝叶斯后验概率法预测 miRNA靶基因也得到了很好的效果。

值得注意的是，目前的 miRNA 靶基因预测软件往往对于已知的 miRNA 靶基因有着很高的预测特异性和敏感度，对于未知的靶基因预测各预测软件之间交集很小，假阳性率也较高。预测软件的进一步发展需要实验技术的发展，随着实验验证的 miRNA 靶基因增加，miRNA 和靶基因作用机制的逐渐阐明，预测算法的引入更能反应 miRNA 和靶基因作用的参数，如进化特征等。预测算法的发展也进一步推动实验进展，使生物学家更有针对性地锁定 miRNA 靶基因的研究，将最终阐明 miRNA 相关的生命调控网络。

3）综合几种算法的靶基因预测网站

如上所述，单独每一种都有其优缺点，为此，有些网站综合了几种算法可以找到几种算法共同的靶基因。网站如下：

http://www.diana.pcbi.upenn.edu/cgi-bin/miRGen/v3/Targets.cgi

http://genome.ewha.ac.kr/miRGator/miRNAexpression.html

4）靶基因预测软件的相关网络资源

靶基因分析相关网络资源见表 7-4。

表 7-4　靶基因分析相关网络资源

方法	物种	网址
可进行预测的网站（website for use of predictions）		
miRNA target predictions at EMBL	果蝇 Flies	http://www.russell.embl-heidelberg.de/miRNAs/
miRanda	果蝇，脊椎动物 Flies，vertebrates	http://www.microrna.org//miranda.html
mirBase	脊椎动物，昆虫，线虫 Vertebrates，insects，nematodes	http://microrna.sanger.ac.uk/targets/v2/
PicTar	脊椎动物，果蝇，线虫 Vertebrates，flies，nematodes	http://pictar.bio.nyu.edu
TargetScan，TargetScans	脊椎动物 Vertebrates	http://genes.mit.edu/targetscan
Ref. 27	果蝇，线虫 Flies，nematodes	http://tavazoielab.princeton.edu/mirnas/
RNA hybrid	果蝇 Flies	http://www.techfak.uni-bielefeld.de/persons/marc/mirna/targets/drosophila
miRNA 靶基因定位工具（tools for localization of target gene of miRNA）		
RNAhybrid		http://bibiserv.techfak.uni-bielefeld.de/rnahybrid/welcome.html
DIANA-MicroT		http://diana.pcbi.upenn.edu/DIANA-microT
RNA22		http://cbcsrv.watson.ibm.com/rna22.html
经实验证明的靶基因数据库（databases of target based on experiment）		
Tarbase		http://www.diana.pcbi.upenn.edu/tarbase.html
Argonaute		http://www.ma.uni-heidelberg.de/apps/zmf/argonaute/interface
miRNAMAP		http://mirnamap.mbc.nctu.edu.tw/

7.4.4　miRNA 及其靶基因预测的实例分析

【实例分析】 miRNA 预测。

在 miRNA 预测软件中，ProMiR Ⅱ目前应用范围较为广泛，我们将重点介绍这个软件的使用方法。

[1] 程序的选择

打开 http://cbit.snu.ac.kr/～ProMiR2/index.php 的主页，会有四个程序出现，分别是 OncoMiR、ProMiR-v、ProMiR-c 和 ProMiR-g。OncoMiR 主要用于在癌症相关基因周围寻找潜在的 miRNA；ProMiR-v 用于在已知的 miRNA 周围寻找新的 miRNA；ProMiR-c 用来预测成簇的 miRNA；ProMiR-g 用于在长的基因序列中预测 miRNA。根据研究目的来选择不同的程序。

例如，我们利用程序 ProMiR-v 在已知的 mir-200b 周围搜寻新的 miRNA，那么具体的设计如图 7-16 线框所示，我们相应地选择所研究的物种、已知的 mir-200b、所属的染色体以及搜寻的范围。接下来再进行下面的参数设定。

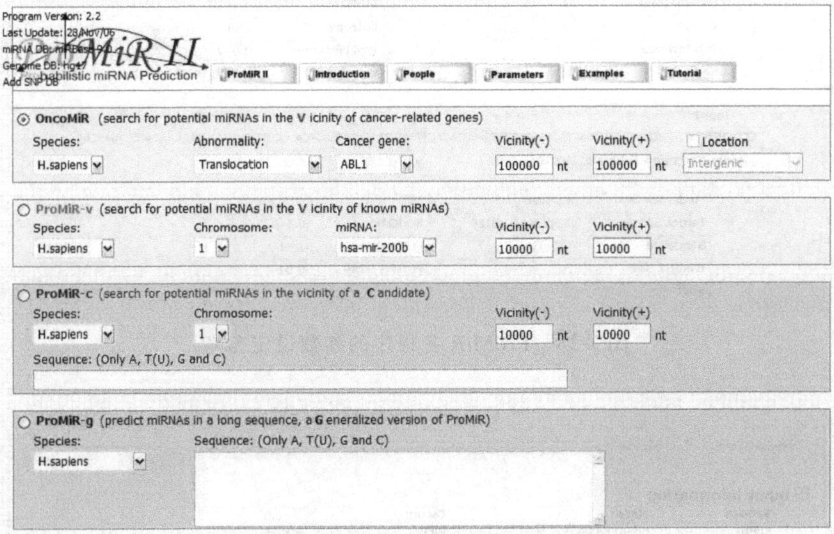

图 7-16 ProMiR 各程序的选择

[2] 参数设定

我们看到参数设定区域分为“输入参数”和“过滤器参数”，如图 7-17 所示。在“输入参数”部分又分为所选窗口的大小值、移动窗口的数值和 ProMiR 的临界值。“过滤器参数”包括搜寻 miRNA 的保守性得分、自由能阈值、GC 含量和过滤重复序列的熵阈值。

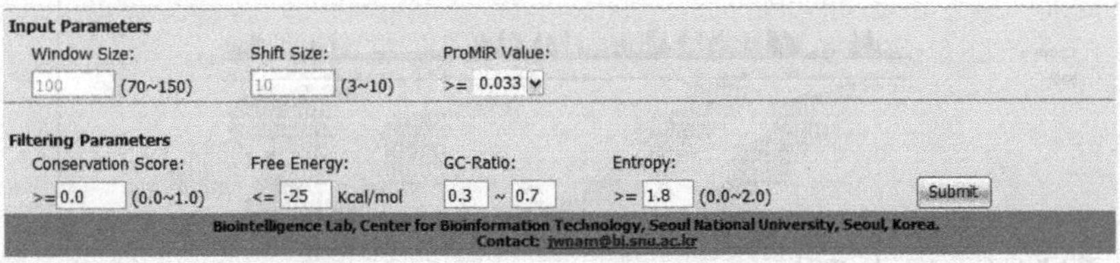

图 7-17 ProMiR 软件的参数设定

各程序的参数设计可参考图 7-18 的设置。

[3] 结果解读

参数设定完毕后，点击 submit，就出现图 7-19 所示的结果。

若点击上图线框所示的链接，则出现所搜寻 miRNA 的详细信息，如图 7-20 所示。箭头所示为搜寻 miRNA 的二级结构。

<Input setting> Program: ProMiR-v

Model Species	H.sapiens	MFE	-25kcal/mol
C hromosome	14	GC-Ratio	0.3~0.7
miRNA	hsa-mir-329-1	Entropy	1.80
Cscore	0.0	ProMiR score	**0.017**
Window size	100	Vicinity(-)	10000
Shift size	10	Vicinity(+)	10000

<Input setting> Program: ProMiR-c

Model Species	M.musculus	MFE	-25kcal/mol
Chromosome	12	GC-Ratio	0.3~0.7
Cscore	0.0	Entropy	1.80
Window size	100	ProMiR score	**0.017**
Shift size	**5**	Vicinity(-,+)	(10000,10000)

- **Input:**

CCACTGTTCTCGGGGTAGCTGTGTGGATGGTAGACCGGTGACGTACACTTCATTTATGCTGTAGGTCACCCGTTTTACTATCCACCAACACCCAGACCAT

<Input setting> Program: ProMiR-g

Model Species	H.sapiens	MFE	-25kcal/mol
Target Species	HCMV strain ad169	GC-Ratio	0.3~0.7
Sequence	X17403	Entropy	1.80
Window size	100	ProMiR score	**0.01**
Shift size	10		

图 7-18　ProMiR 各程序的参数设定参考

Reports of ProMiR-v

Input information

Species	human	Cscore	>=0.0
miRNA	hsa-mir-200b	MFE	<=-25
Chromosome	chr1	GC-ratio	0.3~0.7
Search range	-10000~10000	Entropy	>=1.8
Window size	100	Shift size	10

Results on a genome map

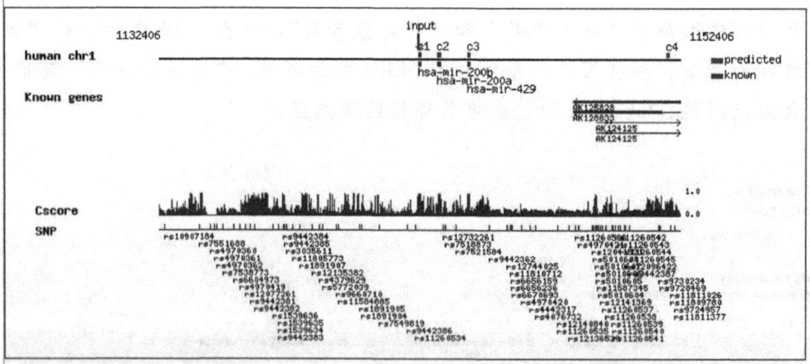

A list of predicted miRNAs

Name	Position	Sequence	Note
c1	1142406 1142501	CCAGCUCGGGCAGCCGUGGCCAUCUUACUGGGCAGCAUUGGAUGGAGUCAGGUCUCUAAUA CUGCCUGGUAAUGAUGACGGCGGAGCCCUGCACG	hsa-mir-200b
c2	1143165 1143255	CCGGGCCCCUGUGAGCAUCUUACCGGACAGUGCUGGAUUUCCCAGCUUGACUCUAACACUG UCUGGUAACGAUGUUCAAAGGUGACCCGC	hsa-mir-200a
c3	1144307 1144390	CGCCGGCCGAUGGGCGUCUUACCAGACAUGGUUAGACCUGGCCCUCUGUCUAAUACUGUCU GGUAAAACCGUCCAUCCGCUGC	hsa-mir-429
c4	1151896 1151995	UCCUGGGCCGGUUCCAGCCCUGUGUGUCCCCAGGAAGGCUGGAGGGCUGCUAGUGGCCUCG GUGGGCACCCAGGGCUGGCCAGGACCACACCUCCUUCCU	

图 7-19　ProMiR 软件的输出结果

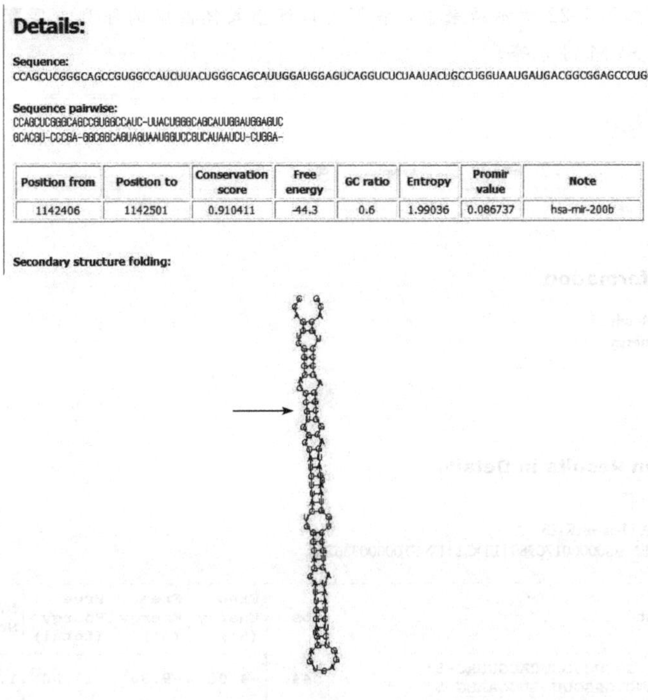

图 7-20　ProMiR 软件的输出结果的详细信息

【实例分析】　miRNA 靶基因预测。

我们以 miTarget 为例来进行 miRNA 靶基因的预测。该软件的具体操作方法如下：

(1) 进入 http://cbit.snu.ac.kr/～miTarget/主界面，如图 7-21 所示。

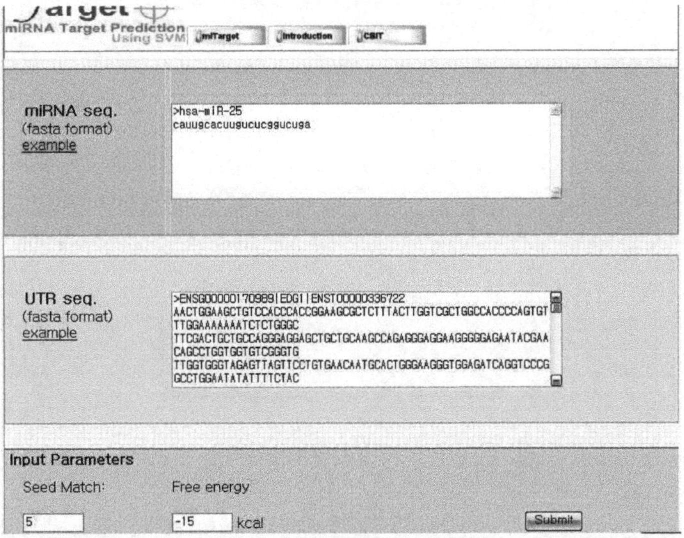

图 7-21　miTarget 的主界面

step1 以 FASTA 格式输入所研究的 miRNA 和感兴趣基因的 UTR，step2 输入种子序列的匹配数目和自由能，然后点击 submit。

（2）预测结果。从如图 7-22 所示结果中，我们可以读出具体匹配的序列，匹配区域所在的位置，3′端和 5′端自由能以及 SVM 得分等。

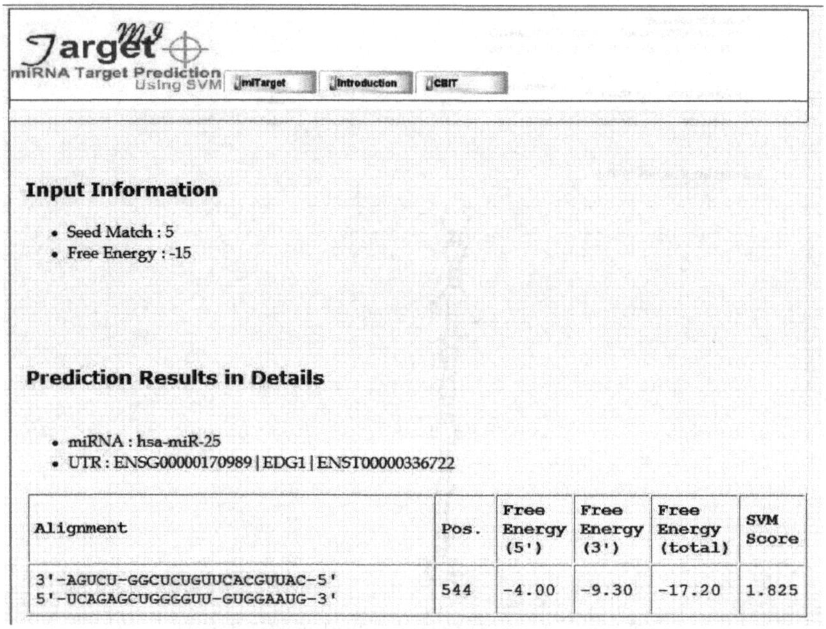

图 7-22 miTarget 的预测结果

（刘林川 郭 玲）

主要参考文献及网址

第一章

白胜欣．2001．迈向21世纪的生物信息学．中华医学图书馆杂志，10（5）：47，48

陈润生．1999．生物信息学．生物物理学报，15（1）：5-12

杜冠华．2002．生物信息学与新药开发研究．医药导报，12（12）：757-761

樊龙江．2010．生物信息学札记（网络教材）．3版．http：// ibi. zju. edu. cn/bioinplant/.

郝柏林，张淑誉．2000．生物信息学手册．上海：上海科学技术出版社

蒋彦，王小行，曹毅等．2003．基础生物信息学及应用．北京：清华大学出版社

来茂德．2004．医学科学研究中的生物信息学应用．浙江大学学报（医学版），2（33）：91-94

李维忠，王任小，林大威等．1999．国内外生物信息学数据库服务新进展．生物化学与生物物理进展，26：22-25

刘炎．2000．基因芯片技术进展及应用．南通医学院学报，20（4）：121-122

万卫兵，施鹏飞．2004．计算机科学在生物信息学中的应用．微型电脑应用，2（7）：1-5

王志新．1999．蛋白质结构预测的现状与展望．生命化学，6：19-22

张成岗，欧阳曙光，贺福初等．2001．基于PC/Linux的核酸序列分析系统的构建及其应用．生物化学与生物物理进展，28（2）：263-266

Mount D W．2004．Bioinformatics：Sequence and Genome Analysis．Wood bury：Cold Spring Harbor Laboratory Press

Payne D J，Warren P V，Holmes D J et al．2001．Bacterial fatty-acid biosynthesis：a genomics-driven target for antibacterial drug discovery drug discovery．Drug Discovery Today，6（10）：537-544

Tisdall J．2001．Beginning Perl for Bioinformatics，Sebastopol：O'Reilly Media. Inc

http：// baike. baidu. com/

http：// wiki. perlchina. org/

http：// www. bioinformaticsonline. org/

http：// www. bio-soft. net/database. html

第二章

http：// www. ebi. ac. uk/Databases/

http：// www. ebi. ac. uk/Information/

http：// www. ebi. ac. uk/Information/databases _ sitemap. html

http：// www. ncbi. nlm. nih. gov/About/glance/ourmission. html

http：// www. ncbi. nlm. nih. gov/books/bv. fcgi? rid＝helpentrez. section. EntrezHelp. Entrez _ _ the _ Life _ Sci

http：// www. ncbi. nlm. nih. gov/books/bv. fcgi? rid＝helpentrez. section. EntrezHelp. The _ Databases

第三章

冯唐锴，李思克，汪艳璐等．2007．南丰蜜橘 β-胡萝卜素羟化酶基因的克隆和序列分析．西北植物学报，27（2）：0238

任亮，苏玉虹，巴彩凤等．2005．PCR 引物设计技巧．现代畜牧兽医，（6）：49

王艳秋，张培军．1995．PCR 引物设计．海洋科学，（5）：9，10

夏瑞，陆旺金，李建国等．2006．简并引物的程序化设计与荔枝 *HMGR* 基因片段的克隆．果树学报，23（6）：903

徐义辉，梁国栋，孙兆军等．2002．蚯蚓纤溶酶新基因 *PV242* 的克隆与表达．生物化学与生物物理进展，29（4）：610

于海川，吴娇，崔百明等．2008．棉花中两个新的 F-box 蛋白基因的克隆与表达分析．棉花学报，20（2）：99

张明程．2002．从 GenBank 获取基因序列及 PCR 引物设计的方法．青海医学院学报，23（2）：69-72

张新宇，高燕宁．2004．PCR 引物设计及软件使用技巧．生物信息学，2（4）：15-18

Kamel A，Abd-Elsalam．2003．Bioinformatic tools and guideline for PCR primer design．African Journal of Biotechnology，2（5）：91-95

http：//www．dnastar．com/support/，Manual of LaserGene

http：//www．invitrogen．com，Manual of Vector NTI

http：//www．lynnon．com，Manual of DNAMAN

第四章

Altschul S F，Gish W，Miller W et al．1990．Basic local alignment search tool．Journal of molecular biology，215：403-410

Chen N．2004．Using RepeatMasker to identify repetitive elements in genomic sequences．Current protocols in bioinformatics．New York：John Wiley and Sons

Dereeper A，Audic S，Claverie J M et al．2010．BLAST-EXPLORER helps you building datasets for phylogenetic analysis．BMC evolutionary biology，10：8

Dumontier M，Hogue C W．2002．NBLAST：a cluster variant of BLAST for NxN comparisons．BMC bioinformatics，3：13

Fokkens L，Botelho S M，Boekhorst J et al．2010．Enrichment of homologs in insignificant BLAST hits by co-complex network alignment．BMC bioinformatics，11：86

Gish W，States D J．1993．Identification of protein coding regions by database similarity search．Nat．Genet，3：266-272

Gonzalez-Pastor J E，San Millan J L，Moreno F．1994．The smallest known gene．Nature，369：281

Hernandez P，Martin A，Dorado G．2000．The BLAST algorithms：practical application in molecular cloning，marker-assisted selection（MAS）and introgression of wheat．DNA Seq，11：339-347

Larsen F，Gundersen G，Lopez R et al．1992．CpG islands as gene markers in the human genome．Genomics，13：1095-1107

Liu H，Zhang L，Niu Z et al．2008．Promoter methylation inhibits BRD7 expression in human nasopharyngeal carcinoma cells．BMC cancer，8：253

McGinnis S，Madden T L．2004．BLAST：at the core of a powerful and diverse set of sequence analysis tools. Nucleic acids research，32：W20-W25

Mignone F，Grillo G，Licciulli F et al. 2005. UTRdb and UTRsite：a collection of sequences and regulatory motifs of the untranslated regions of eukaryotic mRNAs. Nucleic acids research，33：141-146

Rombel I T，Sykes K F，Rayner S et al. 2002. ORF-FINDER：a vector for high-throughput gene identification. Gene，282：33-41

Salamov A A，Solovyev V V. 1997. Recognition of 3′-processing sites of human mRNA precursors. Comput Appl Biosci，13：23-28

Tarailo-Graovac M，Chen N. 2009. Using RepeatMasker to Identify Repetitive Elements in Genomic Sequences. Current protocols in bioinformatics. New York：John Wiley and Sons

Staden R. 1990. Finding protein coding regions in genomic sequences. Methods in Enzymology，183：163-180

Staden R，McLachlan A D. 1982. Codon preference and its use in identifying protein coding regions in long DNA sequences. Nucleic Acid Res，10：141-156

Thompson J D，Gibson T J，Higgins D G. 2002. Multiple Sequence Alignment Using Clustal W and Clustal X. Current protocols in bioinformatics. New York：John Wiley and Sons

Vincze T，Posfai J，Roberts R J. 2003. NEBcutter：A program to cleave DNA with restriction enzymes. Nucleic acids research，31：3688-3691

Xing J，Zhang Y，Han K et al. 2009. Mobile elements create structural variation：analysis of a complete human genome. Genome research，19：1516-1526

Zhang H. 2003. Alignment of BLAST high-scoring segment pairs based on the longest increasing subsequence algorithm. Bioinformatics，19：1391-1396

第五章

靳利霞，唐焕文. 2001. 蛋白质结构预测方法简述. 自然杂志，23（4）：217-221

乐志培. 1992. 生长因子受体酪氨酸蛋白激酶. 国外医学分子生物学手册，14：176

刘雅婷，李正跃，朱有勇等. 2005. 植物病原细菌 *Pseudomonas syringae* pv. *tomato* 基因组中的信号肽分析. 遗传，27（6）：959-964

陶士珩，庞红侠，吴宪明等. 2007. 生物信息学. 北京：科学出版社：181

王兰兰. 2003. 临床免疫学和免疫检验. 北京：人民卫生出版社

王志新. 1998. 蛋白质结构预测的现状与展望. 生命的化学，18（6）：19-22

魏香，曾宪纲，周海梦. 2004. 蛋白质结构中卷曲螺旋的研究进展. 中国生物化学与分子生物学报，20（5）：565-571

阎隆飞，孙之荣. 1999. 蛋白质分子结构. 北京：清华大学出版社：17，18

张海霞，唐焕文，张立震等. 2003. 蛋白质二级结构预测方法的评价. 计算机与应用化学，20（6）：735-740

张松，黄波，厦学峰等. 2007. 蛋白质亚细胞定位的生物信息学研究. 生物化学与生物物理进展，34（6）：573～579

张阳德. 2004. 生物信息学. 北京：科学出版社：218

赵国屏. 2002. 生物信息学. 北京：科学出版社：158

郑珩，王非. 2004. 药物生物信息学. 北京：化学工业出版社

Andersen P H, Nielsen M, Lund O. 2006. Prediction of residues in discontinuous B-Cell epitopes using protein 3D structures. Protein Science, 15: 2558-2567

Blackman M A, Rouse B T, Chisari F V et al. 2002. Viral immunology: challenges associated with the progression from bench to clinic. Trends in Immunology, 23 (12): 565-567

Cohen J. 1999. The science challenge of hepatitis C. Science, 285 (5424): 133-159

Cyrille F, Michelle G, Didier S et al. 1995. Influence of the genotypes of hepatitis C virus on the severity of recurrent liver disease after liver transplantation. Gastroenterology, 108 (4): 1088-1096

Guillou-Guillemette H L, Vallet S, Gaudy-Graffin C et al. 2007. Genetic diversity of the hepatitis C virus: impact and issues in the antiviral therapy. World J Gastroenterol, 13 (17): 2416-2426

Hofmann K, Stoffel W. 1993. TMbase: A database of membrane spanning proteins segments. Biol Chem Hoppe-Seyler, 374: 166

Jannick D B, Nielsen N, Gunnar H et al. 2004. Improved prediction of signal peptides: SignalP 3.0. J Mol Biol, 340: 783-795

Kolaskar A S, Tongaonkar P C. 1990. A semi-empirical method for prediction of antigenic determinants on protein antigens. FEBS Lett, 276 (1-2): 172-174

Libermann T A, Rezon N, Bartal A D et al. 1984. Expression of epidermal growth factor receptors in human brain tumors. Cancer Res, 44 (2): 753-760

Litchfield D W, Luscher B. 1993. Casine Kinase Ⅱ in signal transduction and cell cycle regulation. Mol Cell Biochem, 127-128: 187-199

Lound O, Nielsen M, Kesmir C et al. 2002. Web based tools for vaccine design. HIV Molecular Immnnology, 45-51

Madden D R. 1995. The three-dimensional structure of peptide-MHC complexes. Annu Rev Immunol, 13: 587-622

Mellor J, Holmes E C, Jarvis L M et al. 1995. Investigation of the pattern of hepatitis C virus sequence diversity in different geographical regions: implications for virus classification. J Gen Virol, 76: 2493-2507

Pollastri G, McLysaght A. 2005. Porter: a new, accurate server for protein secondary structure prediction. Bioinformatics, 21 (8), 1719-1720

Ramirez B C, Haenni A L. 1994. Molecular biology of tenuiviruses: a remarkable of plant viruses. Journal of General Virology, 75 (1): 467-475

Rammensee H G, Bachmann J, Emmerich N N et al. 1999. SYFPEITHI: database for MHC ligands and peptide motifs. Immunogenetics, 50: 213-219

Saha S, Raghava G P S. 2006. Prediction of continuous B-cell epitopes in an antigen using recurrent neural network. Proteins, 65 (1): 40-48

Saha S, Raghava G P S. 2004. Bcepred: prediction of linear B-cell epitopes, using physico-chemical properties. *In*: Nicosia G, Cutello V, Bentley P J et al. Catania (IT): International Conferenceon Artifical Immune Systems: 197-204

Seme K, Poljak M, Babi D et al. 2005. The role of core antigen detection in management of hepatitis C: a critical review. Journal of Clinical Virology, 32 (2): 92-101

Simmonds P. 2004. Genetic diversity and evolution of hepatitis C virus-15 years on. J Gen Virol, 85: 3173-3188

Tanford C. 1978. The hydrophobic effect and the organization of living matter. Science, 200 (4345):

1012-1018

Wu Y Z，Zhu X H. 1995. A new approach for B-cell epitope prediction in viral proteins. Chinese Science Bulletin，40 (9)：761-763

Zhou F，Pu Y Y，Wei T Y et al. 2007. The P2 capsid protein of the nonenveloped rice dwarf phytoreovirus induces membrane fusion in insect host cells. PNAS，104 (49)：19547-19552

第六章

白玉. 2007. DNA分子标记技术及其应用. 安徽农业科学，35 (24)：7422-7424

常青，周开亚. 1998. 分子进化研究中系统发生树的重建. 生物多样性，6 (1)：55-62

黄原. 1998. 分子系统学——原理、方法及应用. 北京：中国农业出版社：372

李军，张莉娜，温珍昌. 2008. 生物软件选择与使用指南. 北京：化学工业出版社：249

李越中，闫章才，高培基. 2001. 基因组研究与生物信息学. 济南：山东大学出版社

林瑞庆，蔡天城，吴桂英等. 2008. 鸡蛔虫ITS rDNA的PCR扩增克隆及序列分析. 中国兽医杂志，3：24，25

吕宝钟，钟扬，高莉萍. 2002. 分子进化与系统发育. 北京：高等教育出版社：299

牛屹东，李明，魏辅文等. 2001. 线粒体DNA用作分子标记的可靠性和研究前景. 遗传，23 (6)：593-598

孙之荣. 2007. 探索基因组学、蛋白质组学和生物信息学. 北京：科学出版社

田洺. 2003. 进化是什么. 上海：上海科学技术出版社

王俊，丛丽娟，郑洪坤. 2008. 常用生物数据分析软件. 北京：科学出版社：364

王瑛，陈晓峰，刘伟等. 1999. 棉铃虫18S核糖体RNA基因的序列分析及其分子系统学. 昆虫学报，42 (3)：241-247

徐广，方庆权，Keirans J E等. 2003. 分子系统进化关系分析的一种新方法——贝叶斯法在硬蜱属中的应用. 动物学报，49 (3)：380-388

杨子恒. 2008. 计算分子进化. 钟扬，张文娟，梅旖等译. 上海：复旦大学出版社

于黎，张亚平. 2006. 系统发育基因组学——重建生命之树的一条迷人途径. 遗传，28 (11)：1445-1450

张亚平. 1996. 从DNA序列到物种树. 动物学研究，17 (3)：247-252

Altschul S F，Gish W，Miller W et al. 1990. Basic local alignment search tool. Journal of Molecular Biology，215：403-410

Avise J C. 2006. Evolutionary Pathways in Nature：A Phylogenetic Approach. Cambridge：Cambridge University Press：286

Dayhoff M O，Schwartz R M，Orcutt B C. 1978. A model of evolutionary change in proteins. *In*：Dayhoff M O. Atlas of Protein Sequence and Structure. Maryland：National biomedical research foundation，Silver Spring，MD：345-352

Fitch W M，Margoliash E. 1967. Construction of phylogenetic trees. Science，155：279-284

Gregory T R. 2007. The Evolution of the Genome. Beijing：Science press：740

Haeckel E. 1866. Generelle morphologie der organismen. Berlin：Georg riemer：480

Hall B G. 2004. Phylogenetic Trees Made Easy：A How-To Manual for Molecular Biologists. Sunderland：Sinauer Associates：177

Hall B G. 2005. Comparison of the accuracies of several phylogenetic methods using protein and DNA sequences. Molecular Biology and Evolution, 22 (3): 792-802

Huelsenbeck J P, Ronquist F, Nielsen R et al. 2001. Bayesian inference of phylogeny and its impact on evolutionary biology. Science, 294 (5550): 2310-2314

Huelsenbeck J P, Ronquist F. 2001. MRBAYES: bayesian inference of phylogeny. Bioinformatics, 17: 745-755

Kishino H, Miyata T, Hasegawa M. 1990. Maximum likelihood inference of protein phylogeny and the origin of chloroplasts. Journal of Molecular Evolution, 31: 151-160

Kumar S, Dudley J, Nei M et al. 2008. MEGA: a biologist-centric software for evolutionary analysis of DNA and protein sequences. Briefings in bioinformatics, 9: 299-306

Lopez J V, Kersanach R, Rehner S A et al. 1999. Molecular determination of species boundaries in corals: genetic analysis of the Montastraea annularis complex using amplified fragment length polymorphisms and a microsatellite marker. The Biological Bulletin, 196 (1): 80-93

McGinnis S, Madden T L. 2004. BLAST: at the core of a powerful and diverse set of sequence analysis tools. Nucleic Acids Research, 32: W20-W25

Nei M, Kumar S. 2000. Molecular Evolution and Phylogenetics. New York: Oxford University Press

Ohno S. 1970. Evolution by Gene Duplication. Berlin: Springer-Verlag

Posada D, Crall K A, Posada D et al. 1998. Modeltest: testing the model of DNA substitution. Bioinformatics, 14: 817, 818

Sanghvi L D. 1953. Comparison of genetical and morphological methods for a study of biological differences. American Journal of Physical Anthropology, 11 (3): 385-404

Swofford D L. 2002. PAPU * : Phylogenetic Analysis Using Parsimony (and Other Methods) 4.0 Bata 10. Sunderland: Sinauer Associates

Tamura K, Dudley J, Nei M et al. 2007. MEGA4: molecular evolutionary genetics analysis (MEGA) software version 4.0. Molecular biology and evolution, 24 (8): 1596-1599

Thompson J D, Higgins D, Gibson D J. 1994. CLUSTAL W: improving the sensitivity of progressive multiple sequence alignment through sequence weighting, positions-specific gap penalties and weight matrix choice. Nucleic acids research, 22: 4673-4680

Zuckerkandl E, Pauling L. 1962. Molecular disease, evolution, and genetic heterogeneity. *In*: Kasha M, Pullman B. Horizons in Biochemistry. New York: Academic Press: 189-225

第七章

郭玲，丁振华. 2007. 微小 RNA 与细胞凋亡的研究进展. 生理学进展，38 (04)：331-335

刘海军，史定华，王翼飞. 2003. 日新月异的 RNA 二级结构预测. 自然杂志，25 (06)：314-322

宁正元，林世强. 2007. RNA 二级结构预测方法. 福建农林大学学报（自然科学版），36 (1)：60-63

许德晖，黄辰，刘利英等. 2006. 高效 siRNA 设计的研究进展. 遗传，28 (11)：1457-1461

邹权，郭茂祖，张涛涛. 2008. RNA 二级结构预测方法综述. 电子学报，36 (02)：331-336

Adai A, Johnson C, Mlotshwa S et al. 2005. Computational prediction of miRNAs in *Arabidopsis thaliana*. Genome Res, 15 (1): 78-91

Bentwich I. 2005. Prediction and validation of microRNAs and their targets. Febs Lett, 579 (26): 5904-5910

Birmingham A, Anderson E, Sullivan K et al. 2007. A protocol for designing siRNAs with high functionality and specificity. Nat Protoc, 2 (9): 2068-2078

Burgler C, Macdonald P M. 2005. Prediction and verification of microRNA targets by MovingTargets, a highly adaptable prediction method. Bmc Genomics, 6 (1): 88

Cheng C, Li L M. 2008. Inferring microRNA activities by combining gene expression with microRNA target prediction. Plos One, 3 (4): e1989

Du T T, Zamore P D. 2005. microPrimer: The biogenesis and function of microRNA. Development, 132 (21): 4645-4652

Forstemann K, Tomari Y, Du T T et al. 2005. Normal microRNA maturation and germ-line stem cell maintenance requires loquacious, a double-stranded RNA-binding domain protein. Plos Biol, 3 (7):1187-1201

Gottesman S. 2002. Stealth regulation: biological circuits with small RNA switches. Gene Dev, 16 (22):2829-2842

Griffiths-Jones S. 2007. Annotating noncoding RNA genes. Annu Rev Genom Hum G: 8279-8298

Griffiths-Jones S, Saini H K, van Dongen S et al. 2008. miRBase: tools for microRNA genomics. Nucleic Acids Res, 36: D154-D158

Gutell R R, Lee J C, Cannone J J. 2002. The accuracy of ribosomal RNA comparative structure models. Curr Opin Struc Biol, 12 (3): 301-310

Hsu P W, Huang H D, Hsu S D et al. 2006. miRNAMap: genomic maps of microRNA genes and their target genes in mammalian genomes. Nucleic Acids Res, 34: D135-D139

John B, Enright A J, Aravin A et al. 2004. Human MicroRNA targets. Plos Biol, 2 (11): 1862-1879

Li P T, Vieregg J, Tinoco I. 2008. How RNA unfolds and refolds. Annu Rev Biochem, 77: 77-100

Mathews D H. 2005. Predicting a set of minimal free energy RNA secondary structures common to two sequences. Bioinformatics, 21 (10): 2246-2253

Matranga C, Tomari Y, Shin C et al. 2005. Passenger-strand cleavage facilitates assembly of siRNA into Ago2-containing RNAi enzyme complexes. Cell, 123 (4): 607-620

Robins H, Press W H. 2005. Human microRNAs target a functionally distinct population of genes with AT-rich 3′ UTRs. Proc Natl Acad Sci USA, 102 (43): 15557-15562

Tian B, Bevilacqua P C, Diegelman-Parente A et al. 2004. The double-stranded-RNA-binding motif: Interference and much more. Nat Rev Mol Cell Biol, 5 (12): 1013-1023

Tomari Y, Zamore P D. 2005. MicroRNA biogenesis: Drosha can't cut it without a partner. Curr Biol, 15 (2): R61-R64

Tomari Y, Zamore P D. 2005. Perspective: machines for RNAi. Gene Dev, 19 (5): 517-529

Wong T S, Liu X B, Ho A C et al. 2008. Identification of pyruvate kinase type M2 as potential oncoprotein in squamous cell carcinoma of tongue through microRNA profiling. Int J Cancer, 123 (2): 251-257

Zamore P D, Haley B. 2005. Ribo-gnome: The big world of small RNAs. Science, 309 (5740): 1519-1524

Zuker M, Stiegler P. 1981. Optimal computer folding of large RNA sequences using thermodynamics and auxiliary information. Nucleic Acids Res, 9 (1): 133-148

附　　录

附录 1　常用生物学数据库

	简　介
核酸数据库	
EMBL	欧洲分子生物学实验室（European Molecular Biology Laboratory）核酸序列数据库，为欧洲最主要的核酸序列数据库
GenBank	美国国立生物技术信息中心（NCBI，National Center for Biotechnology Information）基因序列数据库。美国最主要的核酸序列数据库，世界两大核酸数据库之一
DDBJ	DNA database of Japan，位于日本的核酸序列数据库，为亚洲主要的核酸序列数据库
HIV Database	HIV 序列数据库
IMGT	ImMunoGeneTics 数据库含有与免疫系统有关的核酸序列数据
dbEST	序列表达标记数据库（Expressed Sequences Tags）
BERLIN	5S rRNA 数据库。
EPD	真核启动子数据库（Eukaryotic Promoter database）
蛋白质数据库	
Swiss-Prot	Swiss-Prot 蛋白序列数据库，是欧洲最主要的蛋白序列数据库，世界两大蛋白序列数据库之一
PIR	蛋白序列鉴定数据库（Protein Identification Resource，PIR）是美国最主要的蛋白序列数据库，为世界两大蛋白序列数据库之一
PDB	Brookhaven 蛋白序列三维立体结构数据库
ENZYME	蛋白酶数据库
REBASE	限制酶数据库
HSSP	同类二级结构蛋白（Homology-derived Secondary Structure of Proteins）数据库
BLOCKS	蛋白序列块数据库（Protein Blocks Database）
KABAT	具有免疫学重要性的蛋白数据库（Database of Proteins of Immunological Interest）
OMEGA	蛋白结构信息数据库（Protein structural information）。
TMBASE	跨膜蛋白数据库，包括一些预测工具
基因组数据库	
gdb	人类基因组数据库
DICTYDB	盘基网柄菌（*Dictyostelium discoideum*）基因组数据库
EcoGene	大肠杆菌（*Escherichia coli*）*K12* 基因组数据库
FLYBASE	果蝇（*Drosophila*）基因组数据库
MAIZEDB	玉米基因组数据库
SGD	酵母菌（*Saccharomyces*）基因组数据库
STYGENE	沙门氏菌（*Salmonella typhimurium*）*LT2* 基因组数据库
SUBTILIST	纤小杆菌（*Bacillus subtilis*）*168* 基因组数据库
WORMPEP	蠕虫（*Caenorhabditis elegans*）基因组计划蛋白数据库
其他数据库	
CO2DBASE	大肠杆菌基因-蛋白两维凝胶数据库
GCRDB	G-蛋白偶联受体数据库（G-protein—Coupled Receptor Database）
OMIM	人类孟德尔遗传学数据库（Online Mendelian Inheritance in Man Database）
PHDP	放射杂交体数据库（The Radiation Hybrid Database）
AARHUS/GH-ENT-2DPAGE	人角质化细胞两维蛋白凝胶数据库（Aarhus and Ghent Universities）
SWISS-2DPAGE	人类两维凝胶蛋白数据库（Human 2D Gel Protein Database）
TRANSFAC	转录因子数据库（Transcription Factor Database）
YEPD	酵母电泳蛋白数据库（Yeast Electrophoresis Protein Database）
SRPDB	信号识别位点数据库（Signal Recognition Particle Database）
EMP	酶和代谢途径数据库（Database of Enzymes and Metabolic Pathways）

附录 2 各种主要的 RNA 二级结构预测软件比较

软 件	优 点	限 制	主要原理	特殊说明	软件使用情况	网 址
Alifold/RNAfold	① 提供选择是否支持 GU 配对的选项；② 提供选择茎区边缘是否支持 GU 配对的选项；③ 容纳错误字符；④ 可以预测单一序列，也可以预测多个序列	① 预测单个结构时序列长不能超过 300nt；② 预测多个序列时，只能给出一致结构，不能预测每一个序列的二级结构；③ 预测一致结构时比对后的序列单个长度不能超过 2knt；总长度不能超过 10knt	预测单一序列依靠最小自由能模型；预测多个序列依靠比较序列分析模型	输入的是 Clustal W 比对完的 aln 文件，输出的是一致结构	提供在线预测；提供 UNIX/Linux 版本软件下载；提供界面简单的 Windows 版本	http://rna.tbi.univie.ac.at/cgi-bin/RNAalifold.cgi
mfold	① 可以人为设定先验知识（比如序列的哪两段子串需要形成茎区或不能形成茎区，哪段必须形成单链等）；② 支持环形 RNA 的预测；③ 可以设置内环/凸环的最大值；④ 可以设置内环的最大不对称值；⑤ 可以设置碱基对之间的最大距离；⑥ 每次提供多个可选择结构；⑦ 提供图形化界面输出	只能预测单个序列	最小自由能模型的 Zuker 动态规划算法	预测的是单一序列	提供在线预测和 Linux 版本软件	http://mfold.bioinfo.rpi.edu/

续表

软　件	优　点	限　制	主要原理	特殊说明	软件使用情况	网　址
CARNAC	① 基于比对共有序列结构对 RNA 二级结构进行预测； ② 可以图形化输出二级结构	每个序列最长为 80nt	比较序列分析法	预测的是一组同源序列	只提供在线预测，不提供单机软件	http://bioinfo.lifl.fr/carnac/
MARNA	该软件自带多序列比对功能，而且序列比对和结构预测中的绝大多数参数都可以由用户自行设定。	① 总长度不超过 10000nt（如果 20 个序列，则每个序列长度不超过 500nt，如果 100 个序列，则每个序列长度不超过 100nt）； ② 不能包含非法字母，如 N	先利用最小自由能原理折叠序列，然后在同源序列中进行结构比对	输入的是比对前的初始序列，要求 FASTA 格式	提供在线预测和 Linux 版本软件	http://biwww2.informatik.uni-freiburg.de/Software/MARNA/index.html
Pfold	输出结果的同时提供进化树	不能预测假结	结合进化树的上下文无关文法	输入要求是比对好的多个序列	只提供在线预测	http://www.daimi.au.dk/～compbio/rnafold/
RNAStructure	① 操作界面友好，功能强大； ② 可以给出良好的图形输出	输入字母表只有 AGCU，其他字母或小写字母都不会被预测	Sankoff 算法和动态规划算法	可以预测单一序列，也可以比较两个序列的结构	提供 Windows 和 Linux/UNIX 版本，不提供在线预测	http://rna.urmc.rochester.edu

附录3　名 词 解 释

缩　写	全　称	中文解释
AFLP	Amplified Fragment Length Polymorphism	扩增片段长度多态性
AMOVA	Analysis of Molecular Variance	分子方差分析软件
AS-PCR	Allele Specific-PCR	等位基因特异性 PCR
BCL	Bootstrap Confidence Level	自举置信水平
BI	Bayesian Inference method	贝叶斯演绎法
BLAST	Basic Local Alignment Search Tool	基本局部比对搜索工具
bp	base pair	碱基对
BP	Bootstrap analysis	自引导法
BPMV	bean pod mottle virus	菜豆荚斑驳病毒
CGH	Comparative Genomic Hybridization	比较基因组杂交数据
CNI	Close-Neighbor-Interchange	近邻互换
COG	Clusters of Orthologous Groups of proteins	蛋白相邻类的聚簇
CP	coat protein	外壳蛋白
CP	Confidence Probability	置信概率
Cytb	Cytochrome b	细胞色素 b
dbGaP	The database of Genotype and Phenotype	遗传型/表型数据库
DBMS	Database Management System	数据库管理系统
DDBJ	DNA Data Bank of Japan	日本核酸数据库
dsRNA	double stranded RNA	双链 RNA
EBI	European Bioinformatics Institute	欧洲生物信息学研究所
EMBL	European Molecular Biology Laboratory	欧洲分子生物学实验室
EST	Expression sequence tag	表达序列标签
GDB	the Human Genome Database	人类基因组数据库
GENSAT	Gene Expression Nervous System Atlas	神经系统基因表达图谱
GEO	Gene Expression Omnibus	基因表达精选集
GO	Gene Ontology	基因本体术语
GSS	Genome Survey Sequence	基因组测序序列
HGP	Human Genome Project	人类基因组计划
HPP	Human Proteome Project	人类蛋白质组计划
HSP	High-scoring pair	高分值片段对
ISSR	Inter-Simple Sequence Repeats	内部简单重复序列
ITS	Internal Transcribed Spacers	转录间隔区
LBA	Long-branch attraction	长枝吸引
MACAW	Multiple Alignment Construction & Analysis Workbench	多序列构建与分析工作台
MCMC	Markov chain Monte Carlo process	马尔科夫链的蒙特卡洛方法
ME	Minimum evolution method	最小进化法
MEGA	Molecular Evolutionary Genetics Analysis	分子进化遗传学分析软件
MeSH	Medical Subject Headings	医学主题词
M-FISH	Multiplex Fluorescence In Situ Hybridization	多重荧光原位杂交技术
miRNA	micro RNA	微 RNA
ML	Maximum Likelihood method	最大似然法
MMDB	Molecular Modeling Database	分子模型数据库
MP	Maximum parsimony method	最大简约法
mRNA	messenger RNA	信使 RNA
MRP	Matrix Representation using Parsimony	基于简约性的矩阵表示
mt DNA	mitochondrial DNA	线粒体 DNA
NCBI	National Center for Biotechnology Information	国立生物技术信息中心

续表

缩　写	全　称	中文解释
ncRNA	noncoding RNA	非编码 RNA
ND4	NADH Dehydrogenase Subunit 4	NADH 脱氢酶亚基 4
NIH	National Institutes of Health	美国国立卫生研究院
NJ	Neighbor-Joinning method	邻接法
NLM	National Library of Medicine	美国国立医学图书馆
OBF	Open Bioinformatics Foundation	开放生物信息基金会
OMIA	Online Mendelian Inheritance in Animals	动物孟德尔遗传在线
OMIM	Online Mendelian Inheritance in Man	人类孟德尔遗传在线
ORF	Open Reading Frame	开放阅读框
OSI	Open System Interconnect	开放式系统互联
OUT	Operational Taxonomic Units	运筹分类单位
PAML	Phylogenetic Analysis by Maximum Likelihood	基于最大似然法的系统发生分析软件
PAUP	Phylogenetic Analysis Using Parsimony	基于简约原则系统进化分析软件
PC	Poisson Correction	泊松修正
PCR	polymerase chain reaction	聚合酶链式反应
PDB	Protein Data Bank	蛋白质数据库
PHYLIP	PHYLogeny Inference Package	种系发生推演软件
Phylomat	A Protein Motif Analysis Tool for Phylogenomics	用于系统基因组学的蛋白域分析工具
PIR	Protein Information Resource	蛋白质信息资源
PMC	PubMed Central	公众医学信息中心
PP	Posterior probability	后验概率
Pre-miRNA	Premier miRNA	前体 miRNA
PRF	Protein Research Foundation	蛋白质研究基金会
pri-miRNA	primary miRNA	miRNA 的初始转录产物
PTP	Permutation Tail Probability	排列结尾概率
RAPD	Random Amplified Polimophic DNA	DNA 随机扩增多态性
RFLP	Restriction Fragment Length Polymorphism	限制性片段长度多态性
RHdb	the Radiation Hybrid database	辐射混合数据库
RIO	Resampled Inference of Orthologs	直源基因可靠性重复抽样推演
RISC	RNA-induced silencing complex	基因沉默复合物
RNAi	RNA interference	RNA 干扰
rRNA	ribosomal RNA	核糖体 RNA
SHOT	Shared Orthologue and gene-order Tree	蛋白直系同源和基因顺序树共享
siRNA	small interfering RNA	小干扰 RNA
SKY	Spectral Karyotyping	光谱核型分析
SMART	A Simple Modular Architecture Research Tool	一个简单分子结构研究工具
SNP	Single Nucleotide Polymorphism	单核苷酸多态性
sRNA	small RNA	小 RNA
SRS	Sequence Retrieval System	序列查询系统
STSs	Sequence Tagged Sites	序列标签位点
T-PTP	Topology Dependent Permutation Tail Probability	依赖于拓扑结构的排列结尾概率
tRNA	transfer RNA	转运 RNA
TSC	The SNP Consortium	SNP 国际联合会的官方数据库
UCSC	University of California Santa Cruz	加利福尼亚大学圣克鲁斯分校
UniProt	Universal Protein Resource	通用蛋白资源数据库
UPGMAM	Unweight Pair Proup Method with Arithmetic Mean	非加权配对组算术平均法
UTR	Untranslated Region	非翻译区